U0155953

本书是中国法学会部级项目"气候变化《巴黎协定》遵约机制的实施研究"（项目批准号：CLS（2019）C17）和陕西省社科基金项目"中国（陕西）自由贸易试验区能源金融法治保障研究"（项目批准号：2017F009）的阶段性成果

气候变化
《巴黎协定》
遵约机制述评

The Compliance Mechanism of *the Paris Agreement*
on Climate Change: A Commentary

吕江·著

知识产权出版社

全国百佳图书出版单位

——北京——

图书在版编目（CIP）数据

气候变化《巴黎协定》遵约机制述评/吕江著. —北京：知识产权出版社，2023.4
ISBN 978-7-5130-8728-5

Ⅰ.①气…　Ⅱ.①吕…　Ⅲ.①气候变化—研究—中国　Ⅳ.①P467

中国国家版本馆 CIP 数据核字（2023）第 062085 号

内容提要

习近平总书记在党的二十大报告中指出，要积极参与应对气候变化全球治理。特别是由于应对气候变化与实现碳达峰碳中和之间存在紧密的逻辑关联性，使得积极参与应对气候变化治理更具重大的现实意义。当前正在实施的全球应对气候变化的国际法规则主要是《巴黎协定》，而在《巴黎协定》中最新创设的遵约机制无疑是促进、便利和监督各国碳减排的重要制度规则。故此，深入参与、理解和履行《巴黎协定》遵约机制的相关规则，将是中国深度参与全球气候治理行动、确保我们碳达峰碳中和目标符合《巴黎协定》法律义务的关键。基于此，本书深入分析和研究了《巴黎协定》遵约机制的相关规则，以期为中国碳达峰碳中和目标实现以及积极参与应对气候变化全球治理提供有益的理论支撑和法律政策选择。

责任编辑：张水华　　　　　　责任校对：谷　洋
封面设计：商　宓　　　　　　责任印制：孙婷婷

气候变化《巴黎协定》遵约机制述评
吕江　著

出版发行：知识产权出版社 有限责任公司	网　　址：http://www.ipph.cn
社　　址：北京市海淀区气象路 50 号院	邮　　编：100081
责编电话：010-82000860 转 8389	责编邮箱：46816202@qq.com
发行电话：010-82000860 转 8101/8102	发行传真：010-82000893/82005070/82000270
印　　刷：北京中献拓方科技发展有限公司	经　　销：新华书店、各大网上书店及相关专业书店
开　　本：720mm×1000mm　1/16	印　　张：17
版　　次：2023 年 4 月第 1 版	印　　次：2023 年 4 月第 1 次印刷
字　　数：280 千字	定　　价：89.00 元

ISBN 978-7-5130-8728-5

摘 要

/abstract

习近平总书记在党的二十大报告中指出，实现碳达峰、碳中和是一场广泛而深刻的经济社会系统性变革。为此，我们要完善碳排放统计核算制度，健全碳排放权市场交易制度，提升生态系统碳汇能力，积极参与应对气候变化全球治理。毋庸讳言，碳排放统计核算制度，碳排放权市场交易制度，以及提升碳汇能力，不仅是国内开展碳达峰、碳中和工作的重要制度建设，而且亦是当前应对气候变化、履行《巴黎协定》条约义务的国际目标和行动要求；而要实现这些目标和行动要求，就须积极参与到应对气候变化的全球治理中。因为唯有如此，才能既保证我们国内制度建设与国际应对气候变化的规则接轨，又充分维护中国应对气候变化的国家权益。

就《巴黎协定》而言，为了促进、便利以及监督缔约方认真履行碳减排义务，其第十五条创设了新的遵约机制。而该机制的实施和适用正是确保全球应对气候变化、国家履行碳减排义务的关键性制度安排。故而，充分认识和理解该遵约机制的具体规则，势必对中国积极参与全球气候治理，完善国内碳排放相关规则，早日实现碳达峰碳中和，特别是保障中国气候主权，具有重大而深远的现实意义。为此，本书深入研究了《巴黎协定》遵约机制的相关规则，并在此基础上提出了法律和政策方面的应对策略。

本书除引言和结论部分外，共有十一章内容。具体概括如下：

第一章是应对气候变化《巴黎协定》遵约机制的出台背景。这一部分通过对联合国气候变化会议的发展历程进行简要阐发，着重梳理了联合国气候变化会议上通过的一系列重要的条约、议定书和协定，并指出这些国际法文件在联合国气候变化制度安排中所占据的位置及其影响力。

第二章是国际法上遵约机制的理论与实践。这一部分主要对国际法上遵约机制的发展进行了梳理，从遵约机制产生的背景、国际法学者对遵约机制提出的不同理论观点、目前国际法领域在遵约机制方面的具体实践，以及对当前国际法遵约机制理论的反思四个维度进行了分析，从而全面把握国际法上遵约机制的发展历程。

第三章是《巴黎协定》遵约机制的制定史及其体系结构。这一部分主要涉及《巴黎协定》遵约机制条文的整个谈判制定过程以及对体系结构的总结式阐述。由于《巴黎协定》遵约机制的具体规则分别体现在《巴黎协定》、联合国气候变化大会的决议、《巴黎协定》实施细则以及履行和遵约委员会的议事规则中，因此，只有将其放入一个内容体系下，才能从整体上认知气候变化《巴黎协定》遵约机制的主要内容。

第四章是《巴黎协定》遵约机制的设立。这一部分主要集中在对《巴黎协定》遵约机制设立的规则进行评述，涉及《巴黎协定》遵约机制设立的必要性、独特性及其适用的规则范围。

第五章是《巴黎协定》遵约机制的性质及委员会的职权。这一部分主要针对《巴黎协定》遵约机制的性质及履行和遵守委员会的职权规则进行评述，涉及《巴黎协定》遵约机制的具体属性、遵循的原则、履行和遵守委员会的职权范围、争端解决机制与《巴黎协定》遵约机制之间的关系等四个方面的规则评析。

第六章是《巴黎协定》遵约机制的体制安排。这一部分主要围绕《巴黎协定》履行和遵约委员会的体制安排展开。具体对履行和遵约委员会的组成、成员的选择程序、成员任期、成员身份、会议届数、保密规定、会议法定人数、决策和表决程序、议事规则的通过、利益冲突与联合主席的作用、工作程序规则等十一个部分展开规则评析。

第七章是《巴黎协定》遵约机制的启动和进程。启动和进程在一定意义上是《巴黎协定》遵约机制的核心部分。在这一部分，将主要涉及履行和遵约委员会审议时遵循的原则、缔约方自行启动、履行和遵约委员会的启动、经相关缔约方同意的遵约启动、缔约方在遵约机制启动后的一般权利、发展中国家在遵约机制启动后的特殊权利等六个方面的规则评述。

第八章是《巴黎协定》履行和遵约委员会采取的措施。这一部分主要考虑履行和遵约委员会在审议缔约方遵约问题后，应采取的措施类型，具体涉及采取措施的限制性规定、适当措施的类型两个方面的规则评析。

第九章是《巴黎协定》遵约机制的系统性问题、信息、报告及与秘书处的关系。这一部分主要针对在遵约审议过程中出现的系统性问题等程序性事项的规定，具体涉及遵约机制的系统性问题，履行和遵约委员会的信息获取权、报告职能，以及与秘书处的关系等四个方面的规则评述。

第十章是气候变化《巴黎协定》遵约机制的国际法意义。这一部分主要从国际法理论的视角入手，分析遵约机制及其实施将对国际法产生的重要影响。从条约的本质上分析遵约机制的不完全契约意义、形式意义以及拘束力意义，进而提出《巴黎协定》遵约机制对当代国际法遵约理论的贡献，以及未来气候变化《巴黎协定》遵约机制方面所面临的国际法挑战。

第十一章是气候变化《巴黎协定》遵约机制与中国。这一部分主要梳理了中国参与联合国气候变化制度安排的过程，特别是国内有关气候变化认识的发展演变，最终落脚到当前中国对《巴黎协定》履约的分析以及未来可能面临的挑战，并进而提出中国运用《巴黎协定》遵约机制的行动策略。

关键词：气候变化；《巴黎协定》；遵约机制

目 录
/contents

引 言

2020 年 9 月，习近平在联合国第七十五届大会上郑重承诺，中国将提高国家自主贡献力度，采取更加有力的政策和措施，二氧化碳排放力争于 2030 年前达到峰值，努力争取 2060 年前实现碳中和。[1] 这一承诺是中国首次提出碳中和的时间节点，也预示着中国正式进入碳中和时代。对此，习近平指出，"降低二氧化碳排放、应对气候变化不是别人要我们做，而是我们自己要做。实现碳达峰、碳中和是我国向世界作出的庄严承诺，也是一场广泛而深刻的经济社会变革，绝不是轻轻松松就能实现的"。[2]

2021 年，根据《巴黎协定》缔约方会议的决定，内含有碳中和目标的国家自主贡献（Nationally Determined Contributions，NDCs）由中国政府代表递交给《联合国气候变化框架公约》秘书处，开启了中国的碳中和履约之路。就《巴黎协定》而言，其建立起了"国家自主贡献+遵约体系"的履约机制，即通过其自身创建的遵约体系来识别、确认缔约方国家自主贡献的进展情况。[3]是以，在一定意义上，《巴黎协定》遵约体系，特别是其中的遵约机制将是最终保障全球应对气候变化"进步"的关键所在。

毋庸讳言，中国能否按自身的战略部署完成碳中和目标，很大程度上与遵约体系/遵约机制密切关联。这是因为，一方面，我们要防范某些缔约方利用遵约体系、启动遵约机制来干扰、打乱甚至破坏中国的碳中和战略部署；

---

[1] 参见习近平：《在第七十五届联合国大会一般性辩论上的讲话》，载《人民日报》2020 年 9 月 23 日第 3 版。

[2] 参见习近平：《努力建设人与自然和谐共生的现代化》，载《求是》2022 年第 11 期，第 7 页。

[3] 就《巴黎协定》的遵约体系而言，包括了透明度框架、全球盘点和遵约机制三个机制建设部分。参见吕江：《〈巴黎协定〉：新的制度安排、不确定性及中国选择》，载《国际观察》2016 年第 3 期，第 92-104 页。又见梁晓菲：《论〈巴黎协定〉遵约机制：透明度框架与全球盘点》，载《西安交通大学学报（社科版）》2018 年第 2 期，第 109-116 页。

另一方面，我们也须充分投入到遵约体系/遵约机制的实施建构过程中，贡献中国智慧和方案，促进所有缔约方积极履行《巴黎协定》的义务，实现全球应对气候变化的终极目标。故而，充分了解国际遵约机制理论，特别是《巴黎协定》遵约机制的具体规则，势必对中国实现碳中和目标，完成《巴黎协定》的国际义务，最终走向人与自然和谐共存的地球生命共同体具有重大而深远的理论与现实意义。

美国埃默里大学法学院国际法教授彼得曼（David J. Bederman）在其著作《国际法的精神》（*The Spirit of International Law*）一书中曾深刻指出，"对于国际法的最终考验是它如何处理国家之间以及其他国际行为体之间的冲突。……在建设性地解决国际事务中出现的问题时，如果国际法不能充分满足国际社会的需要，那么国际法就是失败的。而衡量国际法律制度成功与否的唯一真正方法乃是看其是否具有和平解决那些国际争端的能力"。❶

毫无疑问，自 1648 年威斯特伐利亚公会主权国家形成后，上述问题就一直是国际法始终无法回避、又不得不加以解决的现实考量。从传统国际法的视角来看，人们希冀国际法像国内法一样，是"有牙齿"的。通过将案件提交到国际法庭面前，严格地执行国际判决，从而实现国际正义。❷ 然而，现实却狠狠地抽了国际法的"脸"，除了那些极具历史性的国际审判外，国际法难以被执行的问题几乎成为人们诟病它的最主要方面。

随着美苏之间冷战愈演愈烈，人们发现国际争端的和平解决及其执行几乎陷入停滞。20 世纪 70 年代起，国际法学者开始尝试回避执行问题，将触角伸向了另一个类似领域——遵约。实际上，通过近 50 年来对国际法的研究发现，执行问题有两种模式可供选择，一种是垂直式的，如国际联盟和联合国的方式，它们更像是一种类似国内法的执行模式。❸ 然而，国际社会的现实是，这种模式

❶ David J. Bederman, *The Spirit of International Law*, Athens, Georgia: The University of Georgia Press, 2002, p. 186.

❷ 1918 年国际联盟的建立就是对这一美好愿望的尝试。但它并没有能阻止德国、日本的侵略行为，从而预示着国际联盟在此方面尝试的彻底失败。参见［日］篠原初枝著：《国际联盟的世界和平之梦与挫折》，牟伦海译，社会科学文献出版社 2020 年版，第 157—220 页。

❸ Richard K. Gardiner, *International Law*, London: Pearson, 2003, pp. 449-450. See also Edith Brown Weiss, "Rethinking Compliance with International Law," in Eyal Benvenisti & Moshe Hirsch ed., *The Impact of International Law on International Cooperation: Theoretical Perspectives*, Cambridge: Cambridge University Press, 2004, p. 137.

存在诸多不足，并不能极好地发挥国际法的作用；相反，却往往成为霸权国家或大国博弈的工具。❶ 而另一种则是水平模式，有些像社会处于更为原始阶段所采取的，它就是遵约方式，即通过自卫、报复、反制等方式实现国际法的目标。当然，需要指出的是，随着国际社会对遵约问题的认识不断深入，现代的国际法遵约理论已远不同于传统国际法下的遵约模式。

首先，现代国际法遵约理论抛弃了那种武力遵约的方式。例如，国际法学者们不再认可通过武装自卫、武力报复等方式实现遵约。其次，现代国际法学者发展了一种和平方式的遵约模式。他们认为可通过制度性设计，实现对条约遵守的管理，如运用监督机制、透明度规则和棘轮方法等。最后，现代国际法遵约理论为国际法研究打开了一扇新的研究窗口。这正如彼得曼所指出的，"在所有这些理由中，国际法的修辞已微妙地从服从转化为遵约，从强制转化为合法性，从权威转化为透明度的研究了"。❷

不言而喻，2015 年通过的气候变化《巴黎协定》中有关遵约部分的规定显然是当前国际法遵约研究中结下的"重要果实"。对其进行研究不仅可从应对气候变化这一窗口窥探到国际法遵约理论的发展历程，而且也能看到国际法遵约理论在当代国际现实中所面临的挑战与应对。❸ 是以，本书正是基于这样一个基本认知，从理论和实践两个维度来揭示气候变化《巴黎协定》遵约机制的实施现状、问题、挑战与应对，进而从中国应对气候变化的国家核心利益出发，提出未来在《巴黎协定》项下，中国如何实现自己的遵约。

---

❶ Michael Zürn, "Introduction: Law and Compliance at Different Levels," in Michael Zürn & Christian Joerges eds., *Law and Governance in Postnational Europe: Compliance beyond the Nation-State*, Cambridge: Cambridge University Press, 2005, pp. 3-4.

❷ David J. Bederman, *The Spirit of International Law*, Athens, Georgia: The University of Georgia Press, 2002, pp. 201-202.

❸ 除了我们上面提到的国际法演变背景外，从国际环境政治和法律视角来看，多边环境协定的数量与有效性之间的悖论，使得遵约理论在这一领域首先开始了尝试。UNEP, *MalMo Ministerial Declaration*, May 2000, p. 3.

第一章　应对气候变化《巴黎协定》
遵约机制的出台背景

在应对气候变化的国际法史中，应对气候变化《巴黎协定》是一个具有里程碑意义的国际公约。然而，无论我们给予应对气候变化《巴黎协定》多么大的赞誉，都极须仔细体察其所嵌入的国际气候制度演变的历史语境；否则，实难从现实角度真正理解《巴黎协定》所带来的变革意义。无疑，对于其创设的新的气候变化遵约机制亦是如此。故而，本章意在从国际气候变化制度史的维度进入到《巴黎协定》遵约机制的视域，以期揭橥后者在全球应对气候变化领域的现实价值。

一、应对气候变化《巴黎协定》与新的遵约机制

应对气候变化《巴黎协定》确立了新的应对气候变化遵约机制。它既是全球应对气候变化制度演变的结果，亦是全球气候变化政治博弈的妥协之物。具体而言，可从以下三个方面来认识这一点。

（一）前《巴黎协定》时代，全球应对气候变化的制度演变

19 世纪初，法国科学家傅立叶（Jean Baptiste Joseph Fourier）在科学研究中提出一个问题，即为什么地球始终能保持一个适于人类生活的气温？正是这一简单的提问开启了科学界对气候变化问题的研究。1896 年，瑞典化学家阿列纽斯（Svante August Arrhenius）在研究冰河时代时，通过手工建模的方式，计算得出大气中的二氧化碳与地球平均气温之间有着直接的联系。1938年，英国工程师柯兰达（Guy Stewart Callendar）在英国皇家气象协会的会议上，大胆地提出人类频繁的工业活动正在向大气中排放越来越多的二氧化碳。

1950 年，世界气象组织的成立为开展气候变化的全球性研究奠定了组织基础。与此同时，西方工业社会的环境污染，特别是空气污染问题愈加严重，环境保护主义开始在西方世界兴起，并进一步促成了西方社会对气候变化问题的关注。1963 年，美国科学家基林第一次通过严格的实际观察的方法，测得全球气温正在逐渐升高，人类将面临冰川融化等更多灾难性事件。❶ 20 世纪 70 年代，在印度、美国、俄罗斯和非洲等地相继出现了大面积的干旱，造成粮食作物的歉收。严重的饥荒问题再次引起了国际社会对气候变化问题的关注。❷ 进入 20 世纪 80 年代后，科学研究的结果不断指向全球气温正在升高，并严重威胁到人类基本生存的事实判断。

然而，到 20 世纪 80 年代末，国际社会并不存在一个全球性质的专门处理气候变化问题的制度安排。直到进入 20 世纪 90 年代，国际社会对气候变化问题的持续关注才最终开启了全球应对气候变化的制度安排之路。总体而言，全球应对气候变化的制度安排大致经历了以下四个重要节点。

1. 《联合国气候变化框架公约》的出台

1988 年，在来自科学家、公众甚至官员要求建立一个全球性气候变化研究组织的呼声不断加强的压力下，世界气象组织和联合国环境署成立了政府间气候变化专门委员会（Intergovernmental Panel on Climate Change，IPCC），具体负责联合世界各国的科学家对全球气候变化进行科学研究。❸ 1990 年，IPCC 提交了《第一次气候变化评估报告》，其中指出，温室气体是造成全球气温升高的主要原因，而来自人类的排放对温室气体的增加产生了实质性的影响，如果不加以控制这种排放，将导致更为严重的后果。❹ 为此，1990 年联合国大会通过了第 45/212 号决议，成立气候变化框架公约政府间谈判委员会（Intergovernmental Negotiating Committee，INC，以下简称政府间谈判委员会），具体负责《联合国气候变化框架公约》的谈判和制定工作，以期在

---

❶ 参见［美］沃特著：《全球变暖的发现》，宫照丽译，外语教学与研究出版社 2007 年版，第 36 页。

❷ 参见［美］沃特著：《全球变暖的发现》，宫照丽译，外语教学与研究出版社 2007 年版，第 68 页。

❸ Bert Bolin, *A History of the Science and Politics of Climate Change*：*The Role of the Intergovernmental Panel on Climate Change*, Cambridge：Cambridge University Press, 2007, pp. 49-52.

❹ IPCC First Assessment Report, 1990, http://www.ipcc.ch/ipccreports/far/IPCC_1990_and_1992_Assessments/English/ipcc-90-92-assessments-overview.pdf（last visited on 2022-9-17）.

1992 年召开的联合国环境与发展大会上得以签署。

　　然而，谈判并不顺利。由于美国从支持应对气候变化的立场转向反对，使得就全球应对气候变化达成协议变得十分困难。所幸的是，英国在与美国进行沟通之后，对草拟文本进行了修改，最终促使美国同意签署协议。❶ 1992 年联合国环境与发展大会在巴西里约热内卢召开，会议正式通过了具有历史性意义的《联合国气候变化框架公约》。该公约的目标旨在 "将大气中温室气体的浓度稳定在防止气候系统受到危险的人为干扰的水平上"❷，同时强调这一目标的实现是在尊重发达国家与发展中国家不同的历史责任和各自能力的基础上，并在坚持 "共同但有区别的责任" 原则的前提下完成。❸ 截至 2022 年 7 月，包括中国、美国在内的 198 个国家批准了该公约。❹ 至此，气候变化问题从一个完全是科学研究的议题转向了一项重要的政治议题。❺

　　2. 《京都议定书》的制定与实施

　　《联合国气候变化框架公约》是世界上第一个通过全面控制二氧化碳等温室气体的排放以应对全球气候变暖的国际公约，也是国际社会在应对全球气候变化问题上进行国际合作的基本框架。❻ 自 1994 年《联合国气候变化框架公约》生效后，缔约方每年召开一次缔约方大会（Conferences of the Parties, COPs）。然而，《联合国气候变化框架公约》并没有规定各个国家的具体减排份额，因此，制定一份具有法律拘束力的、能够规定各国具体减排分配的议定书就提到联合国气候变化缔约方大会的法律日程上。

　　1997 年《联合国气候变化框架公约》第三次缔约方大会在日本京都举行，会上通过了《京都议定书》（Kyoto Protocol），对 2012 年前主要发达国家

---

　　❶ 关于《联合国气候变化框架公约》缔结的详细内容，可参见吕江著：《气候变化与能源转型：一种法律的语境范式》，法律出版社 2013 年版，第 15–38 页。

　　❷ 参见《联合国气候变化框架公约》第 2 条。

　　❸ 参见《联合国气候变化框架公约》序言。

　　❹ UNFCCC, Parties to the United Nations Framework Convention on Climate Change, https://unfccc. int/process/parties-non-party-stakeholders/parties-convention-and-observer-states（last visited on 2022-09-17）.

　　❺ Daniel Bodansky, "The United Nations Framework Convention on Climate Change: A Commentary," *Yale Journal of International Law*, Vol. 18, 1993, pp. 451–558.

　　❻ Michael Grubb, Matthias Koch, Koy Thomson, Abby Munson & Francis Sullivan, *The "Earth Summit" Agreement: A Guide and Assessment*, London: Earthscan, 1993, pp. 70–73.

减排温室气体的种类、减排时间表和额度等做出具体规定。❶ 根据规定，《京都议定书》需由占 1990 年全球温室气体排放量 55% 以上的至少 55 个国家（包括附件一国家，即一般意义上的发达国家）批准之后，才能成为具有法律约束力的国际公约。然而，2001 年，美国布什政府以"减少温室气体排放将会影响美国经济发展"和"发展中国家也应该承担减排和限排温室气体的义务"为借口，宣布拒绝在《京都议定书》上签字。❷ 美国的行为给全球温室气体减排蒙上了一层阴影。所幸的是，俄罗斯的批准使得《京都议定书》达到了生效的要求，2005 年《京都议定书》正式生效。它成为人类历史上首次以法规形式开展温室气体减排的国际文件。❸

3. 不具法律拘束力的《哥本哈根协议》的出台

2007 年《联合国气候变化框架公约》第十三次缔约方会议暨《京都认定书》第三次缔约方会议在印度尼西亚巴厘岛举行，会议着重讨论了"后京都"问题，即《京都议定书》第一承诺期在 2012 年到期后如何进一步降低温室气体的排放。会上通过了"巴厘路线图"（Bali Roadmap），启动了加强《联合国气候变化框架公约》和《京都议定书》全面实施的谈判进程，致力于在 2009 年年底前完成《京都议定书》第一承诺期 2012 年到期后，全球应对气候变化安排新的谈判并签署有关协议。❹

2009 年 12 月 7 日，联合国气候变化大会在丹麦首都哥本哈根如期召开，全世界 192 个国家的领导人和国际组织的负责人出席了会议。此次会议的召开向世界宣示了国际社会应对气候变化的希望和决心，也体现了各国加强国

---

❶ 《京都议定书》规定：从 2008 年到 2012 年期间，主要工业发达国家的温室气体排放量要在 1990 年的基础上平均减少 5.2%，其中欧盟将 6 种温室气体排放量削减 8%，美国削减 7%，日本削减 6%，加拿大削减 6%，东欧各国削减 5% 到 8%，新西兰、俄罗斯和乌克兰可将排放量稳定在 1990 年水平上。议定书同时允许爱尔兰、澳大利亚和挪威的排放量比 1990 年分别增加 10%、8% 和 1%。

❷ The Whitehouse, "President Bush discusses Global Climate Change," http://georgewbush-whitehouse. archives. gov/news/releases/2001/06/20010611-2. html（last visited on 2022-9-17）.

❸ Peter D. Cameron & Donald Zillman ed., *Kyoto: From Principles to Practice*, Hugue: Kluwer Law International, 2001, pp. 3-26. 关于《京都议定书》的谈判过程及各国的立场，Michael Grubb, *The Kyoto Protocol: A Guide and Assessment*, London: The Royal Institute of International Affairs, 1999. See also Peter D. Cameron & Donald Zillman ed., *Kyoto: From Principles to Practice*, Hugue: Kluwer Law International, 2001.

❹ "The United Nations Climate Change Conference in Bali," http://unfccc. int/meetings/cop_13/items/4049. php（last visited on 2022-9-17）.

际合作、共同应对挑战的政治愿景。然而，会议进程并不顺利，各方在对2012 年后温室气体的减排目标、对发展中国家的技术转让和资金支持以及发展中国家是否承担减排义务等方面存在严重分歧，会议几乎以失败而告终。2009 年 12 月 19 日，经过马拉松式的艰难谈判，联合国气候变化大会最终在达成不具法律约束力的《哥本哈根协议》后闭幕。❶ 尽管结果不是令人满意的，但《哥本哈根协议》却为"后京都"气候变化的制度安排奠定了基调，即从一个中心式的减排路径转向"去中心化"，非法律拘束、自我模式选择以及国家、区域减排动议成为其主要聚焦点。❷

4. 2012—2020 年的全球温室气体减排的制度安排

《哥本哈根协议》的通过并没有最终解决 2012 年之后全球温室气体减排的具体承担义务问题。因此，2010 年联合国在墨西哥坎昆召开了第十六次缔约方会议，并在会上通过了《坎昆协议》。然而，尽管《坎昆协议》进一步深化了自"后京都"谈判以来的各项成果，但仍如同《哥本哈根协议》一般，关于"《京都议定书》的命运、未来气候机制的法律形式和结构，以及发达国家与发展中国家不同待遇的性质和范围"❸ 仍没有得到根本性的解决。

2011 年联合国气候变化德班会议在南非德班召开。这次会议上，欧盟抛出了气候变化路线图，企图将中国等发展中国家纳入全球强制减排行列。美国始终坚持自《京都议定书》以来的一贯拒绝立场；而中国、印度等发展中国家则强调平等的可持续发展权，以及不可动摇的"共同但有区别的责任"原则。会议在延迟了一天之后，最终达成了一系列的德班决定。其中，通过了《京都议定书》第二承诺期的安排，即《京都议定书》第二承诺期从 2013年 1 月 1 日起生效，到 2017 年或 2020 年 12 月 31 日结束，发达国家到 2020年将温室气体排放总量在 1990 年的基础上减少 25% 至 40%。❹ 然而，加拿大、

---

❶ 关于《哥本哈根协议》通过的具体情况，可参见吕江：《〈哥本哈根协议〉：软法在国际气候制度中的作用》，载《西部法学评论》2010 年第 4 期，第 109-115 页。

❷ Jutta Brunnee, Meinhard Doelle & Javanya Rajamani eds. , *Promoting Compliance in an Evolving Climate Regime*, Cambridge: Cambridge University Press, 2012, preface.

❸ Lavanya Rajamani, "The Cancun Climate Agreement: Reading the Text, Subtext and Tea Leaves," *International & Comparative Law Quarterly*, Vol. 60, No. 2, 2011, pp. 499-519.

❹ UNFCCC, Outcome of the Work of the Ad Hoc Working Group on Further Commitments for Annex I Parties under the Kyoto Protocol at Its Sixteenth Sessiion.

俄罗斯和日本已明确表示不参加《京都议定书》第二承诺期，美国则一直拒绝承诺强制减排，因此，《京都议定书》第二承诺期将主要由欧盟国家来完成。但是更为令人遗憾的是，德班会议结束第二天，加拿大就突然宣布退出《京都议定书》，这无疑给本来就孱弱的全球温室气体减排又蒙上了一层阴影。❶

（二）联合国气候变化巴黎会议与《巴黎协定》

除确定 2012—2020 年全球温室气体减排的具体事项以外，2011 年联合国气候变化德班会议还开启了 2020 年后的全球应对气候变化的制度安排谈判。根据德班会议的决定，设立了加强行动德班平台特设工作组（Ad Hoc Working Group on the Durban Platform for Enhanced Action，ADP，以下简称德班平台），其目标是取代 2007 年《联合国气候变化框架公约》第十三次缔约方会议上设立的长期合作特设工作组（AWG-LCA），并于 2012 年正式开始运行。其主要任务之一是"在不迟于 2015 年前拟订一项《联合国气候变化框架公约》之下对所有缔约方适用的议定书、另一法律文书或某种有法律拘束力的议定结果，以便在第二十一次缔约方会议上通过，并使之从 2020 年开始生效和付诸执行"。❷

2013 年《联合国气候变化框架公约》第十九次缔约方会议（即华沙会议）明确了自 2014 年开始，进一步细化谈判草案要点。❸ 2014 年《联合国气候变化框架公约》第二十次缔约方会议（即利马会议）出台了 2015 年的谈判文本草案，为 2015 年《联合国气候变化框架公约》第二十一次缔约方会议（即巴黎会议）进入实质谈判做好了前期准备。

1. 联合国气候变化巴黎会议

2015 年 11 月 29 日，《联合国气候变化框架公约》第二十一次缔约方会议在法国巴黎如期召开。中国国家主席习近平、美国总统奥巴马等国家元首或

❶ Ian Austen, "Canada Announces Exit from Kyoto Climate Treaty," *The New York Times*, 2011-12-13, A10.

❷ UNFCCC/CP/2011/9/Add. 1.

❸ 参见国家发展和改革委员会应对气候变化司：《联合国气候变化华沙会议主要成果文件汇编》，2013 年 12 月，第 3 页。

政府首脑齐聚巴黎，在中美的积极推动下，经过 14 天的谈判之后，2015 年 12 月 12 日最终出台了具有法律拘束力的《巴黎协定》。❶ 这一协议受到社会各界好评，时任联合国秘书长潘基文甚至称其为"一次不朽的胜利"。❷ 从条约的完整性来看，《巴黎协定》包括两个部分，即《联合国气候变化框架公约》第二十一次缔约方会议的第 1/CP. 21 号决定和附属的《巴黎协定》。尽管前者不具法律拘束力，但却是对《巴黎协定》具体实施的解释性规定。

2.《巴黎协定》开启了 2020 年后全球温室气体减排的进程

《巴黎协定》的出台正式开启了 2020 年后全球温室气体减排的进程，进而确保未来全球温室气体减排得以在前期基础上继续进行，从而挽救了自 2009 年《哥本哈根协议》以来，全球温室气体减排的制度危机；是继《京都议定书》之后，《联合国气候变化框架公约》下应对气候变化制度安排的新构建与新起点。

3.《巴黎协定》首次将发展中国家纳入全球强制减排行列

《巴黎协定》最突出的一个特点是将所有缔约方纳入温室气体减排行列中。这表现在：一方面，《巴黎协定》要求所有缔约方承担减排义务。例如《巴黎协定》第四条第 4 款规定，发达国家缔约方应继续带头，努力实现全经济范围绝对减排目标。发展中国家缔约方应当继续加强它们在减缓方面的努力，鼓励它们根据不同的国情，逐渐实现全经济范围绝对减排或限排目标。这表明，所有国家均要减排，仅在减排力度上有所不同而已。无疑，与《京都议定书》只规定"附件一国家"承担减排义务完全不同，这意味着发展中国家游离于全球温室气体减排框架之外的时代已不复存在。另一方面，这种将发展中国家纳入减排行列的做法是强制性的。这是因为，首先，《巴黎协定》是一份具有法律拘束力的协议，不同于联合国气候变化大会历次通过的决定，违反其相关规定，国家将承担国际法上相应的国际责任。其次，不同于《京都议定书》中对"非附件一国家"的减排规定，发展中国家的减排不

❶ 参见徐芳、刘云龙：《〈巴黎协议〉终落槌，中国发挥巨大推动作用》，载新华网 2015 年 12 月 13 日，http://news. xinhuanet. com/world/2015-12/13/c_128525228. htm（访问日期：2022-9-17）。

❷ UN News Centre, COP21: UN Chief Hails New Climate Change Agreement as "Monumental Triumph", http://www. un. org/apps/news/story. asp? NewsID = 52802#. Vm0TzNKl-DE (last visited on 2022-9-17).

再是可有可无的，而且根据《巴黎协定》第三条的规定，"所有缔约方的努力将随着时间的推移而逐渐增加"。这表明，除非有国际法上国家责任的免除情形和《巴黎协定》中的特殊规定，所有缔约方，包括发展中国家的减排都应是增加的，而不是减少的。

4.《巴黎协定》依然强调了共同但有区别的责任原则

这具体表现在：第一，在《巴黎协定》序言中明确强调了共同但有区别的责任原则。《巴黎协定》序言第 3 段明确指出，根据《联合国气候变化框架公约》目标，遵循其原则，包括以公平为基础并体现共同但有区别的责任和各自能力的原则。可见，共同但有区别的责任原则仍是《巴黎协定》得以构建的根基，《联合国气候变化框架公约》的缔约方并没有放弃，而是继《京都议定书》之后，沿革了这一原则。第二，从正文文本来看，《巴黎协定》中多处明确指出适用共同但有区别的责任原则。例如，《巴黎协定》第二条第 2 款规定，本协定的执行将按照不同的国情体现平等以及共同但有区别的责任和各自能力的原则。第四条第 3 款也规定，各缔约方下一次的国家自主贡献将按不同的国情，逐步增加缔约方当前的国家自主贡献，并反映其尽可能大的力度，同时反映其共同但有区别的责任和各自能力。第 19 款再次规定，所有缔约方应努力拟定并通报长期温室气体低排放发展战略，同时注意第二条，根据不同国情，考虑它们共同但有区别的责任和各自能力。第三，从内容来看，《巴黎协定》对发展中国家、最不发达国家、小岛屿发展中国家在减缓、适应、损失和损害、技术开发和转让、能力建设、行动和支助的透明度、全球盘点，以及为执行和遵约提供便利等体制安排方面给予的特殊规定，充分体现了共同但有区别的责任原则在具体实施方面所具有的现实意义。

5.《巴黎协定》确定了国家自主贡献在全球温室气体减排中的法律地位

《巴黎协定》在联合国气候变化大会的历史上第一次以法律形式确定了国家自主贡献作为 2020 年后全球温室气体减排的基本运行模式。它产生的法律意义在于以下几点。

首先，国家自主贡献的模式打破了联合国气候变化谈判的法律僵局。自1992 年《联合国气候变化框架公约》出台之际，气候变化协议的法律性就一直是谈判的难点。《联合国气候变化框架公约》是在不规定国家具体减排事项的前提下，才得以最终出台。● 而当1997年《京都议定书》制定后，又是由于其法律性的强制减排，美国拒绝参加该议定书。❷ 更有甚者，加拿大于2011年宣布退出《京都议定书》。这些都使致力于防止气候变暖的全球努力命悬一线。自2009年《哥本哈根协议》通过以来，联合国气候变化大会出台具有法律拘束力的协议就成为国际社会关注的重点。各国政要、学者乃至民间组织都为实现这一目标进行了广泛的制度创新，而《巴黎协定》最终选择了国家自主贡献的减排模式。这表明，这一模式是所有缔约方，特别是发展中国家亦可接受的一种减排模式，从而打破了联合国气候变化谈判的法律僵局，为2020年后全球减排奠定了重要的法律基础。

其次，国家自主贡献模式突破了全球温室气体减排的既有模式。与《京都议定书》不同，国家自主贡献的减排模式，不是一种自上而下而是自下而上的机制安排。这种减排模式的优势在于，每一个国家可从其自身能力出发进行减排，从而避免因自上而下的减排可能带来的国内经济动荡。同时，它是一种在全球气候变化前景、温室气体减排与经济发展存在不确定性时，从国家理性出发的减排策略；也是一种国际制度安排下的可行的"软减排"模式，将国家声誉等作为达到减排效用的手段和方法。❸ 因此，从一定意义上而言，《巴黎协定》也是一种将软策略纳入硬法中的国际法创新。

最后，国家自主贡献赋予了发展中国家更多的减排灵活性。国家自主贡献的实质乃是将发展中国家纳入到全球减排行列中，因此，《巴黎协定》赋予了发展中国家更多的减排灵活性，以促使2020年后全球温室气体减排成为可能。例如，《巴黎协定》第三条规定，作为全球应对气候变化的国家自主贡献……所有缔约方的努力将随着时间的推移而逐渐增加，同时认识到需要支持发展中国家缔约方以有效执行本协定。第四条第3款规定，各缔约方下一次的国家自主贡献将按不同的国情，逐步增加缔约方当前的国家自主贡献，并反映其尽可能大的力度。第六条第8款规定，缔约方认识到，在可持续发

● Daniel Bodansky, "The United Nations Framework Convention on Climate Change: A Commentary," *Yale Journal of International Law*, Vol. 18, 1993, pp. 451-558.

❷ Greg Kahn, "The Fate of the Kyoto Protocol under the Bush Administration," *Berkeley Journal of International Law*, Vol. 21, 2003, pp. 548-571.

❸ Andrew T. Guzman, "Reputation and International Law," *Georgia Journal of International and Comparative Law*, Vol. 34, 2006, pp. 379-391.

展和消除贫困方面，必须以协调和有效的方式向缔约方提供综合、整体和平衡的非市场方法，包括酌情主要通过，减缓、适应、融资、技术转让和能力建设，以协助执行它们的国家自主贡献。第十三条第 12 款规定，本款下的技术专家审评应包括适当审议缔约方提供的支助，以及执行和实现国家自主贡献的情况。……审评应特别注意发展中国家缔约方各自的国家能力和国情。

6.《巴黎协定》开创了包括可持续发展机制在内的新的全球应对气候变化机制

第一，创建了新的可持续发展机制。《巴黎协定》第六条第 4 款规定，兹在作为《巴黎协定》缔约方会议的《联合国气候变化框架公约》缔约方会议的授权和指导下，建立一个机制，供缔约方自愿使用，以促进温室气体排放的减缓，支持可持续发展。无疑，这一机制的确立与《巴黎协定》中确立国家自主贡献的减排模式具有直接关联，且从其产生的背景来看，可持续发展机制亦与联合国 2015 年通过的 2030 年可持续发展议程联系密切，这从与《巴黎协定》同时通过的第 1/CP. 21 号决定中明确提到联合国可持续发展议程就可窥见一斑。此外，从《巴黎协定》的第六条第 8 款的规定来看，可持续发展机制将包括市场方法和非市场方法两个方面。其具体的机制规则、模式和程序将在作为《巴黎协定》缔约方会议的《联合国气候变化框架公约》缔约方会议的第一届会议上通过（《巴黎协定》第六条第 7 款）。

第二，气候变化影响相关损失和损害华沙国际机制仍将适用和完善。《巴黎协定》第八条肯定了与气候变化影响相关损失和损害华沙国际机制存在的必要性。未来的华沙国际机制将至少在预警系统、应急准备、缓发事件等八个方面开展合作和提供便利。此外，根据此次联合国气候变化大会通过的第 1/CP. 21 号决定，《巴黎协定》第八条涉及的气候变化影响相关损失和损害华沙国际机制将不涉及任何义务或赔偿，或为任何义务或赔偿提供依据。可见，这一机制将继续发挥其在信息方面的作用，而不是作为承担气候变化法律责任的调查机构。

第三，在资金机制方面没有创设新的气候基金，但却强化了资金规定。《巴黎协定》第九条具体规定了资金问题，且特别强化了资金规定。这表现在：其一，指出发达国家提供资金，是发展中国家继续履行《联合国气候变化框架公约》下现有义务的必要条件（《巴黎协定》第九条第 1 款）。其二，强调发展中国家的资金使用应以支持国家驱动战略为主，而发达国家提供的气候资金应逐年增加，而不能减少（《巴黎协定》第九条第3款）。其三，强调资金应包括适应和减缓两个方面，不应仅仅偏重于减缓而忽视适应（《巴黎协定》第九条第四4)。其四，对发达国家提供资金提出可预测性要求。众所周知，资金问题一直是联合国气候变化谈判的重点内容，但发达国家往往强调减排，而忽视向发展中国家提供资金，特别是在资金提供方面承诺多，而实际行动少。为解决这一问题，《巴黎协定》在第九条第5至7款规定了发达国家提供资金的可预测性：要求发达国家每两年对其提供的资金进行定量定质的信息通报；要求在《巴黎协定》全球盘点中考虑发达国家提供气候资金的信息；同时强调发达国家在资金的公共干预措施方面每两年提供一次透明信息。毫无疑问，《巴黎协定》对资金可预测性的要求将极大促进资金问题的切实履行和落实，这相比前期的资金规定前进了一大步。此外，与《巴黎协定》相关的此次联合国气候变化大会通过的第1/CP.21号决定第54段也明确提出，发达国家在2025年之前，每年应提供不低于1000亿美元的集体筹资目标。

第四，在技术开发和转让方面建立新的技术框架。《巴黎协定》第十条第4款提出，兹建立一个技术框架，为技术机制在促进和便利技术开发和转让的强化行动方面的工作提供总体指导。同时，《巴黎协定》也首次将技术开发与转让和资金支助相关联。《巴黎协定》第十条第5至6款规定，应对这种努力酌情提供支助，包括由《联合国气候变化框架公约》技术机制和《联合国气候变化框架公约》资金机制通过资金手段，以便采取协作性方法开展研究和开发；对发展中国家技术开发和转让提供的资金支助将被纳入《巴黎协定》的全球盘点。

第五，在能力建设方面，应通过现有体制安排加强能力建设活动。《巴黎协定》第十一条第4至5款规定，所有缔约方，凡在加强发展中国家缔约方执行本协定的能力，包括采取区域、双边和多边方式的，均应定期就能力建设行动或措施进行通报；作为《巴黎协定》缔约方会议的《联合国气候变化框架公约》缔约方会议应在第一届会议上审议并就能力建设的初始体制安排通过一项决定。尽管《巴黎协定》中没有对能力建设进行相关体制构建，但在与《巴黎协定》相关的此次联合国气候变化大会通过的第1/CP.21号决定的第 72 段则明确提出，设立巴黎能力建设委员会，以处理发展中国家缔约方在执行能力建设方面现有的和新出现的差距和需要，以及进一步加强能力建设工作，包括加强《联合国气候变化框架公约》之下能力建设活动的连贯性和协调；并决定启动 2016—2020 年工作计划，包括评估现有机构的合作，促进全球、区域、国家和次国家层面的合作等 9 个方面的活动。

第六，创建关于行动和支助的强化透明度框架。《巴黎协定》第十三条第 1、4、5 款规定，为建立互信并促进有效执行，兹设立一个关于行动和支助的强化透明度框架，并内置一个灵活机制；透明度框架的安排，是为了实现《联合国气候变化框架公约》第二条所列的目标，明确了解气候变化行动，包括明确和追踪缔约方在第四条下实现各自国家自主贡献方面所取得的进展；以及缔约方在第七条之下的适应行动。透明度框架将依托和加强在《联合国气候变化框架公约》下设立的透明度安排，包括国家信息通报、两年期报告和两年期更新报告、国际评估和审评以及国际协商和分析。此外，与《巴黎协定》相关的此次联合国气候变化大会通过的第 1/CP.21 号决定在其第 99 段中亦指出，这一透明度框架的模式、程序和指南应立足于并最终在最后的两年期报告和两年期更新报告提交之后，立即取代第 1/CP.16 号决定第 40 至 47 段和第 60 至 64 段及第 2/CP.17 号决定第 12 至 62 段设立的衡量、报告和核实制度。由此可见，《巴黎协定》对透明度框架的创设，其实质在于取代原有的减排核查制度，而且透明度框架增加了针对发达国家向发展中国家开展技术转让、能力建设等方面的审评，这将有力地突破原来仅针对减排的核查，而将发展中国家积极要求的技术转让等纳入强制性规定，体现了发达国家与发展中国家在减缓与适应方面权利义务的平衡。

第七，创建了气候变化的全球盘点模式。《巴黎协定》第十四条创立了气候变化的全球盘点模式。所谓全球盘点模式，是指作为《巴黎协定》缔约方会议的《联合国气候变化框架公约》缔约方会议应定期总结《巴黎协定》的执行情况，以评估实现《巴黎协定》宗旨和长期目标的集体进展情况。《巴黎协定》第十四条第 2 款规定，将于 2023 年进行第一次全球盘点，此后每五年进行一次，除非作为《巴黎协定》缔约方会议的《联合国气候变化框架公约》缔约方会议另有决定。毫无疑问，应对气候变化的全球盘点模式是在《巴黎协定》确立国家自主贡献这一减排模式后，为了更全面地考虑减缓、适应, 以及执行和支助中存在的问题, 顾及公平和科学利用而设立的, 它将最终成为未来联合国气候变化缔约方会议在考虑加强温室气体减排和适应方面的累积性总结, 并在此基础上实现全球应对气候变化的制度安排。

(三)《巴黎协定》第十五条确立新的遵约机制

除了以上提及的各项新的制度安排,《巴黎协定》在其第十五条也确立了新的遵约机制。即要求联合国气候变化大会建立一个促进执行和遵守《巴黎协定》的机制, 该机制将由一个专家委员会组成, 并且是促进性的, 行使职能时采取透明、非对抗的、非惩罚性的方式, 该委员会将在作为《巴黎协定》缔约方会议的《联合国气候变化框架公约》缔约方会议第一届会议通过的模式和程序下运作, 并每年提交报告。

需要强调的是,《巴黎协定》第十五条的规定应被看作狭义上的遵约机制, 或者说是遵约的具体实施规定。从广义上而言, 正是由于《巴黎协定》创设了新的减排方式, 即国家自主贡献模式, 其赋予了缔约方在减排方面较大的自由裁量权; 为保障全球温室气体减排始终是朝着进步的方向前进, 必须有相应的制衡机制, 故而,《巴黎协定》相继创设了透明度框架和全球盘点等制度安排, 而这些创新模式应被看作广义方面的。❶

而本书是从狭义角度来研究《巴黎协定》遵约机制的, 其间会涉及透明度框架和全球盘点, 但这些仅是为了便于理解《巴黎协定》第十五条设立的遵约机制而进行的阐释, 不会从更多的角度涉及前者, 以保证研究有稳定的研究对象和范畴。

二、应对气候变化《巴黎协定》实施细则的出台

2018 年 12 月 2 日,《联合国气候变化框架公约》第二十四次缔约方会议在波兰卡托维兹召开。在经过了迟延一天的艰苦谈判之后, 终于在 15 日圆满落幕。会议出台了"卡托维兹气候一揽子计划"(Katowice Climate Package),

---

❶ 参见梁晓菲:《论〈巴黎协定〉遵约机制: 透明度框架与全球盘点》, 载《西安交通大学学报(社科版)》2018 年第 2 期, 第 109-116 页。

这标志着应对气候变化《巴黎协定》项下全球气候行动新时代的正式开启。❶
对此，联合国秘书长古特雷斯（António Guterres）满怀信心地指出，"卡托维
兹再次彰显了《巴黎协定》的坚韧性——我们坚实的气候行动路线图"。❷ 而
众所周知，卡托维兹会议最主要的议题就是确定应对气候变化《巴黎协定》
的实施细则，这也将成为未来实施《巴黎协定》的关键所在。

（一）联合国气候变化卡托维兹会议的召开背景

应对气候变化《巴黎协定》实施细则能在联合国气候变化卡托维兹会议
上出台，实属不易。自 2015 年《巴黎协定》缔结以来，国际社会风云变幻，
许多情形下都出现了不利于全球应对气候变化的状况。这具体表现在：

1. 卡托维兹会议成果是执行《巴黎协定》的重要节点

2015 年年底出台的应对气候变化的《巴黎协定》，仅规定了 2020 年后全
球应对气候变化的宏观安排，至于如何利用这些制度，以"具体贯彻"减排、
适应和对发展中国家的资金支持，则尚付之阙如。❸ 故而，在通过《巴黎协
定》之时，《联合国气候变化框架公约》第二十一次缔约方会议亦决定，将落
实《巴黎协定》的实施细则限定在 2018 年《联合国气候变化框架公约》第二
十四次缔约方会议上拟予以通过。❹ 因此，倘若此次卡托维兹会议上不能最终
敲定执行《巴黎协定》的各项工作方案，那么势必会影响到自 2020 年起全球
碳减排行动的正常运转。

---

❶ UNFCCC, *New Era of Global Action to Begin under Paris Climate Change Agreement*, https://unfc-cc. int/news/new-era-of-global-climate-action-to-begin-under-paris-climate-change-agreement-0（last visited on 2022-9-17）.

❷ UN, Secretary-General's Remarks at the Conclusion of the COP24, https://www. un. org/sg/en/con-tent/sg/statement/2018-12-15/secretary-generals-remarks-the-conclusion-of-the-cop24-0（last visited on 2022-9-17）.

❸ 《巴黎协定》全文仅 29 条。因此，希冀通过该文本直接应对纷繁复杂的全球温室气体减排、气候变化适应和对发展中国家应对气候变化的资金支持，几乎是不可能的。这也无怪乎有学者指出，"作为一份政治条约，《巴黎协定》尚无法充分反映巴黎机制"。Frédéric Gilles Sourgens, "Climate Common Law: The Transformative Force of the Paris Agreement," *New York University Journal of International Law and Politics*, Vol. 50, 2018, p. 900.

❹ UNFCCC, 1/CP. 21, *Adoption of the Paris Agreement*, FCCC/CP/2015/10/Add. 1.

2. 美国宣布将退出《巴黎协定》给卡托维兹会议带来负面影响

自 2017 年起，全球应对气候变化的政治格局出现了诸多变数。其中，最为典型的是，美国总统特朗普宣布美国将退出《巴黎协定》。● 作为全球第二大温室气体排放国，● 这一声明无疑破坏了全球应对气候变化的国际合作;● 更为重要的是，这严重削弱了其他缔约方开展全球碳减排的雄心，● 为卡托维兹会议能否顺利通过《巴黎协定》实施细则蒙上了一层阴霾。

但最终在中国、欧盟等其他缔约方的积极互动和努力下，卡托维兹会议通过了"卡托维兹气候一揽子计划"，而其中就包括应对气候变化《巴黎协定》实施细则，为 2020 年后全球履行《巴黎协定》扫除了制度上的障碍。

（二）应对气候变化《巴黎协定》实施细则的出台

卡托维兹会议最主要的成果就是出台了《巴黎协定》实施细则。后者又被称作《巴黎协定》"规则书"（rulebook），其主要目标是具体贯彻执行《巴黎协定》。此次议定的实施细则主要涉及包括减缓在内的 9 个领域 17 个方面，其中较为凸显的是减缓、透明度框架和遵约机制。

1. 《巴黎协定》实施细则对减缓的规定

根据《巴黎协定》和第二十一次缔约方会议决定，《巴黎协定》实施细则在减缓部分主要涉及三个方面的内容：一个是《对与第 21 次缔约方会议决定相关的在减缓一节的进一步指南》；一个是《国家自主贡献公共登记册运作和使用的模式和程序》；还有一个是《执行应对措施的影响问题论坛在〈巴黎协定〉下的模式、工作方案和职能》。在这三个方面的内容中，第一个内容

● The U. S. White House, *President Trump Announces U. S. Withdrawal from the Paris Climate Accord*, https://www.whitehouse.gov/articles/president-trump-announces-u-s-withdrawal-paris-climate-accord/ (last visited on 2022-9-17).

● World Resources Institute, *CAIT Country Greenhouse Gas Emissions Data* (1850—2014), https://www.climatewatchdata.org/ghg-emissions?source=31&version=1 (last visited on 2022-9-17).

● Johannes Urpelainen & Thijs Van de Graaf, "United States Non-Cooperation and the Paris Agreement," *Climate Policy*, Vol. 18, No. 7, 2018, pp. 839-851.

● 例如，在 2017 年 G20 峰会上，土耳其总统就明确表示，因美国的退出，土耳其议会将暂时不考虑批准《巴黎协定》。S. Chestnoy & D. Gershinkova, "USA Withdrawal from Paris Agreement - What Next?" *International Organisations Research Journal*, Vol. 12, No. 4, p. 222.

《对与第 21 次缔约方会议决定相关的在减缓一节的进一步指南》的规定最为重要。这一指南的附件部分规定了两份指导性文件，一个是《促进国家自主贡献清晰、透明和可理解的信息的进一步指南》，另一个是《国家自主贡献核算指南》。根据《巴黎协定》实施细则的规定，这两个文件将作为缔约方通报其第二次和随后的国家自主贡献时必须适用的信息指导，并鼓励缔约方自愿将它们用于其第一次国家自主贡献的信息提供中。❶

从两份指导性文件的内容来看，第一份《促进国家自主贡献清晰、透明和可理解的信息的进一步指南》中规定了量化信息、规划进程和方法学等 7 个方面；第二份《国家自主贡献核算指南》则规定了核算评估依据等 4 个方面。它们要求缔约方在国家自主贡献中应提供可量化的信息，并以政府间气候变化专门委员会和《巴黎协定》缔约方会议通过的方法学和测量方法为标准。如若在提交的国家自主贡献中未按指南写入相关信息，则缔约方需要专门做出解释或说明。❷

2. 《巴黎协定》实施细则对透明度框架模式、程序和指南的规定

卡托维兹会议上通过的《透明度框架模式、程序和指南》规定，不仅是此次会议重要的议定成果，而且是《巴黎协定》实施细则中最重要的部分，其全称为"《巴黎协定》第十三条所述关于行动和支助的透明度框架的模式、程序和指南"。该文件的核心部分体现在其附件中，包括引言、国家清单报告、减排进展信息、气候影响和适应信息、资金技术能力建设、支助和需求信息、技术专家审评，以及关于进展情况的促进性多边审议在内的八个部分。

根据该文件的决定，缔约方须最迟于 2024 年 12 月 31 日前按照"模式、程序和指南"提交第一份两年期透明度报告和国家清单报告。❸ 从该文件的内容来看，它规定了模式、程序和指南的八项指导原则，对于发展中国家规定了因其能力状况需要的灵活性机制，以及技术专家审评的相关内容。其中对

---

❶ UNFCCC, *Further Guidance in Ration to the Mitigation Section of Decision 1/CP. 21, paragraphs 7, 13, and 17*, in FCCC/CP/2018/L. 22.

❷ UNFCCC, *Further Guidance in Ration to the Mitigation Section of Decision 1/CP. 21, Annex I, paragraph 1（c）; Annex II paragraphs 4*, in FCCC/CP/2018/L. 22.

❸ UNFCCC, *Modalities, Procedures and Guidelines for the Transparency Framework for Action and Support referred to in Article 13 of the Paris Agreement, paragraph 3*, in FCCC/CP/2018/L. 13.

国家清单报告和减排进展信息则是强制性要求，缔约方必须在透明度报告中具体体现。❶ 而技术专家审评将针对缔约方提交的透明度报告和国家清单进行实地或案卷审评。

此外，事实证明，《巴黎协定》实施细则的谈判在某些方面甚至比《巴黎协定》更具挑战性。在卡托维兹会议上，各缔约方未能最终就《巴黎协定》第六条关于气候变化的市场机制路径达成一致就是一明证。为此，会议决定将此条的具体制度设计交由 2019 年在智利圣地亚哥召开的第二十五次联合国气候变化大会来议定。❷ 然而，2019 年由于智利国内局势的动荡，最终 2019 年第二十五次联合国气候变化大会改在西班牙马德里举行。令人遗憾的是，关于第六条仍没有达成一致意见。

(三) 应对气候变化《巴黎协定》实施细则对遵约机制的完成

卡托维兹会议上也通过了对《巴黎协定》遵约机制的详细规定。其全称为"《巴黎协定》第十五条第 2 款所述促进履行和遵守的委员会有效运作的模式和程序"。它以附件形式拟定了《巴黎协定》遵约机制运行的模式和程序。该附件由宗旨、体制安排、启动和进程、措施和产出等八个部分内容构成。从其内容来看，《巴黎协定》遵约机制由委员会组成，贯彻了《巴黎协定》中"是促进性的，行使职能时采取透明、非对抗的、非惩罚性的方式"的规定；并强调委员会不得作为执法和争端解决机制，也不得实施处罚或制裁，要尊重国家主权。❸ 从职权范围上，委员会将有权"根据缔约方提交的关于其履行和/或遵守《巴黎协定》任何规定的书面材料，酌情审议与该缔约方履行或遵守《巴黎协定》规定有关的问题"，并在符合四类情况或有关缔约方同意

---

❶ UNFCCC, *Modalities, Procedures and Guidelines for the Transparency Framework for Action and Support referred to in Article 13 of the Paris Agreement*, Annex I. E. 10 (a), (b), in FCCC/CP/2018/L. 13.

❷ UNFCCC, *Matters Relating to Article 6 of the Paris Agreement and Paragraph 36-40 of Decision 1/CP. 21, paragraph 3*, in FCCC/CP/2018/L. 28.

❸ UNFCCC, *Modalities and Procedures for the Effective Operation of the Committee to Facilitate Implementation and Promote Compliance Referred to in Article 15, Paragraph 2, of the Paris Agreement, Annex I. paragraph 4*, in FCCC/CP/2018/L. 5.

的前提下启动对有关问题的审议，最终根据审议结果，采取适当措施。❶

三、本章小结

本章主要是对应对气候变化《巴黎协定》遵约机制的制定背景和出台进行了概要性介绍。全章分为两个大的部分，第一部分主要介绍了前《巴黎协定》时代与应对气候变化《巴黎协定》制定背景和出台。一方面，概要性地介绍了全球应对气候变化的四个重要节点，即《联合国气候变化框架公约》《京都议定书》《哥本哈根协议》和2012—2020年全球温室气体减排的制度安排；另一方面，详细地介绍了联合国气候变化巴黎会议以及应对气候变化《巴黎协定》在全球应对气候变化发展历程上的新变化和意义。具体而言，2015年联合国气候变化巴黎会议在全球应对气候变化发展史上具有里程碑式的意义。它是在中美的积极推动下，在世界各国的共同努力下，完成的一项彪炳史册的重大国际合作成果。应对气候变化《巴黎协定》的出台正式启动了2020年后全球温室气体减排的具体进程，首次将发展中国家纳入全球温室气体的强制减排行列，但仍执行了共同但有区别的责任原则，确定了国家自主贡献作为全球应对气候变化的新的法律模式，创造性地出台了包括可持续发展机制在内的全球应对气候变化新机制。特别值得一提的是，在应对气候变化《巴黎协定》第十五条规定了新的遵约机制。

本章第二部分主要围绕联合国气候变化卡托维兹会议和应对气候变化《巴黎协定》实施细则展开。尽管美国宣布退出《巴黎协定》给全球应对气候变化蒙上了一层阴影，但卡托维兹会议的议定成果仍是应对气候变化《巴黎协定》的重要节点。特别是应对气候变化《巴黎协定》实施细则的出台，从制度层面详细规定了应对气候变化《巴黎协定》在减缓、透明度框架模式、程序和指南，以及遵约机制方面的具体举措和方法，为未来全球应对气候变化走向实际操作奠定了重要的法律基础。

---

❶ UNFCCC, *Modalities and Procedures for the Effective Operation of the Committee to Facilitate Implementation and Promote Compliance Referred to in Article 15, Paragraph 2, of the Paris Agreement, Annex I. paragraph 20, 22 and 30*, in FCCC/CP/2018/L. 5.

第二章　国际法上遵约机制的理论与实践

应对气候变化《巴黎协定》遵约机制的实施很大程度上与国际法遵约理论以及由此而建立起来的遵约机制密切相关。在一定意义上也可以说，对国际法上遵约理论和遵约机制发展演变的认知，亦是准确理解和把握应对气候变化《巴黎协定》遵约机制的理论基点。为此，这一章将从规范与经验两个维度来解析国际法上的遵约理论及其机制。

一、国际法上遵约机制的理论建构

就国际法上遵约机制的理论建构而言，这一部分将从三个方面加以认识，即国际法上遵约机制理论的产生背景、遵约机制理论的具体阐述以及从总体上对国际法遵约机制的理性反思。

（一）国际法上遵约机制理论的产生背景

法学家们不断发现，在一个法治社会中，一项规则、一条法律的出台并不能严格保证所有人都完全遵守它。即使是缔约方都同意的一份合同，也不会被完全遵守。故而，就产生了一个选择性命题：是什么因素决定了人们遵守一项规则或一条法律？[1] 或言之，一个政治权威应如何确保人们遵守相关的

---

❶ 参见［美］泰勒著：《人们为什么遵守法律》，黄永译，中国法制出版社 2015 年版，第 3—11 页。

规则、法律、合同？● 同时，人们也发现了另一种现象，即在一个高度分散型社会，或者更准确地说，在当前的国际社会中，尽管缺乏一个凌驾于主权之上的政治权威，但大多数国家却能做到遵守国际法。这正如美国国际法学者亨金（Louis Henkin）所言，"可能的情况是，几乎所有国家几乎在所有时间都遵守国际法的所有原则和几乎所有的义务"。● 是以，在缺乏一个类似国内的执行机制下，为什么国家会遵守条约就成为国际法学所不能回避的问题。●

此外，随着 1928 年《巴黎非战公约》禁止将战争作为一种贯彻外交政策和解决争端的手段后，国家间使用武力变得越来越不具可行性。● 那么，如何来保障缔约方遵守条约，以及如何解释国家对条约的遵守也就成了一个崭新的课题。●

有关的遵约理论肇始于 20 世纪 70 年代末 80 年代初。● 从当时的国际背

● 对于"人们为何遵守法律"最初的印象是因为有制裁。但分析法学家哈特（H. L. A. Hart）通过精妙的论证，已表明制裁不是法的根本属性。故而，以制裁为理由来解释人们为何遵守法律，是行不通的。而另一位哈特之后的分析法学家拉兹则认为，人们遵守法律是因为在自律（理性）和他律（法律）的选择上，尽管他律中没有完全包括自律的内容，但他律中所包含的自律内容足以使得人们做出他律的选择，故而才会出现遵守法律的情况，反之亦然。当然，对这一问题的探讨，在法学界远没有结束，仍有许多未知领域有待进一步厘清。

● Louis Henkin, *How Nations Behave: Law and Foreign Policy*, New York: Council on Foreign Relations, 1979, p. 47.

● 例如，国际法理性主义学派的代表人、美国国际法学者戈德史密斯（Jack Goldsmith）和波斯纳（Eric Posner）就曾指出，"我们认为，对于各国在何时以及为何遵守国际法，最合理的解释并不是各国已将国际法内化，或具有一种遵守国际法的习惯，或受到其道德吸引力的驱使，而仅仅是国家基于自身利益行事"。Jack L. Goldsmith & Eric A. Posner, *The Limits of International Law*, Oxford: Oxford University Press 2005, p. 225. 其他国际法学者的观点，亦可参见另外的著述。Markus Burgstaller, *Theories of Compliance with International Law*, Leiden: Martinus Nijhoff Publishers, 2005, p. 1. See also Jana von Stein, "The Engines of Compliance," in Jeffrey L. Dunoff & Mark A. Pollack eds., *Interdisciplinary Perspectives on International Law and International Relations: The State of the Art*, Cambridge: Cambridge University Press, 2013, p. 478. Robert Howe & Ruti Teitel, "Beyond Compliance: Rething Why International Law Really Matters," *Global Policy*, Vol. 1, No. 2, 2010, pp. 127–136.

● Tom Ruys, "When Law Meets Power: The Limits of Public International Law and the Recourse to Military Force," in Erik Claes, Wouter Devroe & Bert Keirsbilck eds., *Facing the Limits of the Law*, Heidelberg: Springer, 2009, p. 272.

● O. N. Khlestov, "The Origin and Prospects for Development of Control over Compliance with International Obligations of State," in W. E. Butler ed., *Control over Compliance with International Law*, London: Martinus Jijhoff Publishers, 1991, pp. 23–24.

● Kal Raustiala & Anne-Marie Slaughter, "International Law, International Relations and Compliance," in Walter Carlsnaes, Thomas Risse & Beth A. Simmons eds., *Handbook of International Relations*, London: Sage, 2002, p. 540.

景来看，正处于美苏争霸阶段，双方都无法通过自身权力迫使对方屈服，而不断扩大的武器竞赛也给二者带来了政治和经济上的诸多挑战。为此，军备控制就成为美苏两国的头等大事。❶ 但如何能实现这一目标，双方都将目光投向了签订有关裁军和强化武器控制的条约或协定上。❷ 而在高度不信任的基础上，又如何保证对方能严格遵守条约呢？❸ 是以，在这一现实需求下，学者们开始了对国际法上遵约理论的研究。❹

进入 20 世纪最后十年之际，苏联解体和东欧剧变并没有改变学者对国际法遵约理论的研究初衷，但随着国际关系发生重大改变，学者们对国际安全议题的关注度开始发生变化。一方面，在全球化的影响下，像环境、自然资源、劳工人权等新型领域开始对遵约有了更多的应用诉求。❺ 另一方面，在处理违反条约和承担国家责任方面，国际法上传统争端解决机制适用的局限性也促使学者将目光投向遵约机制的考量。❻ 是以，在 21 世纪时，遵约理论已然成为国际法的核心问题之一。这正如美国国际法教授古兹曼（Andrew T. Guzman）所言，"倘若不能解释为何国家在某种情境下遵守国际法，而另一种情境下则反之，就极有可能会破坏国际法的基础"。❼

---

❶ Raymond L. Garthoff, *Detente and Confrontation: American-Soviet Relations from Nixon to Reagan*, Washington DC: The Brookings Institution, 1985, pp. 127-198.

❷ John H. McNeill, "U. S. -U. S. S. R. Nuclear Arms Negotiations: The Process and the Lawyers," *American Journal of International Law*, Vol. 79, 1985, pp. 52-67.

❸ W. E. Butler, "Ensuring Compliance with Arm Control Agreements: Legal Response," in W. E. Butler ed., *Control over Compliance with International Law*, Dordrecht: Martinus Nijhoff, 1991, pp. 31-39.

❹ 有关国际法上遵约理论研究的部分论文和著作统计, See William C. Bradford, "International Legal Compliance: an Annotated Bibliography," *North Carolina Journal of International Law and Commercial Regulation*, Vol. 30, 2004, pp. 379-423. 而有关国际法遵约理论的专著亦可参见 Markus Burgstaller, *Theories of Compliance with International Law*, Leiden: Martinus Nijhoff Publishers, 2005。

❺ Edith Brown Weiss, "Rethinking Compliance with International Law," in Eyal Benvenisti & Moshe Hirsch eds., *The Impact of International Law on International Cooperation: Theoretical Perspectives*, Cambridge: Cambridge University Press, 2004, pp. 164-165.

❻ M. A. Fitzmaurice & C. Redgwell, "Environmental Non-Compliance Procedures and International Law," *Netherlands Yearbook of International Law*, Vol. 31, 2000, pp. 36-37.

❼ Andrew T. Guzman, "A Compliance-Based Theory of International Law," *California Law Review*, Vol. 90, 2002, p. 1826.

(二) 国际法上遵约机制理论的具体阐述

1. 奥兰·R.扬的遵约系统与遵约机制观念

在制度领域，最早对遵约机制概念进行系统描述的是美国加州大学环境治理学教授奥兰·R.扬（Oran R. Young）。[1] 他在其 1979 年的著作《遵约与公共权威：一个具有国际应用的理论》（*Compliance and Public Authority: A Theory with International Applications*）中，首先给出了遵约系统（compliance system）的概念，即所谓遵约系统就是能为相互依赖的群体以一致方式活动而设定的一套行为规定。[2] 遵约机制则是为了鼓励遵守该遵约系统的一项或多项行为规定，而由公共权威制定的一组或任一制度。[3] 就其本质而言，遵约机制是一种为特定议题的群体成员设立的激励机制，经由这一机制，他们做出关于遵守或不遵守的行为选择。具体而言，遵约机制可采取外在和内在两种方式来影响主体决策。就外在方式而言，它主要包括了：①惩罚和奖励；②核查制度；③公开不遵约的记录。而内在方式，则主要是通过公共权威的投入，将遵约行为内化为规范或习惯。[4] 无疑，这些方式有助于机制产生正向效能，这正如奥兰·R.扬本人所言，"一个有效的机制可促成行为体行为或利益的改变，或者改变制度的政策和绩效，进而实现对目标问题的有效管理"。[5]

2. 罗杰·费希尔的诱导型遵约机制

奥兰·R.扬在著作中列出了一些因素，作为遵约的基础。它们包括：自

---

[1] Beth A. Simmons, "Compliance with International Agreement," *Annual Review of Political Science*, Vol. 1, 1998, p. 77.

[2] 其英文表述为：a compliance system is a set of behavioral prescriptions designed to regulate an interdependent group of activities in a coherent fashion. See Oran R. Young, *Compliance and Public Authority: A Theory with International Applications*, Baltimore: The John Hopkins University Press, 1979, p. 3.

[3] 其英文表述为：a compliance mechanism is any institution or set of institutions established by a public authority for the purpose of encouraging compliance with one or more behavioral prescriptions of a compliance system. See Oran R. Young, *Compliance and Public Authority: A Theory with International Applications*, Baltimore: The John Hopkins University Press, 1979, p. 5.

[4] Oran R. Young, *Compliance and Public Authority: A Theory with International Applications*, Baltimore: The John Hopkins University Press, 1979, p. 5.

[5] Oran R. Young & Marc A. Levy, "The effectiveness of International Environmental Regimes," in Oran R. Young ed., *The Effectiveness of International Environmental Regimes: Causal Connections and Behavioral Mechanisms*, Cambridge, MA: the MIT Press, 1999, p. 5.

利（self-interest）、执行（enforcement）、诱导（inducement）、社会压力（so-cial pressure）、义务（obligation）、习惯或实践（habit or practice）等。❶ 但是在整个著述中，特别是国际社会语境下，奥兰·R.扬是把这些因素作为一个整体适用于遵约方面的，并没有赋予任何一个因素优先权。❷ 然而，哈佛大学法学院著名的谈判研究专家罗杰·费希尔（Roger Fisher）教授则改变了这一遵约策略，他提出了将诱导作为遵约机制构建的首要因素理论。

费希尔首先批驳了国际法中关于遵约的一些传统观点。他认为，建立一个强有力的"国际警察力量"并不是促使国家遵守国际法的根本所在。法律不同于战争，它最适宜的功能应是使问题最小化并始终保持这一状态。这就犹如医疗一样，将焦点聚焦在预防疾病上，并适时通过机构和技术的安排提供充分的补充服务来扼制疾病的发生。国际法亦是如此，其主要应关注于"日常"的违反，在战争、侵犯和无政府状态刚出现萌芽时，就应提供制度和技术安排将其消解掉，而不是任其放大，直到出现不可挽回的结果时，法律才去恢复正义。❸ 而且，更值得强调的是，在一个以主权为基础的国际社会中，构建强有力的国际法执行机制几乎是不现实的。

因此，在一定意义上，遵约机制是执行机制的"前奏"。它的目标是在违约发生之前，就通过相应的制度设计降低缔约方的违约概率。但是遵约机制并不是要求缔约方不违约，而是允许"那些已设计好的违约行为"，这些违约行为相比那些不可预期的违约行为而言，对遵守条约本身的损害不大或者没有损害。❹

具体而言，费希尔的诱导型遵约机制由两个部分组成。第一部分是为日常规则设计的第一阶遵约（first-order compliance for causing respect for standing

---

❶ Oran R. Young, *Compliance and Public Authority: A Theory with International Applications*, Balti-more: The John Hopkins University Press, 1979, pp. 18-28.

❷ 除此之外，也有学者指出，奥兰·R.扬的遵约理论侧重于形式意义上的，即规则与行为的一致性，而没有更多地考虑遵约产生的实效问题。Harold K. Jocobson & Edith Brown Weiss, "Compliance with International Environmental Accords: Achievements and Strategies," in Mats Rolen, Helen Sjoberg & Uno Svedin eds., *International Governance on Environmental Issues*, Netherlands: Springer, 1997, pp. 78-110.

❸ Roger Fisher, *Improving Compliance with International Law*, Charlottesville: University Press of Vir-ginia, 1981, pp. 13-16.

❹ Roger Fisher, *Improving Compliance with International Law*, Charlottesville: University Press of Vir-ginia, 1981, p. 22.

rules)。在这一部分，费希尔认为应当存在一个包括威慑在内的遵约设计，因为它势必会比国家层面上的威胁具有更高的约束力。但是这种威慑的遵约设计不是围绕着执行惩罚展开，而是通过对规则功能的研究、❶ 互惠互利，❷ 以及国内法设计展开的。

第二部分是为日常规则设计的第二阶遵约（second-order compliance）。第二阶遵约强调的是当第一阶遵约未能达到威慑效果，而出现违约行为时，采取的相应措施。第二阶遵约不是针对已违约行为采取的，而是针对未来行为采取的。❸ 首先，应当有一个全面的信息获知渠道，这样将有助于缔约方考量是否存在违约问题，同时会限制其他缔约方的违约。其次，应建立一个可接受提起违约的场所来判断是否存在违约。再次，将违约行为依民事处理而不是刑事处理，更能被国际社会所接受。最后，也可通过降低或限制国际机制的强制力，或在国际机制的程序上加以设计来促使国家接受遵约。❹

3. 苏联国际法学者的管制型遵约理论

1990 年 5 月，苏联科学院与英国伦敦大学在莫斯科联合举办了一次国际法论坛。此次论坛上，苏联国际法学者阐述了其管制型遵约理论（control over compliance with international law）。其具体内容如下。

苏联科学院国家与法研究所的卢卡舒克教授（I. I. Lukashuk）认为，在国际法功能中，管制是一个实质性条件。它被理解为处理信息的过程，以确定受管制者的行为是否符合国际法准则。管制的第一项功能是声明国家存在违约行为；第二项功能是对违约者施加压力，以说服其履行国际法的规定；第三项功能是对规范的解释，一个违约的存在表达了什么行为不符合规范。根据国际法的性质，管制主要具有协调性。它的有效性在很大程度上取决于管

---

❶　比如阐述共识的规则，与正义、公平等道德相联系的规则，引起伤害的规则，日落条款的规则，把规则转化成法。Roger Fisher, *Improving Compliance with International Law*, Charlottesville：University Press of Virginia, 1981, pp. 105-126.

❷　Roger Fisher, *Improving Compliance with International Law*, Charlottesville：University Press of Virginia, 1981, pp. 127-140.

❸　Roger Fisher, *Improving Compliance with International Law*, Charlottesville：University Press of Virginia, 1981, p. 164.

❹　Roger Fisher, *Improving Compliance with International Law*, Charlottesville：University Press of Virginia, 1981, pp. 248-301.

制的实施在多大程度上促进了作为各自规范基础的主体之间协议的稳定性，以及即使在持消极态度的情况下，主体执行这些规范的过程。❶

苏联科学院拉美研究所的拉扎列夫教授（M. I. Lazarev）认为，在关于国家或国际组织的责任，或者为独立的国内斗争被提出之前，人们必须先核实国际法某些规范是否被违反了，这有多么危险，这种行为或不作为是故意的还是过失的，它们是即时完成的还是具体系统性的。这些核实均是管制。管制表明，国家的国际处分能力往往落后于其国际法律能力，而且它并不像有时在教义著作中所断言的那样，合并为某种单一法律人格，而是自主地存在。这种国际法律权能与国际处分权能的分裂决定了管制机制在国际社会中具有重大意义。管制是预防性的，它的设计是因担心缔约方不能完成其国际义务，进而防范未来的违约。换言之，新的管制概念将过去的被动进入转变为积极的参与，从陈述事实转型为寻找实现的决定，从控诉和对抗转向合作、相互援助和善意。这就形成了国际管制设计的三个方面：第一，通过事实的建立，管制义务的完成；第二，援助缔约方完成其法律义务；第三，防范未来缔约方对义务的违反。❷

苏联外交部国际关系研究所的赫列斯特科夫教授（O. N. Khlestov）认为，对国际法的遵守，或言之，对条约的遵守，有两个进路可寻。一个是通过国家自身自觉遵守国际法或条约来实现，如将条约转化为国内法上的规定等；另一个则是通过建立相应的国际管制机制来实现。就国际管制机制而言，可以运用三种制度设计，第一种是这种管制由国家来实施，例如 1949 年《关于保护战争受难者的日内瓦公约》中规定，缔约方有权要求就违反公约的任何声称进行调查。第二种是通过构建一个国际管制实体来进行。而第三种则是将前二种设计结合起来，既通过国家内化国际法，又通过国际管制机制来实现遵约。关于如何构建国际管制机制，赫列斯特科夫教授从国际法的宏观角度给出了一些建议：第一，应分析和总结国家在遵约方面的实践；第二，应

---

❶ I. I. Lukashuk, "Control in Contemporary International Law," in W. E. Butler ed., *Control over Compliance with International Law*, London: Martinus Jijhoff Publishers, 1991, pp. 5–16.

❷ M. I. Lazarev, "On a Theoretical Concept of Control over the Fulfilment of International Obligations of States," in W. E. Butler ed., *Control over Compliance with International Law*, London: Martinus Jijhoff Publishers, 1991, pp. 17–22.

考虑国际管制机制的构成；第三，提高国际武装力量在遵约方面的作用；第四，应提高事实委员会在遵约机制中的作用；第五，应加强国际组织在遵约方面的作用；第六，应发挥非政府组织在遵约方面的作用。❶

4. 蔡斯的管理型遵约机制理论

作为费希尔的同事，哈佛大学法学院教授蔡斯（Abram Chayes）尽管在遵约机制理论上与前者有许多共识，但他仍然发展了一些关于遵约机制方面的新思想，最终建立起其倡导的管理型遵约机制。蔡斯认为：

首先，对条约的遵守不是一个执行问题，而是一个谈判过程。这一过程并非传统上所认为的，只有权力和短期利益左右着缔约方对条约的遵守，它还包含着一系列的技艺活动在里面。❷ 缔结条约不是国家间谈判的结束，而是在条约下生存的连续方面，或者说，是一个"在法律阴影下的交易"。❸

其次，作为一种实践，在当前或者任何可预见的未来国际体系中，不用说军事制裁，就是仅通过经济强制措施来制裁违约，都无法理想地在现实社会中实现；而意欲设计和整合这些制裁措施并体现到条约中在很大程度上将会无果而终。这主要是因为旨在使缔约方执行条约而采取的制裁措施，由于受到成本和合法性的限制，往往表现出一种先天不足。❹

再次，蔡斯针对遵约的"执行模式"，提出与其相悖的"管理模式"。它的核心理念是强调用一个合作的解决问题路径来代替强制解决的进路。因此，他不赞成国际关系现实主义的那种只以利益作为国家遵约的唯一前提假设。他认为，国家及其代理人投入了大量精力去小心翼翼地缔结条约的现实表明，

---

❶ O. N. Khlestov, "The Origin and Prospects for Development of Control over Compliance with International Obligations of State," in W. E. Butler ed., *Control over Compliance with International Law*, London: Martinus Jijhoff Publishers, 1991, pp. 23-30.

❷ Abram Chayes & Antonia Handler Chayes, "Compliance without Enforcement: State Behavior under Regulatory Treaties," *Negotiation Journal*, Vol. 7, 1991, p. 312.

❸ Abram Chayes & Antonia Handler Chayes, "Compliance without Enforcement: State Behavior under Regulatory Treaties," *Negotiation Journal*, Vol. 7, 1991, p. 313.

❹ Abram Chayes & Antonia Handler Chayes, *The New Sovereignty: Compliance with International Regulatory Agreement*, Cambridge, MA: Harvard University Press, 1995, p. 2.

尽管存在违约的可能，但打算遵守条约的意愿仍将占主流。❶ 此外，如果不遵约的情况普遍存在，并不代表着大家有意去违反，而是说明在谈判时没有成功地将广泛的各方利益吸纳其中。❷

当然，条约的谈判或制订过程与条约的履行是两个不同的阶段，而且必然会存在着两个阶段的情势变化。但违约只是应对情势变化的一种措施，还有其他如条约的解释、修订等措施来适应新的国际情势变化。例如，从实践来看，对条约的不履行，除极少数是蓄意所为外，大多数情况或是由于条约语言晦涩不明，存在歧义；或是缔约方履约能力受到限制；或是社会、经济、政治等随时间发生了变化，而使履约出现困难。❸ 这些违约情势完全可以通过机制性管理得以解决。此外，遵约不仅是一个过程问题，也是一个程度问题。有些违约是根本性的，或者说是对条约宗旨的违反，这类违约要求有一个更为严格的遵约。而另一些违约则不具有根本性的特征，适度的偏离并不会彻底损害条约目标的实现。对于后一类违约，亦可采取管理模式的设计，对偏离加以纠正，而不是通过采取对等措施或退出条约来解决问题。

最后，蔡斯在关于管理模式的设计上提出了一些可遵循的设计目标。一是确保透明度。即关于履约所要求的信息以及缔约方的履约情况，这些可通过报告、监督和核查来实现，从而确保缔约方之间的信任。二是对争端解决机制的设计。解决争端，不需要通过像司法或仲裁等传统方式，完全可通过非正式性的协商、权威性的解释、建设性的建议等预防性的机制设计来实现。三是开展能力建设的设计。在技术、行政能力以及资金等方面的援助有助于那些不具备履约能力的国家完成其在条约项下的义务。❹

5. 布鲁尼和图普的交互与义务遵约理论

进入新千年后，国际法遵约理论也进入一个新的发展期，它集中反映了

---

❶ Antonia Handler Chayes, Abram Chayes & Ronald B. Mitchell, "Active Compliance Management in Environmental Treaties," in Winfried Lang ed., *Sustainable Development and International Law*, London: Graham & Trotman, 1995, pp. 78-79.

❷ Abram Chayes & Antonia Handler Chayes, *The New Sovereignty: Compliance with International Regulatory Agreement*, Cambridge, MA: Harvard University Press, 1995, p. 7.

❸ Abram Chayes & Antonia Handler Chayes, *The New Sovereignty: Compliance with International Regulatory Agreement*, Cambridge, MA: Harvard University Press, 1995, p. 10.

❹ Abram Chayes & Antonia Handler Chayes, *The New Sovereignty: Compliance with International Regulatory Agreement*, Cambridge, MA: Harvard University Press, 1995, pp. 22-28.

"9·11"事件后国际法面临的新挑战。❶ 在这方面有所建树的是，加拿大多伦多大学法学教授布鲁尼（Jutta Brunnée）和英属哥伦比亚大学校长图普（Stephen Toope）提出的交互与义务遵约理论（compliance of interaction & obligation）。

首先，布鲁尼和图普并不否认权力和利益对国家遵约的影响，但他们并不承认前者是国家遵约的唯一影响因素或是最主要的因素。❷ 他们认为，虽然权力很重要，但定义和形塑权力的关系更重要。从长远来看，国际行为体通过权力来保障国家遵约几乎是不可行的，除非这种权力嵌入到合法律性（legality）的实践中。❸

其次，他们指出国家遵约是由两个部分构成的，一个是法的义务理论，另一个是交互行为。一方面，就法的义务理论而言，他们认为，义务与遵约具有关联性，义务不是强加于行为者的东西，而是将法作为行为者身份的一部分所带来的态度。❹ 另一方面，就交互行为而言，他们认为：第一，遵约问题不应是国际规则制定之后才予以考虑，而是在规则制定之初就必须考虑缔约方的遵约问题，这是未来国家能否遵约的一个重要基础;❺ 第二，由国际组织或条约实体所创设的国际制度为国家间相互作用提供了必要的空间和机会。如果相关的规范满足国家间互动的要求，即分享共同的理解、对合法律性的理解一致，以及在合法律性实践中形成规范网络，那么，就会实现遵约。

再次，布鲁尼和图普特别强调了法的义务与交互行为必须相互关联，缺

---

❶ 这种新挑战一般是指冷战结束后，美国不顾国际法而采取的一系列单边行动，特别是 2003 年，美国绕开联合国安理会发动的伊拉克战争。Shirley V. Scott, "The Impact on International Law of US Noncompliance," in Michael Byers & Georg Nolte eds., *United States Hegemony and the Foundations of International Law*, Cambridge: Cambridge University Press, 2003, pp. 427–455. See also Wayne Sandholtz, "The Iraq War and International Law," in David Armstrong ed., *Routledge Handbook of International Law*, London: Routledge, 2009, pp. 222–238.

❷ Jutta Brunnée & Stephen J. Toope, *Legitimacy and Legality in International Law: An Interactional Account*, Cambridge: Cambridge University Press, 2010, p. 92.

❸ Jutta Brunnée & Stephen J. Toope, *Legitimacy and Legality in International Law: An Interactional Account*, Cambridge: Cambridge University Press, 2010, p. 93.

❹ Jutta Brunnée & Stephen J. Toope, *Legitimacy and Legality in International Law: An Interactional Account*, Cambridge: Cambridge University Press, 2010, p. 92.

❺ Jutta Brunnée & Stephen J. Toope, *Legitimacy and Legality in International Law: An Interactional Account*, Cambridge: Cambridge University Press, 2010, pp. 98–100.

一不可。也正是这一点，使其区别于蔡斯的管理型遵约机制理论和古德曼（Ryan Goodman）、金克斯（Derek Jinks）的国家社会化理论。❶ 具体而言，布鲁尼和图普指出，管理型遵约机制理论和国家社会化理论的缺陷就在于这两个理论都没有考虑到法的义务属性，这使得二者消弭了国际法的法律属性，从而无法与其他规范相区别。❷ 此外，二者都强调了软法的意义，但却无法阐释遵约中硬法的合理性。而布鲁尼和图普则认为，遵约不一定只是建立在软法基础上，通过交互行为同样可以实现像惩罚、执行和争端解决这些具有硬法性质的遵约过程。❸

最后，布鲁尼和图普指出，尽管跨国法律过程中的内化理论对遵约问题提出了一个有力解释，❹ 但这一理论忽视了国际法对国内法的意义，进而在解释遵约问题上是有缺陷的，而只有建立在法的义务与交互行为之上的遵约理论，才可以正确解读国际法的遵约问题。❺

（三）对国际法遵约机制的理性反思

20 世纪 90 年代，著名国际关系学者基欧汉（Robert O. Keohane）曾指出，"政府间存在着大量法律协定，且总体而言，对这些协定的遵守看起来是非常高的。然而，有关这些高水平遵约在承诺的因果关系上，却仍是一个不

---

❶ 就古德曼和金克斯的国家社会化理论，Ryan Goodman & Derek Jinks，"International Law and State Socialization: Conceptual, Empirical, and Normative Challenges," *Duke Law Journal*, Vol. 54, 2005, pp. 983-998.

❷ Jutta Brunnée & Stephen J. Toope, *Legitimacy and Legality in International Law: An Interactional Account*, Cambridge: Cambridge University Press, 2010, pp. 103-108. See also Jutta Brunnée, "Multilateral Environmental Agreements and the Compliance Continuum," in Gerd Winter ed., *Multilevel Governance of Global Environmental Change: Perspectives from Science, Sociology and the Law*, Cambridge: Cambridge University Press, 2006, pp. 387-408.

❸ Jutta Brunnée & Stephen J. Toope, *Legitimacy and Legality in International Law: An Interactional Account*, Cambridge: Cambridge University Press, 2010, pp. 108-114.

❹ 有关国际法的内化理论，Harold H. Koh, "Why do Nations Obey International Law," *Yale Law Journal*, Vol. 106, 1997, pp. 2599-2659.

❺ Jutta Brunnée & Stephen J. Toope, *Legitimacy and Legality in International Law: An Interactional Account*, Cambridge: Cambridge University Press, 2010, pp. 108 - 114. 此外，这种法的义务性（legitimacy）对遵约的影响，也得到其他学者的支持。Helmut Breitmeier, Oran R. Young & Michael Zürn, *Analyzing International Environmental Regimes: From Case Study to Database*, Cambridge, MA: The MIT Press, 2006, p. 112.

解之谜"。❶ 无疑，上述五种理论不仅代表了当代国际法在遵约理论方面的研究成果，也是力图回答这一因果关系。故而，通过对其具体理论的阐释，我们对国际遵约机制可形成如下五个方面的理论认知。

第一，法律本身的开放性结构造成遵约机制存在的必然。分析法学派首创人哈特（H. L. A. Hart）在其《法律的概念》一书中，指出法律的不确定性很大程度是由于法本身的开放性造成的。❷ 而要解决这一问题，就需要法律解释的存在。但正如哲学家维特斯坦所言，"任何解说都像它所解说的东西一样悬在空中，不能为它提供支撑"，❸ 故而仍无法从根本上解决这一难题。所以法律上的疑难问题更多是指规则或事实的不清晰，甚至通过解释的方式有时都无法彻底解决。这些问题对于国际法是同样的。❹ 而遵约机制的设立不在于静态地寻找确定性，而是通过动态的机制设计规避这一问题，或是指出存在的问题，交给行为者自己去解决；或是通过机制设计，明确一条寻找确定性的可行进路。❺ 这在一定程度上纾解了法律开放性的困难。

第二，国际法遵约机制的发展经历了一个从消极遵约走向积极遵约的过程。就一般意义而言，传统国际法上对遵约的实现是通过制裁的预设体现出来的。然而必须承认，制裁的难以执行是国际法无法回避的一个现实考量。❻ 在国际社会中，由于没有一个凌驾于主权之上的政治权威存在，这就使得强制执行不可能或者会因执行带来更大的冲突。特别是根据不完全契约理论，有些违法行为是无法完全获知的，这使强制执行更不具可行性。而遵约机制没有将执行作为其制裁手段，却认可在遵约机制存在下，国家会有一个较好

❶ Robert O. Keohane, "International Relations and International Law：Two Optics," in Robert O. Keohane ed., *Power and Governance in A Partially Globalized World*, London：Routledge, 2002, p. 117.

❷ 参见［英］哈特著：《法律的概念》，许家馨、李冠宜译，法律出版社 2006 年版，第 119-131 页。

❸ 参见［英］维特根斯坦著：《哲学研究》，陈嘉映译，上海人民出版社 2001 年版，第 121 页。

❹ 参见［美］艾布拉姆·蔡斯和［美］安东尼娅·汉德勒·蔡斯：《论遵约》，载［美］莉萨·马丁和［美］贝思·西蒙斯编：《国际制度》，黄仁伟等译，上海人民出版社 2018 年版，第 293-297 页。

❺ Barbara Koremenos, "Contracting around International Uncertainty," *American Political Review*, Vol. 99, No. 4, 2005, pp. 549-565.

❻ Mary Ellen O'Connell, *The Power and Purpose of International Law：Insights from the Theory and Practice of Enforcement*, Oxford：Oxford University Press, 2008, pp. 1-16. 亦可参见温树斌著：《国际法强制执行问题研究》，武汉大学出版社 2010 年版，第 1-4 页。

的履约行为，即使出现违反的情况，也可通过非惩罚即帮助或支持的手段，实现对行为目标的履行。❶ 故而，在晚近国际法遵约机制的发展上，就出现了一个从以制裁为主的消极遵约转向以管理合作为主的积极遵约发展过程。❷ 同时，也将遵约由简单的二分法问题（遵约/不遵约）转化为一个系谱研究（从遵约程度考量）。❸

此外，在联合国国际法委员会起草《国家对国际不法行为的责任条款》时，也涉及对遵约问题的考量。在其第 55 条规定了特别法问题，即"在并且只在一国际不法行为的存在条件或一国国际责任的内容或履行应由国际法特别规则规定的情况下，不得适用本条款"。❹ 很显然，国际法遵约机制往往被写在具体条约中，属于一种自足性的机制。这与适用条约外的争端解决机制存在截然不同的效果和性质。从国际法委员会对《国家对国际不法行为的责任条款》的评注可以看出：首先，遵约机制与争端解决机制是可以共存的；其次，二者之间如何适用，特别是适用的优先性问题依条约自身的规定；最后，当条约无规定时，可通过解释的方法解决适用冲突。

第三，国际法遵约机制是建立在国际关系理论对遵约行为不断认知的前提下。❺ 现代国际关系学者关于遵约问题的认识与传统国际法上的观点存在着不同。这种不同更多地反映了前者强调从国家行为出发，以寻找遵约原因，而且更多地以实证为基础，缺少对规范的关注。❻ 例如，国际关系现实主义学派强调理性选择在遵约方面的实际意义，更多地从博弈论角度对国际法上的

---

❶ Helmut Breitmeier, *The Legitimacy of International Regimes*, Surrey, England: Ashgate Publishing, 2008, p. 101.

❷ Tom Ruys, "When Law Meets Power: The Limits of Public International Law and the Recourse to Military Force," in Erik Claes, Wouter Devroe & Bert Keirsbilck eds., *Facing the Limits of the Law*, Heidelberg: Springer, 2009, pp. 259-261.

❸ Jana von Stein, "The Engines of Compliance," in Jeffrey L. Dunoff & Mark A. Pollack eds., *Interdisciplinary Perspectives on International Law and International Relations: The State of the Art*, Cambridge: Cambridge University Press, 2013, p. 478.

❹ Article 55, Draft Articles on Responsibility of States for International Wrongful Acts with Commentaries, in the *Yearbook of the International Law Commission*, Vol. 2, Part Two, 2001, pp. 140-141.

❺ Markus Burgstaller, *Theories of Compliance with International Law*, Leiden: Martinus Nijhoff Publishers, 2005, p. 4.

❻ 参见［美］奥兰·R.扬:《国际制度的有效性: 棘手案例与关键因素》，载［美］詹姆斯·N.罗西瑙主编:《没有政府的治理》，张胜军、刘小林等译，江西人民出版社 2001 年版，第 186-190 页。

遵约进行阐释。❶ 又如，著名国际关系制度主义学派代表人基欧汉教授指出，国家遵守条约是建立在如下五个行为假设前提下的，它们互为条件，不可或缺：第一，国家间的互惠；第二，国际制度；第三，国家声誉；第四，价值观的冲突；第五，制度网络。❷ 而当前的国际法遵约机制，正是从这些因素出发开展设计的。❸ 例如，国际遵约机制中的核查制度就是从国家间互惠和国家声誉角度出发的，正是由于建立起了相应的核查制度，国家履约有了一个较透明的过程，从而在一定程度上使国家出于互惠和声誉的角度，不会轻易违反条约或国际义务。❹

此外，国际关系建构主义学派亦指出，所有的国际规范只有建构起来的，才是可行的。❺ 那种没有建立在建构基础上，而只是采取了其他手段，如强制建立起来的规则往往最终会走向失败。同时这也表明，国际法遵约机制的建立远比我们想象的要复杂，国际社会只有通过不断的建构过程，才能形成真正意义上的规范。❻ 而一国遵约不仅仅是一个客观判断，更是一个带有主体间性的评价过程，只有建立在被社会所认同的规则基础上，才能实现真正的遵约。❼

综上，国际关系现实主义学派、制度主义学派、建构主义学派，形成了有关遵约的国际关系理论的三种模式体系，这些模式之间并不是相互排斥的，

---

❶ Andrew T. Guzman, *How International Law Works: A Rational Choice Theory*, Oxford: Oxford University Press, 2008, pp. 33-47.

❷ Robert O. Keohane, "Compliance with International Commitments: Politics within a Framework of Law," *American Society of International Law*, Vol. 86, 1992, pp. 176-180.

❸ 从哈佛大学法学院国际法学者蔡斯所写的遵约机制著作的前言中可以看出，其深受基欧汉在遵约方面的国际关系理论影响，并充分借鉴到自身的遵约机制理论中。Abram Chayes & Antonia Handler Chayes, *The New Sovereignty: Compliance with International Regulatory Agreement*, Cambridge, MA: Harvard University Press, 1995, Preface p. xi.

❹ Edith Brown Weiss, "Strengthening National Compliance with International Environmental Agreement," *Environmental Policy and Law*, Vol. 27, No. 4, 1997, pp. 299-301.

❺ Peter M. Haas, "Choosing to Comply: Theorizing from International Relations and Comparative Politics," in Dinah Shelton ed., *Commitment and Compliance: the Role of Non-Binding Norms in the International Legal System*, Oxford: Oxford University Press, 2000, pp. 43-64.

❻ Alexander Wendt, "Anarchy is What States Make of It: The Social Construction of Power Politics," *International Organization*, Vol. 46, No. 2, 1992, pp. 391-425.

❼ Moshe Hirsch, "Compliance with International Norms in the Age of Globalization: Two Theoretical Perspectives," in Eyal Benvenisti & Moshe Hirsch eds., *The Impact of International Law on International Cooperation: Theoretical Perspectives*, Cambridge: Cambridge University Press, 2004, p. 181.

而是一种互为补充的关系，共同作用于行为体的遵约行动。❶

第四，国际法遵约理论的出现是当代国际法研究范式的一次重要转变。❷之所以这样认为，是因为国际法基本理论出现了裂痕，而国际法遵约机制是适应新的国际法理论认知所产生的现实结果，具体而言表现在如下四个方面。

首先，遵约理论的形成表明国际法学研究不再将国内法的强制执行特征作为国际法必须具备的识别标准。❸ 或言之，法的定义和特征并不能仅仅局限于国内法的概念。在一定意义上，如果不承认国际法本身的法的特色属性，则法的定义是不完整的、片面的。实际上，即使是国内法研究，目前对于强制执行是不是其根本特征，也是不确定的。❹ 故而，国际法遵约理论的出现是整个法学研究的新产物和新突破。❺

其次，制裁与法的分离使原有国际法理论发生了转向。理论上对制裁与法的分离阐释不是单纯地发生在国际法学科中，而是发生在整个法学领域。当代实证主义分析法学派首创人哈特在《法律的概念》著述中，对制裁作为法的核心特征进行了无情的批判，最终使法从制裁的阴影下得到解放。20世纪80年代，美国亨金等国际法学者亦提出了制裁与国际法的分离命题，这使得传统国际法研究范式无法再继续适应新的现实变化，而国际法遵约理论正是在新理论逻辑下得以诞生。此外，从另一个角度而言，法律的出现在一定意义上就是为了减少主体间的不信任，促进合作，这一点无论是对国内法还

---

❶ Arild Underdal, "Explaining Compliance and Defection: Three Models," *European Journal of International Relations*, Vol. 4, No. 1, 1998, pp. 5-30. See also Jeffrey T. Checkel, "Why Comply? Social Learning and European Identity Change," *International Organization*, Vol. 55, No. 3, 2001, pp. 553-588.

❷ Roda Mushkat, "Dissecting International Legal Compliance: An Unfinished Odyssey," *Denver Journal of International Law and Policy*, Vol. 38, 2009, p. 162.

❸ Meinhard Doelle, *From Hot Air to Action? Climate Change, Compliance and the Future of International Environmental Law*, Toronto: Thomson, 2005, pp. 69-70. See also Mary Ellen O'Connell, "Enforcement and the Success of International Environmental Law," *Indiana Journal of Global Legal Studies*, Vol. 3, 1995-1996, pp. 47-64.

❹ 参见 [美] 泰勒著：《人们为什么遵守法律》，黄永译，中国法制出版社 2015 年版，第 3-11 页。also Anthony D'Amato, "Is International Law Really 'Law'," *Northwest University Law Review*, Vol. 79, 1984, p. 1293.

❺ 也有学者指出，相比传统上将软法与硬法的划分作为国际法与国内法的某种界线，遵约机制上的不同更能体现国际法与国内法的区别。Peter M. Haas, "Choosing to Comply: Theorizing from International Relations and Comparative Politics," in Dinah Shelton ed., *Commitment and Compliance: the Role of Non-Binding Norms in the International Legal System*, Oxford: Oxford University Press, 2000, p. 43.

是对国际法都适用。在传统法律中，制裁本身是为促进合作可采取的一种有效手段。然而，当其无法实现信任目标时，相应的其他解决办法就会出现。很显然，遵约机制就是一种信任机制。❶它将国际法解决的信任问题由制裁放到了如何遵约上，亦即没有制裁的情况下，其他因素仍可促使缔约方遵守国际法。❷

再次，国际法遵约理论绕开了有关国际法价值的探讨，走向一个更加务实的发展方向。在国际法研究领域，从麦克道格尔的国际法政策定向法学派创立开始，对国际法价值观的探讨就充满了浓浓的火药味，而且就这一方面的辩论并没有形成一个基本共识，这就使得国际法研究进入一个踌躇不前的状态，进而被国际关系学者所蔑视。正如上文图普和布鲁尼所指出的，遵约理论并不是完全脱离了有关国际法价值的讨论，如合法性/正当性问题（legitimacy）仍是遵约中不可或缺的。因此，遵约机制能否实施下去，缔约方对遵约内容的实质看法仍起着至关重要的作用。❸

最后，国际法遵约理论将"权力问题"进行了搁置。国际关系学者对国际法最大的抨击在于后者无法对权力给出一个合理阐释，而这一问题目前仍未得到根本解决。故而，国际法遵约理论没有直面这个理论弱点；相反，走向一个"非"权力领域的制度建设中，或者说开启了一个非垂直而是横向的制度设计。❹

---

❶ John Lanchbery, "Verifying Compliance with the Kyoto Protocol," *Review of European Community and International Environmental Law*, Vol. 7, No. 2, 1998, p. 170.

❷ Adam Chilton & Katerina Linos, "Preferences and Compliance with International Law," *Theoretical Inquiries in Law*, Vol. 22, No. 2, 2021, pp. 247-297. See also Thomas W. Milburn & Daniel J. Christie, "Rewarding in International Politics," *Political Psychology*, Vol. 10, No. 4, 1989, pp. 625-645. Rachel Brewster, "Unpacking the State's Reputation," *Harvard International Law Journal*, Vol. 50, 2009, pp. 231-269. Andrew T. Guzman, "Reputation and International Law," *Georgia Journal of International and Comparative Law*, Vol. 34, 2006, pp. 379-391. Markus Burgstaller, "Amenities and Pitfalls of a Reputational Theory of Compliance with International Law," *Nordic Journal of International Law*, Vol. 76, 2007, pp. 39-71. Anne van Aaken & Betül Simsek, "Rewarding in International Law," *American Journal of International Law*, Vol. 115, 2021, pp. 195-241.

❸ Jürgen Neyer & Dieter Wolf, "The Analysis of Compliance with International Rules: Definitions, Variables, and Methodology," in Michael Zürn & Christian Joerges eds., *Law and Governance in Postnational Europe: Compliance beyond the Nation-State*, Cambridge: Cambridge University Press, 2005, p. 45.

❹ Helmut Breitmeier, Oran R. Young & Michael Zürn, *Analyzing International Environmental Regimes: From Case Study to Database*, Cambridge, MA: The MIT Press, 2006, p. 64.

第五，遵约机制只是国际法和国际关系相关联的一种策略方法。从当前国际法的现实来看，关于遵约机制的理论建树是国际法和国际关系理论相关联的一个全新发展方向。● 它不仅打破了传统上国际法与国际关系研究之间的隔阂和藩篱，使国际法学者与国际关系学者之间有了真正的对话领域；● 而且国际法学者开始考虑和改变传统的争端解决方式，不再过分纠结法律上的对与错，而是更多地向国际关系学者学习，旨在通过遵约机制实现一种进步，即通过该机制获得一种新的学习机会，从而最终解决问题、实现目标。●

但是必须指出的是，遵约机制并没有完全解决国际法和国际关系中的许多问题，● 甚至还产生了一些消极问题。● 例如，有学者发现遵约与条约效力并不一致，高遵约同样会产生低效力，而低遵约也可能产生高效力。● 此外，当遇到履行环境义务需要付出更大的经济和社会成本时，管理型遵约理论往

● 正如蔡斯等所言，遵约问题使得"在半个世纪中，第一次出现了国际法学者与国际关系学者之间进行富有成果的对话的可能性"。参见 ［美］艾布拉姆·蔡斯和 ［美］安东尼娅·汉德勒·蔡斯：《论遵约》，载 ［美］莉萨·马丁和 ［美］贝思·西蒙斯编：《国际制度》，黄仁伟等译，上海人民出版社 2018 年版，第 284 页。而美国国际关系学者费里莫则指出，"通过解释行为可能受规范约束的原因和方式，建构主义正好解决了国际法的微观基础问题，这样就能够帮助国际法回应现实主义"。参见 ［美］费里莫著：《国际社会中的国家利益》，袁正清译，浙江人民出版社 2001 年版，第 167 页。

● Anne-Marie Slaughter Burley, "International Law and International Relations Theory: A Dual Agenda," *American Journal of International Law*, Vol. 87, No. 2, 1993, p. 206.

● Joseph F. C. DiMento, "Process, Norms, Compliance, and International Environmental Law," *Journal of Environmental Law & Litigation*, Vol. 18, 2003, p. 252.

● 例如，将声誉作为一种促使缔约方遵约的手段和方式就存在一定局限性。Rachel Brewster, "The Limits of Reputation on Compliance," *International Theory*, Vol. 1, No. 2, 2009, pp. 323-333. See also George W. Downs & Michael A. Jones, "Reputation, Compliance, and International Law," *Journal of Legal Studies*, Vol. 31, No. S1, 2002, pp. S95-S114.

● 有国际关系学者认为，遵约是一个国际法上的概念，国际关系学者将其借入到国际关系研究中并不是一个好的选择，反而转移了国际关系研究的真正问题。而与此相反的是，也有国际法学者认为，对遵约的研究，使得国际法向国际关系转移，消弭了国际法的法律性。Lisa L. Martin, "Against Compliance," in Jeffrey L. Dunoff & Mark A. Pollack eds., *Interdisciplinary Perspectives on International Law and International Relations: The State of the Art*, Cambridge: Cambridge University Press, 2013, pp. 591-610. See also Robert Howse & Ruti Teitel, "Beyond Compliance: Rethinking Why International Law really Matters," *Global Policy*, Vol. 1, No. 2, 2010, pp. 127-136.

● 参见 ［美］乔治·W. 唐斯、戴维·M. 罗克和彼得·N. 马苏姆：《遵约的福音是合作的福音吗?》，载 ［美］莉萨·马丁和 ［美］贝思·西蒙斯编：《国际制度》，黄仁伟等译，上海人民出版社 2018 年版，第 320-352 页。also Kal Raustiala, "Compliance & Effectiveness in International Regulatory Cooperation," *Case Western Reserve Journal of International Law*, Vol. 32, 2000, pp. 387-440.

往无法实现多边环境协定的目标。❶ 又如，也有学者研究了管理型遵约理论中有关能力不足影响遵约的假设，认为在国际环境遵约方面出现的不遵约情形往往与能力不足并不存在直接的关联。❷

此外，制裁的执行也并非像蔡斯的管理型遵约理论所言的一无是处；❸ 相反，在某些情况下，执行的存在甚至有助于"深度合作"。❹ 更重要的是，遵约机制无法取代争端解决机制的作用，相反，只有二者协同作用，才能发挥更好的效果。❺ 显然，这是因为遵约本身是一个复杂的社会现象，它不仅关涉国际社会，而且亦与国内社会有着紧密的关联；它不仅关系到国家，而且亦与其他行为主体相关联。❻ 遵约也不仅是一个有关规则的问题，同时也是一个与道德、信仰等其他规范相联系的场景。❼ 因此，我们所面临的是，在任何社会体系中，遵约不仅仅只受到规则的影响，而且亦受到其他诸多因素的影响，

---

❶ Geir Ulfstein & Jacob Werksman, "The Kyoto Compliance System: Towards Hard Enforcement," in Olav Schram Stokke, Jon Hovi & Geir Ulfstein eds., *Implementing the Climate Regime: International Compliance*, London: Earthscan, 2005, pp. 39-40.

❷ Andreas Kokkvoll Tveit, "Can the Management School Explain Noncompliance with International Environmental Agreement," *International Environmental Agreements: Politics, Law and Economics*, Vol. 18, 2018, pp. 491-512.

❸ 在国际环境协定中，规定制裁的协定非常少，但并不代表没有。例如在 1973 年《濒危野生动植物种国际贸易公约》 (Convention on International Trade in Endangered Species of Wild Fauna and Flora) 中就规定了通过经济制裁的方式以实现条约宗旨，而且从实践来看起到了很好的效果。Peter H. Sand, "Sanctions in Case of Non-Compliance and State Responsibility: *pacta sunt servanda*-Or Else?" in Ulrich Beyerlin, Peter-Tobias Stoll & Rüdiger Wolfrum eds., *Compliance with Multilateral Environmental Agreements: A Dialogue between Practitioners and Academia*, Leiden: Martinus Nijhoff Publishers, 2006, pp. 259-272.

❹ George W. Downs, "Enforcement and the Evolution of Cooperation," *Michigan Journal of International Law*, Vol. 19, No. 2, 1998, pp. 319-344. 值得注意的是，唐斯等人提出的威胁和强制更有助于加深合作，但缺乏一个实证的基础，只是建立在博弈论的考量上。Meinhard Doelle, *From Hot Air to Action? Climate Change, Compliance and the Future of International Environmental Law*, Toronto: Thomson, 2005, p. 93.

❺ Kyle Danish, "Management vs. Enforcement: The New Debate on Promoting Treaty Compliance," *Virginia Journal of International Law*, Vol. 37, No. 4, 1997, pp. 789-819.

❻ Beth Simmons, "Treaty Compliance and Violation," *Annual Review of Political Science*, Vol. 13, 2010, pp. 273-296.

❼ George W. Downs & Michael A. Jones, "Reputation, Compliance and Development," in Eyal Benvenisti & Moshe Hirsch eds., *The Impact of International Law on International Cooperation: Theoretical Perspectives*, Cambridge: Cambridge University Press, 2004, pp. 117-133. See also Asher Alkoby, "Theories of Compliance with International Law and the Challenge of Cultural Difference," *Journal of International Law & International Relations*, Vol. 4, 2008, pp. 151-198.

这是一个在理论和现实研究中仍须不断探索与完善的事业。❶

二、国际法上遵约机制的具体实践

社会学家帕森斯（T. Parsons）曾指出，"如果在探讨某个理论体系的发展的时候，不去涉及这个理论赖以建立及其所应用的经验问题，就会成为一种最无谓的论证。真正的科学理论不是呆滞的'冥思苦索'的结果，也不是把一些假设中所包含的逻辑含义加以敷衍的结果，而是从事实出发又不断回到事实中的观察、推理和验证的产物。……只有把理论与经验问题和事实如此紧密地结合起来加以论述，才能充分理解这个理论是怎样发展起来的以及它对科学有什么意义"。❷ 是故，在国际法和国际关系学者从理论高度强调遵约机制在当前国际社会运行中的意义之后，从实践中把握这一理论，并通过经验性的分析对其进行反思和完善，都将是遵约机制研究不可或缺的重要内容。是以，这一部分，我们将从环境以及《巴黎协定》之前的气候变化等领域在遵约方面的实践入手，来进一步认识国际法上的遵约机制。

（一）在国际环境法领域遵约机制的具体实践

尽管在大多数国际环境法著述中，19 世纪末白令海海豹仲裁案被认为是与国际环境法相关的最早法律事实，❸ 但学者们仍普遍认为国际环境法的缘起应放到 20 世纪 70 年代之后，即 1972 年在瑞典斯德哥尔摩召开的联合国人类

---

❶ Benedict Kingsbury, "The Concept of Compliance as a Function of Competing Conceptions of International Law," *Michigan Journal of International Law*, Vol. 19, 1998, pp. 345-372. See also Ronald B. Mitchell, "Compliance Theory: Compliance, Effectiveness, and Behaviour Change in International Environmental Law," in Daniel Bodansky, Jutta Brunnee & Ellen Hey eds., *The Oxford Handbook of International Environmental Law*, Oxford: Oxford University Press, 2007, pp. 894-921.

❷ 参见 [美] 帕森斯著：《社会行动的结构》，张明德、夏翼南、彭刚译，译林出版社 2003 年版序言，第 2 页。

❸ Philippe Sands, *Principles of International Environmental Law*, *Second Edition*, Cambridge: Cambridge University Press, 2003, pp. 173.

环境会议之后。❶ 因为大量有关国际环境的条约和文件是在这一时期繁盛起来的。❷ 然而，在 20 世纪 70—80 年代，国际法和国际关系学者关注的大多是有关国际环境的立法模式等问题，并没有过多涉足国际环境的遵约问题上。❸ 但从 20 世纪 90 年代开始，特别是 1992 年联合国环境与发展大会的召开，使国际环境法的研究逐渐成为热点，一批国际法和国际关系学者开始关注国际环境协定的效力问题，此时有关国际环境协定的遵约机制就成为研究国际环境协定效力问题的重要方法，❹ 并有学者称其是"国际环境法领域最重要的发展之一"。❺ 无疑，遵约机制之所以能在国际环境领域有所建树，是与环境本身所具有的公共物品属性紧密联系在一起的；或言之，国际法上那种具有惩罚性质的后置救济方式无法解决环境损害的"不可逆性"，而遵约机制所具有的预防特性却恰恰能更好地达到保护环境的实质效果。❻

具体而言，在国际环境法领域，遵约机制实践的发展路径大致是从最初

---

❶ Daniel Bodansky, *The Art and Craft of International Environmental Law*, Cambridge, MA: Harvard University Press, 2010, pp. 18-21. See also Peter Dauvergne, "Research in Global Environmental Politics: History and Trends," in Peter Dauvergne ed., *Handbook of Global Environmental Politics*, Cheltenham, UK: Edward Elgar, 2005, pp. 11-13.

❷ Edith Brown Weiss, "The Five International Treaties: A Living History," in Edith Brown Weiss & Harold K. Jacobson eds., *Engaging Countries: Strengthening Compliance with International Environmental Accords*, Cambridge, MA: The MIT Press, 1998, p. 89.

❸ Ronald B. Mitchell, *Intentional Oil Pollution at Sea Environmental Policy and Treaty Compliance*, Cambridge, MA: The MIT Press, 1994, pp. 14-18.

❹ Conclusion of the Siena Forum on International Law of the Environment, Siena, Italy, 21, April 1990, para. 12 (a), in *Yearbook of International Environmental Law*, Vol. 1, 1990, p. 704. See also Alan E. Boyle, "Saving the World? Implementation and Enforcement of International Environmental Law through International Institutions," *Journal of Environmental Law*, Vol. 3, No. 2, 1991, pp. 229-245. Robert O. Keohane, Peter M. Haas & Marc A. Levy, "The Effectiveness of International Environmental Institutions," in Peter M. Haas, Robert O. Keohane & Marc A. Levy eds. *Institutions for the Earth: Sources of Effective International Environmental Protection*, Cambridge, MA: The MIT Press, 1994, pp. 3-24.

❺ Philippe Sands & Jacqueline Peel, *Principles of International Environmental Law*, Fourth Edition, Cambridge: Cambridge University Press, 2018, p. 217.

❻ Malgosia Fitzmaurice, "The Kyoto Protocol Compliance Regime and Treaty Law," *Singapore Yearbook of International Law*, Vol. 8, 2004, p. 27.

的船舶油排放污染，到臭氧层保护，再扩展到气候变化领域。❶

1. 规制船舶排放油污的遵约实践

在国际环境法领域，有关船舶污染规制，特别是有关压舱油排放引发的海洋污染规制，可以说是较早涉足这一领域的。❷ 在相关国际规则出台之前，有关船舶油污，民众普遍认为是由于船舶发生碰撞而造成的原油泄漏。但实际上，在船舶操作过程中，排放掉的废弃油才是船舶油污的主要来源。❸ 有关船舶油污的国际关注最早可追溯到 1926 年的相关会议上。❹ 但直到 1954 年，相关国家才缔结了《国际防止海上油污公约》（International Convention for the Prevention of Pollution of the Sea by Oil，OILPOL）。❺ 1973 年，为替代上述公约，又缔结了《国际防止船舶造成污染公约》（International Convention for Prevention of Pollution from Ships，MARPOL）及其议定书（1978 年）。

1954 年《国际防止海上油污公约》中规定，油轮在离海岸 50 海里以外的排放物的含油量不得超过 100 ppm。之后，经过 1962 年、1969 年和 1971 年的三次修改，最终限定禁止在近海排放油，并对近海以外的排放油量进行了

---

❶ 除这三个较为重要的环境保护领域外，在 1989 年的《控制危险废物越境转移及其处置巴塞尔公约》、1991 年和 1994 年《长距离跨界大气污染公约》下的减少挥发性有机化合物控制议定书和减少硫化物议定书、1996 年《防止倾倒废物及其他物质污染海洋的公约》议定书（第 11 条）、2000 年《生物多样性公约》下的《卡塔赫纳生物安全议定书》（第 34 条）、2001 年《关于持久性有机污染物的斯德哥尔摩公约》（第 17 条）、2001 年《在环境问题上获得信息、公众参与决策和诉诸法律的公约》（《奥胡斯公约》）等国际环境条约中都规定了相关遵约机制的内容。据学者统计，到 2010 年前，已有 20 个国际环境协定中规定了遵约机制。See Karen N. Scott, "Non-Compliance Procedures and Dispute Resolution Mechanisms under International Environmental Agreements," in Duncan French, Matthew Saul & Nigel D. White eds., *International Law and Dispute Settlement: New Problems and Techniques*, Oxford: Hart Publishing, 2010, p. 225.

❷ Peter Dauvergne, "Research in Global Environmental Politics: History and Trends," in Peter Dauvergne ed., *Handbook of Global Environmental Politics*, Cheltenham, UK: Edward Elgar, 2005, p. 12. See also Michael R. M'Gonigle & Mark W. Zacher, *Pollution, Politics and International Law: Tankers at Sea*, Berkeley, CA: University of California Press, 1979.

❸ Ronald Mitchell, "International Oil Pollution of the Oceans," in Peter M. Haas, Robert O. Keohane & Marc A. Levy eds., *Institutions for the Earth: Sources of Effective International Environmental Protection*, Cambridge, MA: The MIT Press, 1994, p. 185.

❹ 参见王玫黎著：《中国船舶油污损害赔偿法律制度研究》，中国法制出版社 2008 年版，第 2 页。

❺ E. D. Brwon, "The Role of Law in the Prevention of Oil Pollution," in J. Wardley-Smith ed., *The Prevention of Oil Pollution*, London: Graham and Trotman, 1979, p. 254.

严格限制。[1] 1973 年的《国际防止船舶造成污染公约》将这些最新的规定纳入其中。1978 年的议定书对《国际防止船舶造成污染公约》的附则 I 防止油类污染规则再次进行了补充修改，规定了更为严格的检查、检验和发证的要求。

美国国际关系学者米切尔（Ronald B. Mitchell）对规制船舶排放油污的国际条约的遵约情况进行了专门研究。他指出，从 1954 年《国际防止海上油污公约》到 1973 年《国际防止船舶造成污染公约》及 1978 年议定书关于船舶油污排放的规定，实际上体现了两类遵约体制，一个是排放子机制，另一个是设备子机制。事实证明，后者在促进船舶遵守油污排放方面，要比前者更可行。[2] 这在一定意义上揭示了遵约机制的设计不同，对国家改变其行为的影响力也不同，从而有助于国际社会通过对遵约机制的设计来促使国家遵守国际法。[3]

2. 有关保护臭氧层的遵约机制实践

如上所述，规制船舶排放油污的国际公约开启了国际环境法中的遵约议题。然而，需要指出的是，在严格意义上，前者并没有涉及狭义上的遵约机制和规则，只是从制度设计上实现了遵约的可能性。而第一个真正对遵约机制进行规定的是 1987 年通过的《关于消耗臭氧层物质的蒙特利尔议定书》（Montreal Protocol on Substances that Deplete the Ozone Layer，以下简称《蒙特利尔议定书》）。[4]

20 世纪 70 年代，科学家在进行科学研究时发现，人类向大气中排放化学

---

[1] 参见［法］亚历山大·基斯著：《国际环境法》，张若思编译，法律出版社 2000 年版，第 158-159 页。

[2] Ronald B. Mitchell, *Intentional Oil Pollution at Sea: Environmental Policy and Treaty Compliance*, Cambridge, MA: The MIT Press, 1994, pp. 18-26.

[3] 参见罗纳德·B. 米切尔：《机制设计事关重大：故意排放油污与条约遵守》，载［美］莉萨·马丁和［美］贝恩·西蒙斯编：《国际制度》，黄仁伟等译，上海人民出版社 2018 年版，第 105-144 页。

[4] Gunther Handl, "Compliance Control Mechanism and International Environmental Obligations," *Tulane Journal of International Comparative Law*, Vol. 5, 1997, p. 33. 当然，也有学者认为，如果把区域性的也算在内的话，第一个设立遵约机制的应是 1979 年《保护欧洲野生动物与自然栖息地公约》（*1979 Convention on the Conservation of European Wildlife and Natural Habitats*）. See Karen N. Scott, "Non-Compliance Procedures and Dispute Resolution Mechanisms under International Environmental Agreements," in Duncan French, Matthew Saul & Nigel D. White eds., *International Law and Dispute Settlement: New Problems and Techniques*, Oxford: Hart Publishing, 2010, pp. 225-226.

物质氯氟烃（CFC）会损耗地球臭氧，导致大气中臭氧层变薄和极地臭氧空洞的出现。❶ 为此，1985 年通过了《保护臭氧层维也纳公约》（Vienna Convention for the Protection of the Ozone Layer），要求缔约国在保护臭氧层方面开展交流合作，采取措施控制或禁止一切破坏大气臭氧层的活动，但该公约并没有实质性规定任何控制措施。❷ 为具体实施《保护臭氧层维也纳公约》，1987 年通过了《蒙特利尔议定书》，要求各缔约方在一定时间内按比例减少对氯氟烃的生产和使用。❸

　　1987 年《蒙特利尔议定书》出台后，缔约方又通过缔约方会议不断修改该议定书，最终形成了一个时间和量化标准的棘轮演进模式。1990 年通过了《伦敦修订案》，一方面，建立了临时多边基金用于对发展中国家保护臭氧层的援助；❹ 另一方面，首次制定了不遵守情事程序（noncompliance procedures），❺ 并开始临时适用。❻ 1992 年，在哥本哈根会议上，缔约方将临时多边基金转变成正式的多边基金，并正式通过不遵守情事程序，同时扩大了不遵守情事程序中履行委员会（the Implementation Committee）的成员人数。1997 年，在第九次缔约方会议上，又通过了消耗臭氧物质进出口许可证制度。此外，在 1990 年、1992 年、1997 年以及 1999 年的修正案中，不断提高了减少、淘汰氯氟烃等影响臭氧层的气体的要求。

　　《蒙特利尔议定书》的不遵守情事程序是根据《蒙特利尔议定书》第八

---

❶ Stephen O. Andersen & K. Madhava Sarma, *Protecting the Ozone Layer: The United Nations History*, London: Earthscan, 2002, pp. 6-17. See also Mario J. Molina & F. S. Rowland, "Stratospheric Sink for Chlorofluoromethanes: Chlorine Atom-Catalysed Destruction of Ozone," *Nature*, Vol. 249, 1974, pp. 810-812.

❷ Richard Elliot Benedick, *Ozone Diplomacy: New Directions in Safeguarding the Planet*, Cambridge, MA: Harvard University Press, 1998, pp. 44-47.

❸ Diane M. Doolittle, "Underestimating Ozone Depletion: The Meandering Road to the Montreal Protocol and Beyond," *Ecology Law Quarterly*, Vol. 16, No. 2, 1989, pp. 407-441.

❹ Edward A. Parson, "Protecting the Ozone Layer," in Peter M. Haas, Robert O. Keohane & Marc A. Levy eds., *Institutions for the Earth: Sources of Effective International Environmental Protection*, Cambridge, MA: The MIT Press, 1994, pp. 49-54.

❺ Non-Compliance Procedure, in *Report of the Second Meeting of the Parties to the Montreal Protocol on Substances that Deplete the Ozone Layer*, Annex III, UNEP/OzL. Pro. 2/3, 29 June 1990, pp. 32-33.

❻ 以挪威为首的一些缔约方认为，应该有一个更加严格的不遵约程序，建议继续完善该机制。David G. Victor, "The Operation and Effectiveness of the Montreal Protocol's Non-Compliance Procedure," in David G. Victor, Kal Raustiala & Eugene B. Skolnikoff eds., *The Implementation and Effectiveness of International Environmental Commitments: Theory and Practice*, Cambridge, Mass.: The MIT Press, 1998, p. 140.

条的规定建立的，又经过缔约方会议不断的修改，● 在 1998 年第十次缔约方会议上，以决议的形式，❷ 最终通过了现在的规则，并放在了该次会议的附件二部分。❸ 不遵守情事程序总共包括 16 段条文，前 4 个段落涉及不遵约程序的启动。其将启动权分配给了一缔约方针对另一缔约方不遵约的启动、秘书处以及缔约方自愿启动。❹ 之后的第 5～11 段涉及履行委员会的建立及其职权。委员会由十个缔约方组成，任期两年，每年召开两次以上会议。委员会的主要职权就是审议缔约方就不遵约事项提交的材料，并做出报告，但不具有任何司法权。第 12～16 段则是规定了缔约方会议在不遵守情事程序中的职权，以及涉及不遵约材料的缔约方或委员会的保密义务。

《蒙特利尔议定书》规定的不遵守情事程序的特点在于，首先，它没有对不遵约采取传统形式上的执行和惩罚的方式，而是更多地经由适用集体压力和国际问责的方式来促使缔约方遵守条约规定。❺ 其次，它采取的是一个对不遵约的缔约方进行援助与鼓励的进路。因此，不遵守情事程序通过的文件均

---

❶ Winfried Lang, "Compliance-control in Respect of the Montreal Protocol," *Proceedings of the ASIL Annual Meeting*, Vol. 89, 1995, pp. 206-207.

❷ Decision IV/5. Non-Compliance Procedure, in *Report of the Fourth Meeting of the Parties to the Montreal Protocol on Substances that Deplete the Ozone Layer*, Doc. UNEP/OzL. Pro. 4/15, 25 November 1992. 此处需要指明，这种以决议方式通过不遵约程序，与《蒙特利尔议定书》谈判之时的设想存在不同，当时的想法是将不遵约程序纳入《蒙特利尔议定书》中，或将其作为附件形式出现。但最终的选择是以决议方式通过。从谈判会议记录来看，负责起草不遵约程序的法律专家特设工作组（open-ended ad hoc working group of legal experts）是希望规避掉国际法上条约修改程序的烦琐，使这一机制尽快适用，并根据实际经验保持一定的灵活性。但这带来的一个问题是，这种规避国际法上的修改程序步骤的做法，使其规则不具备了法律拘束力。如果一定要说有拘束力，则必须援引《蒙特利尔议定书》第 8 条。故而，关于《蒙特利尔议定书》不遵约程序的法律拘束力是有争议的。但从最终的实践来看，由于不遵约程序本身的"非对抗性""非惩罚性"，决定了关注不遵约程序的法律属性的现实意义不大。Markus Ehrmann, "Procedures of Compliance Control in International Environmental Treaties," *Colorado Journal of International Environmental Law and Policy*, Vol. 13, 2002, pp. 377-443.

❸ 有关不遵约程序的最终文本，可参见臭氧秘书处网站：https://ozone.unep.org/node/2078。

❹ 此处需要注意两点：一是鉴于发展中国家对非政府组织的警惕，最终没有将其纳入启动主体范围。Martti Koskenniemi, "Breach of Treaty or Non-Compliance? Reflections on the Enforcement of the Montreal Protocol," *Yearbook of International Environmental Law*, Vol. 3, No. 1, 1992, p. 131. 二是这个不遵约程序的启动有一个例外规定，即《蒙特利尔议定书》第 5 条第 7 款规定，倘若缔约方书面通知秘书处，其虽已采取一切实际可行步骤，但由于条约规定的原因，而未能履行其义务。在缔约方会议做出决定前，不得启动不遵约程序。

❺ Alan E. Boyle, "Saving the World? Implementation and Enforcement of International Environmental Law through International Institutions," *Journal of Environmental Law*, Vol. 3, No. 2, 1991, p. 229.

是建议（recommendatory）而不是命令（mandatory），至于最后的决定将由缔约方会议来考虑。这一策略体现在了不遵守情事程序的启动、履行委员会对程序的运行以及具体实施方面。故而，它既不是给缔约方贴上"违约"的标签，也不是对其违法行为实施制裁或提供救济，而是帮助被控告的缔约方继续遵约，并保护条约的整体性不受未来违约者的影响。最后，它呈现出一个向前看而非向后看的理念，❶ 促成了救济措施由违约国与损害国之间对抗的双边模式开始向互动的集体模式的转向。❷ 相比传统争端解决方式，它更具现实性，特别是在处理那些不具互惠性质而是针对一种共同利益的违约行为上。正是这些显著不同于传统争端处理方式的特点，使得其制定过程比《蒙特利尔议定书》谈判过程都要长。❸ 是以，《蒙特利尔议定书》遵约机制的规定为后来的国际环境公约奠定了一个全新的基本模式，❹ 如《联合国气候变化框架公约》《联合国防治荒漠化公约》中的遵约机制设定等均受到其影响。❺ 可以说在一定意义上，《蒙特利尔议定书》开启了整个国际环境法中遵约机制的具体安排。❻

然而，从实践角度而言，在《蒙特利尔议定书》的不遵守情事程序制定之初，学者对其是否能起到真正的效果是持怀疑态度的。例如，著名国际法学者

---

❶ 这体现出遵约机制与争端解决机制的一个显著不同，遵约机制并不是回溯式的解决问题模式，而是面向未来的解决问题模式。Elli Kouka, *International Environmental Law: Fairness, Effectiveness, and World Order*, Cambridge: Cambridge University Press, 2006, p.128.

❷ 也有学者将这种转变称为从"同僚"之间的控制转向一种"制度化"的遵约控制。Thilo Marauhn, "Towards a Procedural Law of Compliance Control in International Environmental Relations," *Heidelberg Journal of International Law*, Vol.56, 1996, p.696.

❸ 《蒙特利尔议定书》只用了10个月的时间就缔结了，而不遵约程序竟然花费了5年的时间来制定。

❹ Gunther Handl, "Compliance Control Mechanism and International Environmental Obligations," *Tulane Journal of International Comparative Law*, Vol.5, 1997, pp.33-34.

❺ Jacob Werkman, "The Negotiation of a Kyoto Compliance System," in Olav Schram Stokke, Jon Hovi & Geir Ulfstein eds., *Implementing the Climate Regime: International Compliance*, London: Earthscan, 2005, p.21. See also Patrick Széll, "Compliance Regimes for Multilateral Environmental Agreement: A Progress Report," *Environmental Policy and Law*, Vol.27, No.4, 1997, pp.304-307.

❻ 当然，《蒙特利尔议定书》的意义在于其开创性，但仍存在着诸多问题没有解决好。例如，关于什么属于"不遵约"，由于发展中国家和发达国家存在较大争议，特别是关于不提供资金是否属于不遵约上达不成一致，最终《蒙特利尔议定书》不遵约程序中没有涵盖这一内容。Markus Ehrmann, "Procedures of Compliance Control in International Environmental Treaties," *Colorado Journal of International Environmental Law and Policy*, Vol.13, 2002, p.394.

科斯肯涅米（Martti Koskeniem）就提出了两个危险，一个危险是"该程序有可能会变成一个无效的机构，缔约方会利用其逃避司法或仲裁审查，而掩盖其在履行义务时遇到的真正困难；或者通过更精妙的外交辞令来表示其已做出符合规则的行为"；另一个危险是"该程序会产生一个解释空间，用来强制执行义务，并惩罚那些善意的适用或可原谅的不履约行为，从而加深缔约方之间的政治和经济分歧"；最终，这两个危险会损及而不是加强缔约方为实现议定书宗旨的合作精神。❶ 也有学者指出，如果没有气候基金的支持，"仅仅依靠不遵约程序，它是没有力量的"。❷ 此外，经过多年实践，《蒙特利尔议定书》不遵约情事程序也暴露出一些亟待解决的问题。❸ 然而不管怎样，作为第一个真正意义上的遵约机制，《蒙特利尔议定书》仍开创了一个良好的开端，这也成为后来在气候变化领域，缔约方愿意采取遵约机制的一个重要考量。

（二）在气候变化法领域遵约机制的具体实践

在气候变化法领域遵约机制的具体实践大致经历了三个阶段：第一阶段是《联合国气候变化框架公约》遵约机制的设计过程；第二阶段是《京都议定书》遵约机制的实践；第三阶段则是《巴黎协定》遵约机制的正式出台。

1.《联合国气候变化框架公约》遵约机制的具体实践

不同于《蒙特利尔议定书》，在制定《联合国气候变化框架公约》之初，

---

❶ Martti Koskenniemi，"Breach of Treaty or Non-Compliance? Reflections on the Enforcement of the Montreal Protocol," *Yearbook of International Environmental Law*, Vol. 3, No. 1, 1993, pp. 133-134.

❷ David G. Victor, "The Operation and Effectiveness of the Montreal Protocol's Non-Compliance Procedure," in David G. Victor, Kal Raustiala & Eugene B. Skolnikoff eds., *The Implementation and Effectiveness of International Environmental Commitments: Theory and Practice*, Cambridge, Mass.: The MIT Press, 1998, p. 138. 关于基金支持遵约问题，在设计《京都议定书》遵约机制时进一步发酵，缔约方谈判过程中曾设想在其下建立遵约基金（Compliance Fund），然而，由于这一倡议牵涉包括谁来支付、如何使用等过多争议，故未能获得缔约方支持，最终不了了之。Meinhard Doelle, *From Hot Air to Action? Climate Change, Compliance and the Future of International Environmental Law*, Toronto: Thomson, 2005, p. 60. See also Glenn Wiser & Donald Goldberg, *The Compliance Fund: A New Tool for Achieving Compliance Under the Kyoto Protocol*, Washington DC: Center for International Environmental Law, 1999, pp. 1-22.

❸ Nina E. Bafundo, "Compliance with The Ozone Treaty: Weak States and the Principle of Common but Differentiated Responsibility," *American University International Law Review*, Vol. 21, 2006, pp. 461-495.

缔约方已开始考虑到气候变化领域遵约机制问题。❶ 但缔约方意识到短时间内的谈判是难以就遵约机制达成共识的，因此《联合国气候变化框架公约》第十三条规定：缔约方会议应在其第一届会议上考虑设立一个解决与公约履行有关的问题的多边协商程序，供缔约方有此要求时予以利用。❷ 然而，多边协商程序（multilateral consultative process）的谈判和议定并不顺利，缔约方之间在有关多边协商程序与争端解决机制之间的关系、关于多边协商程序的权限，以及多边协商程序组成人员方面都存在争议。作为妥协，缔约方同意设立一个附属履行机构（the Subsidiary Body for Implementation，SBI），但这一机构并不处理具体某一缔约方的遵约问题，而主要是信息通报，并评估所有缔约方在应对措施方面的积累效果。❸

除了附属机构以外，1995 年在《联合国气候变化框架公约》第一次缔约方会议上通过了一个深度审查机制（In-Depth-Review）。❹ 在两个附属机构的授权下，由专家团队来审查发达国家的信息通报。但这一机制依然没有建立起应对不遵约的措施。与此同时，成立了一个不限成员名额的技术与法律专家小组，负责起草多边协商程序。1998 年《联合国气候变化框架公约》第四次缔约方会议上，正式通过了由专家小组起草的多边协商程序文本，但由于缔约方之间存在分歧，这一文本中未就多边协商委员会（Multilateral Consultation Committee）的设立和组成进行规定，而是交由第五次缔约方会议考虑通

---

❶ UNFCCC, Revised Single Text on Elements Relating to Mechanisms, in *Intergovernmental Negotiating Committee for a Framework Convention on Climate Change*, *Fouth Session*, *Geneva*, *9-20 December* 1991, *Item* 2 (*b*) *of the Provisional Agenda*, A/AC. 237/Misc. 13, 1991, pp. 33-34.

❷ 有学者认为，从《联合国气候变化框架公约》第十三条的规定来看，其主要处理的是"履行问题"，而不是严格意义上的"遵约问题"。Elli Kouka, *International Environmental Law: Fairness, Effectiveness, and World Order*, Cambridge: Cambridge University Press, 2006, pp. 127-128.

❸ 参见《联合国气候变化框架公约》第 10 条。

❹ UNFCCC, Decision 2/CP. 1, Review of First Communications from the Parties Included in Annex I to the Convention, in *Report of the Conference of the Parties on Its First Session*, *Held at Berlin from 28 March to 7 April 1995*, *Addendum Part Two: Action Taken by the Conference of the Parties at Its First Session*, FCCC/CP/1995/7/Add. 1, 1995, pp. 7-12.

过。❶ 然而，截至 2023 年，缔约方会议未就相关内容达成一致。❷

2. 《京都议定书》中有关遵约机制的具体实践

1997 年，《联合国气候变化框架公约》第三次缔约方会议上通过了气候变化《京都议定书》。《京都议定书》第一次从法律角度设定了具有拘束力的全球温室气体减排目标。为保证《京都议定书》能够得到有效实施，《京都议定书》第十八条规定，"作为本议定书缔约方会议的《联合国气候变化框架公约》缔约方会议，应在第一届会议上通过适当且有效的程序和机制，用以断定和处理不遵守本议定书规定的情势，包括就后果列出一个示意性清单，同时考虑到不遵守的原因、类别、程度和频度。依本条可引起具拘束性后果的任何程序和机制应以本议定书修正案的方式予以通过"。❸ 根据这一要求，1998 年缔约方会议通过了《布宜诺斯艾利斯行动计划》，成立了"遵约联合工作组"（Joint Working Group on Compliance, JWG），负责起草相关规则草

---

❶　UNFCCC, Decision 10/CP. 4, in *Report of the Conference of the Parties on Its Fourth Session*, FCCC/CP/1998/16/Add. 1, 25 January 1999, p. 42.

❷　有学者认为之所以多边协商程序未能最终达成，是由于两个原因，一是由于《联合国气候变化框架公约》规定的核心义务较为模糊，因此对该条约义务的有效评估是非常困难的；二是由于缔约方将更多的精力投向了《京都议定书》的生效和执行，因为相比前者，《京都议定书》建立起来更为具体明晰的义务。Xueman Wang & Glenn Wiser, "The Implementation and Compliance Regimes under the Climate Change Convention and Its Kyoto Protocol," *Review of European Community and International Environmental Law*, Vol. 11, No. 2, 2002, pp. 181-198. See also Malgosia Fitzmaurice, "The Kyoto Protocol Compliance Regime and Treaty Law," *Singapore Yearbook of International Law*, Vol. 8, 2004, p. 31. Farhana Yamin & Joanna Depledge, *The International Climate Change Regime: A Guide to Rules, Institutions and Procedures*, Cambridge: Cambridge University Press, 2004, p. 385.

❸　如同《联合国气候变化框架公约》一样，从《京都议定书》的谈判来看，在有关遵约问题上，缔约方难以迅速达成一致，最终决定留在后续谈判中加以解决，故而出台了第十八条的规定。Joanna Depledge, *Tracing the Origins of the Kyoto Protocol: An Article-by-Article Textual History*, FCCC/TP/2000/2, 25 November 2000, pp. 86-88. See also Xueman Wang & Glenn Wiser, "The Implementation and Compliance Regimes under the Climate Change Convention and Its Kyoto Protocol," *Review of European Community and International Environmental Law*, Vol. 11, No. 2, 2002, pp. 181-198.

案。❶ 经过缔约方的折冲谈判，❷ 2001 年《联合国气候变化框架公约》第七次缔约方会议通过了《马拉喀什协议》。❸ 其中包含了"与《京都议定书》规定的遵约有关的程序和机制"的决议。❹ 该决议包括了 17 节 80 个条文，❺ 创设了由促进分支机构和强制执行分支机构组成的遵约委员会，每个分支由 10 名专家组成，其中 5 人来自联合国区域集团，1 人来自小岛屿国家，2 人来自附件一国家，2 人来自非附件一国家。❻ 2006 年，在肯尼亚内罗毕召开的《京都

---

❶ UNFCCC, Decision 8/CP. 4, Preparations for the First Session of the Conference of the Parties Serving as the Meeting of the Parties to the Kyoto Protocol: Matters Related to Decision 1CP. 3, Paragraph 6, in *Report of the Conference of the Parties on Its Fourth Session*, *held at Buenos Aires from* 2 *to* 14 *November* 1998, *Addendum Part Two*: *Action Taken by the Conference of the Parties at Its Fourth Session*, FCCC/CP/1998/16/Add. 1, 25 January 1999, p. 37.

❷ 有关《京都议定书》遵约机制的谈判过程，可参见参与气候变化谈判的荷兰外交部法律顾问莱弗伯（René Lefeber）的文章或国际气候变化法专家沃克斯曼（Jacob Werksman）、布鲁尼（Jutta Brunnée）、欧贝特（Sebastian Oberthür）和奥特（Hermann E. Ott）的文章。René Lefeber, "From The Hague to Bonn to Marrakesh and Beyond: A Negotiationg History of the Compliance Regime under the Kyoto Protocol," *Hague Yearbook of International Law*, Vol. 14, 2001, pp. 25-54. See also Jacob Werkman, "The Negotiation of a Kyoto Compliance System," in Olav Schram Stokke, Jon Hovi & Geir Ulfstein eds. , *Implementing the Climate Regime*: *International Compliance*, London: Earthscan, 2005, pp. 17-38. Jutta Brunnée, "A Fine Balance: Facilitation and Enforcement in the Design of a Compliance Regime for the Kyoto Protocol," *Tulane Environmental Law Journal*, Vol. 13, 2000, pp. 223-270. Sebastian Oberthür & Hermann E. Ott, *The Kyoto Protocol*: *International Climate Policy for the 21st Century*, Heidelberg: Springer, 1999, pp. 215-222.

❸ 需要指出的是，2001 年时，《京都议定书》尚未生效，因此通过的《马拉喀什协议》仅是草案，仍需要按《京都议定书》第十八条的规定，在《京都议定书》生效后的第一届缔约方会议上通过。故《马拉喀什协议》正式文本是于 2005 年《京都议定书》第一届会议上正式通过的。Camilla Bausch & Michael Mehling, "'Alive and Kicking': The First Meeting of the Parties to the Kyoto Protocol," *Review of European Community and International Environmental Law*, Vol. 15, No. 2, 2006, pp. 193-201.

❹ See UNFCCC, Decision 24/CP. 7, Procedures and Mechanisms relating to Compliance under the Kyoto Protocol, in *Report of the Conference of the Parties on Its Seventh Session*, *held at Marrakesh from 29 October to* 10 *November* 2001, *Addendum Part Two*: *Action Taken by the Conference of the Parties Vol. III*, FCCC/CP/2001/13/Add. 3, 21 January 2002, pp. 64-77.

❺ 这 17 节的程序和机制分别为：一、目标；二、遵约委员会；三、委员会全体会议；四、促进分支机构；五、强制执行分支机构；六、提交；七、分配问题和初步分析；八、一般程序；九、强制执行分支机构的工作程序；十、强制执行分支机构的快速程序；十一、上诉；十二、与作为《京都议定书》缔约方会议的《联合国气候变化框架公约》缔约方会议的关系；十三、履行承诺的宽限期；十四、促进分支机构对不遵约实施的后果；十五、强制执行分支机构对不遵约实施的后果；十六、与《京都议定书》第十六条和第十九条的关系；十七、秘书处。

❻ 参见《与〈京都议定书〉规定的遵约有关的程序和机制》第 2 项第 3 段、第 4 项第 1 段和第 5 项第 1 段。

议定书》第二次缔约方会议上，通过了《京都议定书》遵约委员会的议事规则。[1] 此后，2008 年和 2013 年分别对议事规则进行了修正。[2]

《京都议定书》遵约机制具有如下特征：第一，该机制将狭义上的遵约和执行放在了一个机制下面，即由遵约机制来统一实施。第二，该机制第一次设立了上诉程序，即如有关缔约方认为强制执行分支机构未按适当程序做出决定，其可向缔约方会议提起上诉。缔约方会议由出席并参加表决的缔约方四分之三多数可否决强制执行分支机构的决定，并将上诉事项退回强制执行分支机构处理。第三，该机制第一次赋予了委员会独立做出决定的权力。之前《蒙特利尔议定书》不遵守情事程序和《联合国气候变化框架公约》多边协商程序中都没有赋予委员会有这一权力，而《京都议定书》遵约机制赋予了遵约委员会独立做出决定的权力，从而第一次脱离了缔约方会议对遵约的政治干预。[3] 第四，该机制第一次关联到了缔约方（附件一国家，即主要是发达国家）开展温室气体减排的具体权利和义务。当相关缔约方违反这一权利和义务时，遵约委

---

[1] UNFCCC, Decision 4/CMP. 2, Compliance Committee, Annex Rules of Procedure of the Compliance Committee of the Kyoto Protocol, in *Report of the Conference of the Parties Serving as the Meeting of the Parties to the Kyoto Protocol on Its Second Session*, held at Nairobi from 6 to 17 November 2006, *Addendum, Part Two: Action Taken by the Conference of the Parties Serving as the Meeting of the Parties to the Kyoto Protocol at Its Second Session*, FCCC/KP/CMP/2006/10/Add. 1, 2 March 2007, pp. 18–27.

[2] UNFCCC, Decision 4/CMP. 4, Compliance Committee, Annex Amendments to the Rules of Procedure of the Compliance Committee of the Kyoto Protocol, in *Report of the Conference of the Parties Serving as the Meeting of the Parties to the Kyoto Protocol on Its Fourth Session*, held in Poznan from 1 to 12 December 2008, *Addendum, Part Two: Action Taken by the Conference of the Parties Serving as the Meeting of the Parties to the Kyoto Protocol at Its Fourth Session*, FCCC/KP/CMP/2008/11/Add. 1, 19 March 2019, pp. 16–17. See also UNFCCC, Decision 8/CMP. 9, Compliance Committee, Annex Amendments to the Rules of Procedure of the Compliance Committee of the Kyoto Protocol, in *Report of the Conference of the Parties Serving as the Meeting of the Parties to the Kyoto Protocol on Its Ninth Session*, held in Warsaw from 11 to 23 November 2013, *Addendum, Part Two: Action Taken by the Conference of the Parties Serving as the Meeting of the Parties to the Kyoto Protocol at Its Ninth Session*, FCCC/KP/CMP/2013/9/Add. 1, 31 January 2014, pp. 21–23.

[3] Sebastian Oberthur, "Compliance under the Evolving Climate Change Regime," in Kevin R. Gray, Richard Tarasofsky & Cinnamon Carlarne eds., *The Oxford Handbook of International Climate Change Law*, Oxford: Oxford University Press, 2016, p. 122.

员会的强制执行分支机构可做出具有"惩罚性质"的决定。❶ 第五，其遵约惩罚的类型与《京都议定书》的清洁发展机制等排放交易机制相挂钩。❷

　　2005 年《京都议定书》正式生效，而《京都议定书》遵约委员会正式开始工作是在 2006 年；其间，不论是失败，还是成功，《京都议定书》遵约机制的实践都是富有成果的。受《京都议定书》正式生效时间过晚以及机制本身设计上的因素影响，在《京都议定书》遵约委员会促进分支机构的工作中，只有一次与其相关的实践，即由南非代表"77 国集团+中国"提交的一份就奥地利等十五个国家存在未遵约的可能性，要求遵约委员会促进分支机构开展调查工作的申请。❸ 但终因遵约委员会要求必须是缔约方单独或专家评估组提交申请，而使该项调查工作无法启动。❹ 因此，在促进分支机构开展工作的

---

❶　此处需要注意的是，这种依据遵约文本仍不同于依据条约文本做出的惩罚性的决定，其并不具有法律拘束力。有关其为何不具法律拘束力的论证可参见英国伦敦大学法学院国际公法教授菲茨莫里斯的观点。当然，也有相反的观点，例如现为麻省理工学院能源与环境政策研究中心（CEEPR）副主任的梅林（Michael A. Mehling）就指出，尽管与《京都议定书》规定的遵约有关的程序和机制没有经过条约修正，不具法律拘束力，但这并不影响该遵约机制的效果，因为其是在《京都议定书》框架内，而不是在不遵约缔约方控制的范围内执行，不遵约缔约方仍会受前者的影响（只有缔约方最终不在《京都议定书》下时才可能面临无法执行的问题）。Malgosia Fitzmaurice, "Non-Compliance Procedures and the Law of Treaties," in Tullio Treves, Laura Pineschi, Attila Tanzi, et al. eds., *Non-Compliance Procedures and Mechanisms and the Effectiveness of International Environmental Agreements*, The Hague: T. M. C. Asser Press, 2009, pp. 453-481. See also Michael Mehling, "Enforcing Compliance in an Evolving Climate Regime," in Jutta Brunnée, Meinhard Doelle & Lavanya Rajamani eds., *Promoting Compliance in an Evolving Climate Regime*, Cambridge: Cambridge University Press, 2012, pp. 204-205.

❷　与《京都议定书》规定的遵约有关的程序和机制第 15 节第 5 段规定，如果附件一国家缔约方没有遵守减排承诺，那么《京都议定书》遵约委员会的强制执行分支机构有权中止该缔约方在排放交易机制下的转让资格。而对缔约方而言，排放交易机制具有重要意义。因为参与排放交易机制可在一定程度上减轻缔约方的遵约成本。同时遵约机制的设定在一定程度上又赋予这些机制履行的确定性，进而提高了缔约方履约的信心。Christoph Bohringer & Andreas Loschel, "Assessing the Costs of Compliance: The Kyoto Protocol," *European Environment*, Vol. 12, 2002, pp. 1-16. See also Farhana Yamin & Joanna Depledge, *The International Climate Change Regime: A Guide to Rules, Institutions and Procedures*, Cambridge: Cambridge University Press, 2004, p. 379. Christopher Carr & Flavia Rosembuj, "Flexible Mechanisms for Climate Change Compliance: Emission Offset Purchases under the Clean Development Mechanism," *New York University Environmental Law Journal*, Vol. 16, 2008, pp. 44-62.

❸　Letter Submitted by South Africa: CC-2006-1-1/FB, https://unfccc.int/files/kyoto_mechanisms/compliance/application/pdf/cc-2006-1-1-fb.pdf（last visited on 2022-9-17）.

❹　Report to the Compliance Committee on the Deliberations in the Facilitative Branch Relating to the Submission Entitled "Compliance with Article 3.1 of the Kyoto Protocol" (CC-2006-1/FB to CC-2006-15/FB), CC-2006-1-2/FB, https://unfccc.int/files/kyoto_mechanisms/compliance/application/pdf/cc-2006-1-2-fb.pdf（last visited on 2022-9-17）.

具体制度设计方面仍存在着巨大的待改进之处。❶

　　而在强制执行分支机构的实践则成为《京都议定书》遵约委员会工作的主要部分。自 2006 年开始工作以来，已相继处理了有关希腊、加拿大、克罗地亚、保加利亚在温室气体排放限量方面未遵约的情况。❷ 同样，强制执行分支机构在具体处理这些不遵约时，一些程序性问题也有待改进。

　　总之，迄今为止，在所有多边环境协定中，《京都议定书》遵约机制的设计是最为复杂的。❸ 当然，需要指出的是，尽管在其遵约机制中规定了强制执行分支机构，并可实施惩罚性措施，但由于缔约方始终没有对《京都议定书》进行有关修正，以确立遵约机制中措施的法律拘束力，❹ 因此，该遵约机制的实施并不具有法律属性。❺ 此外，在一定程度上，尽管《京都议定书》遵约机制中创设性地建立了强制执行这一举措，但其仍存在诸多问题，如在程序规则方面存在着事后评估问题❻、议事规则有待改进等，这使其并不能真正促

---

❶　Sebastian Oberthür & René Lefeber, "Holding Countries to Account: The Kyoto Protocol's Compliance System Revisited after Four Years of Experience," *Climate Law*, Vol. 1, 2010, pp. 133–158.

❷　有关具体审理情况可参见加拿大达尔豪斯大学法学院学者德勒的文章。Meinhard Doelle, "Early Experience with the Kyoto Compliance System: Possible Lessons for MEA Compliance System Design," *Climate Law*, Vol. 1, 2010, pp. 237–260.

❸　Jacob Werksman, "Compliance and the Use of Trade Measures," in Jutta Brunnée, Meinhard Doelle & Lavanya Rajamani eds., *Promoting Compliance in an Evolving Climate Regime*, Cambridge: Cambridge University Press, 2012, pp. 204–205. See also Jutta Brunnee, "The Kyoto Protocol: Testing Ground for Compliance Theories," *Heidelberg Journal of International Law*, Vol. 63, 2003, p. 256. Farhana Yamin & Joanna Depledge, *The International Climate Change Regime: A Guide to Rules, Institutions and Procedures*, Cambridge: Cambridge University Press, 2004, p. 386.

❹　从谈判情况来看，一些缔约方国家是反对《京都议定书》成为具有法律拘束力的国际公约，典型的如日本和俄罗斯。Cathrine Hagem, Steffen Kallbekken, Ottar Mastad & Hege Westskog, "Enforcing the Kyoto Protocol: Sanctions and Strategic Behavior," *Energy Policy*, Vol. 33, 2005, pp. 2112–2122.

❺　Ricardo Pereira, "Compliance and Enforcement in International, European and National Environmental Law," in Karen E. Makuch & Ricardo Pereira eds., *Environmental and Energy Law*, West Sussex, UK: Wiley-Blackwell, 2012, p. 563.

❻　Sebastian Oberthur, "Compliance under the Evolving Climate Change Regime," in Kevin R. Gray, Richard Tarasofsky & Cinnamon Carlarne eds., *The Oxford Handbook of International Climate Change Law*, Oxford: Oxford University Press, 2016, p. 126.

进全球碳减排，反而起到了反作用。❶ 同时，也有学者认为，《京都议定书》遵约机制在强制执行方面的具体设计很大程度上反映了一种缔约方政治态度的转变，❷ 这可能会破坏"管理路径"的理论基础。❸ 可能正是基于但不限于以上这些原因，正如我们在《巴黎协定》中所看到的，《京都议定书》遵约机制在强制执行方面的规定最终并没有实质性地影响到《巴黎协定》走向强制执行的一面；相反，管理路径仍是后者奠定遵约机制的主要理论基础。❹

另一个值得深思的问题是，随着《巴黎协定》的出台，《京都议定书》遵约机制极有可能面临一个终结问题。❺ 虽然 2020 年 12 月 31 日，有关《京都议定书》第二期承诺的《多哈修正案》正式生效，但这一天也是《京都议定书》第二承诺期的结束日期。❻ 这意味着有关温室气体强制减排的《京都议定书》可能走到了尽头，而与《京都议定书》相关的遵约机制也将随其进入历史沉积。❼

---

❶ Scott Barrett, *Environment and Statecraft: The Strategy of Environmental Treaty-making*, Oxford: Oxford University Press, 2003, pp. 385-386. See also Cathrine Hagem & Hege Westskog, "Effective Enforcement and Double-edged Deterrents: How the Impacts of Sanctions also Affect Complying Parties," in Olav Schram Stokke, Jon Hovi & Geir Ulfstein eds., *Implementing the Climate Regime: International Compliance*, London: Earthscan, 2005, pp. 107-125.

❷ 这种转变很显然是一次从"管理学派"转向"执行学派"的尝试。Jutta Brunnée, "The Kyoto Protocol: Testing Ground for Compliance Theories," *Heidelberg Journal of International Law*, Vol. 63, 2003, p. 279.

❸ Jacob Werkman, "The Negotiation of a Kyoto Compliance System," in Olav Schram Stokke, Jon Hovi & Geir Ulfstein eds., *Implementing the Climate Regime: International Compliance*, London: Earthscan, 2005, p. 23.

❹ 其实，《京都议定书》在强制执行方面的规则安排并没有达到其理想效果。就其根源而言，并不在于它没有法律拘束力，而是在于规则设计得不合理。Anita Halvorssen & Jon Hovi, "The Nature, Origin and Impact of Legally Binding Consequences: The Case of the Climate Change," *International Environmental Agreements: Politics, Law & Economics*, Vol. 6, No. 2, 2006, pp. 157-171.

❺ Meinhard Doelle, "Compliance and Enforcement in the Climate Change Regime," in Erkki J. Hollo, Kati Kulovesi & Michael Mehling eds., *Climate Change and the Law*, Dordrecht: Springer, 2013, pp. 169-170.

❻ 当然，鉴于《〈京都议定书〉多哈修正案》的生效，所有该修正案的缔约方仍应积极履行其在 2020 年 12 月 31 日前的减排承诺。

❼ 《〈京都议定书〉多哈修改案》是有关《京都议定书》第二承诺期的减排规定，其承诺减排时间为 2013 年 1 月 1 日到 2020 年 12 月 31 日。UNFCCC, Decision 1/CMP. 8, Amendment to the Kyoto Protocol Pursuant to Its Article 3, Paragraph 9 (the Doha Amendment), in *Report of the Conference of the Parties Serving as the Meeting of the Parties to the Kyoto Protocol on Its Eighth Session, held in Doha from 26 November to 8 December* 2012, FCCC/KP/CMP/2012/13/Add. 1, 28 February 2013, pp. 2-13.

三、本章小结

本章主要对国际法上的遵约理论进行了研究，首先指出了遵约理论出现的时代背景；其次，就当前国际法领域的五种遵约理论，以时间序列方式进行了具体阐释，它们分别为美国国际环境制度专家奥兰·R.扬的遵约系统与遵约机制观念、罗杰·费希尔的诱导型遵约机制、苏联国际法学者的管制型遵约理论、美国国际法学者蔡斯的管理型遵约机制理论以及加拿大国际关系学者布鲁尼和图普的交互与义务遵约理论；最后，对这五种遵约理论进行了理论上的批判和反思，指出国际法上遵约理论的演进是当代国际法与国际关系开展交叉研究的重要领域，在不同的理论前提下，二者都走向了同一个目标，是国际法学和国际关系研究的殊途同归。

在理论分析之后，本章将研究转向了遵约机制在国际法方面的实践，具体分析了国际环境领域的遵约机制实践，即被认为最早的国际遵约机制设计——规制船舶排放油污的遵约实践，以及有关保护臭氧层的遵约机制实践。之后将目光转向气候变化领域的遵约机制实践，即《联合国气候变化框架公约》遵约机制的具体实践和《京都议定书》中有关遵约机制的具体实践。由上可知，本章主要对国际法上遵约机制的理论和实践进行了全面梳理，为后文的《巴黎协定》遵约机制的分析奠定了重要的理论和实践基础。

第三章 《巴黎协定》遵约机制的
制定史及其体系结构

就《巴黎协定》遵约机制的制定过程而言，它是伴随着《巴黎协定》实施细则，以及缔约方会议对《巴黎协定》履行和遵约委员会议事规则的谈判而进行的。这一过程既反映了近年来缔约方对遵约机制的实践认知，又夹杂着各缔约方自身在气候变化领域的利益诉求，故而《巴黎协定》遵约机制是一个既博弈又相互妥协的国际政治产物。而就其内容而言，应对气候变化《巴黎协定》遵约机制主要由两部分构成，即《巴黎协定》第十五条和《巴黎协定》实施细则遵约机制部分。此外，自2015年起，《联合国气候变化框架公约》缔约方会议通过的历次决定中亦有涉及遵约机制的内容，可作为对应对气候变化《巴黎协定》遵约机制实施的补充解释。

一、应对气候变化《巴黎协定》遵约机制条文的制定过程

2009年，《联合国气候变化框架公约》第十五次缔约方会议没能就2012—2020年全球温室气体减排达成协议，而仅是出台了不具法律拘束力的《哥本哈根协议》。[1] 2011年，在国际社会的不断努力下，《联合国气候变化框架公约》第十七次缔约方会议在南非德班召开，最终通过了设立德班平台的决定。[2] 该决定指出，德班平台旨在拟定一项《联合国气候变化框架公约》之

---

[1] 参见吕江：《〈哥本哈根协议〉：软法在国际气候制度中的作用》，载《西部法学评论》2010年第4期，第109-115页。

[2] UNFCCC, Decision 1/CP. 17 Establishment of an Ad Hoc Working Group on the Durban Platform for Enhanced Action, in *Report of the Conference of the Parties on Its Seventeenth Session*, *held in Durban from 28 November to 11 December 2011*, *Addendum*, *Part Two*: *Action Taken by the Conference of the Parties at Its Seventeenth Session*, FCCC/CP/2011//9/Add. 1, 15 March 2012, pp. 2-3.

下对所有缔约方适用的议定书、另一法律文书或某种有法律约束力的议定结果，并应争取尽早但不迟于 2015 年完成工作，以便在缔约方会议第二十一届会议上通过以上所指议定书、另一法律文书或某种有法律约束力的议定结果，并使之从 2020 年开始生效和付诸执行。❶ 至此，明确了 2015 年，将在法国巴黎召开的《联合国气候变化框架公约》第二十一次缔约方会议上，出台一份具有法律拘束力的，旨在规范 2020 年后全球应对气候变化的国际协定，而这其中应包括全球温室气体减排的相关内容。❷

（一）德班平台的建立和第一届会议

无疑，2011 年德班平台正式开启了有关《巴黎协定》文本的具体谈判过程。而有关《巴黎协定》遵约机制的制度构建亦成为其中的重要内容。❸ 自 2012 年起，德班平台共进行了两届会议。第一届会议由两期会议和一期临时会议组成。第一届第一期会议就有关谈判联合主席等事项进行了安排，同时启动了两个工作流程（worksteams），一个具体负责《德班决定》第 2~6 段，即《巴黎协定》文本的谈判工作，另一个负责第 7~8 段有关提高缓解追求水

❶ UNFCCC, Decison1/CP.17, paragraph 2, paragraph 4.

❷ 而有关 2012—2020 年间全球温室气体减排的内容，最终在 2012 年《联合国气候变化框架公约》第十八次缔约方会议上，通过了《多哈决定》，并强调这一时间段的减排仍建立在《京都议定书》基础上。同时召开的《京都议定书》第八次会议上亦通过了《多哈修正案》，正式开启了 2012—2020 年的第二承诺期的减排。UNFCCC, Decision 1/CP.18, Agreed Outcome Pursuant to the Bali Action Plan, in *Report of the Conference of the Parties on Its Eighteenth Session*, held in Doha from 26 *November to 8 December* 2012, *Addendum*, *Part Two*: *Action Taken by the Conference of the Parties at Its Eighteenth Session*, FCCC//CP/2012/8/Add.1, 28 February 2013, pp.3-18. See also UNFCCC, Decision 1/CMP.8 Amendment to the Kyoto Protocol Pursuant to Its Article 3, Paragraph 9 (the Doha Amendment), in *Report of the Conference of the Parties Serving as the Meeting of the Parties to the Kyoto Protocol on Its Eighth Session*, held in Doha from 26 November to 8 December 2012, *Addendum*, *Part Two*: *Action Taken by the Conference of the Parties Serving as the Meeting of the Parties to the Kyoto Protocol at Its Eighth Session*, FCCC/KP/CMP/2012/13/Add.1, 28 February 2013, pp.2-13.

❸ 值得注意的是，根据有关创设德班平台的决定，未来谈判涉及的"六大支柱"（六个方面）是缓解、适应、资金、技术的开发和转让、行动的透明度，以及支助和能力建设，并没有特别提及遵约机制的构建问题。故而后者的出现是一个在所有缔约方不断谈判过程中逐渐形成的共识议题。UNFCCC, Decision 1/CP.17 Establishment of an Ad Hoc Working Group on the Durban Platform for Enhanced Action, in *Report of the Conference of the Parties on Its Seventeenth Session*, held in Durban from 28 November to 11 December 2011, *Addendum*, *Part Two*: *Action Taken by the Conference of the Parties at Its Seventeenth Session*, FCCC/CP/2011/9/Add.1, 15 March 2012, p.2. See also Lisa Benjamin, Rueanna Haynes & Bryce Rudyk, "Article 15 Compliance Mechanism," in Geert van Calster & Leonie Reins eds., *The Paris Agreement on Climate Change: A Commentary*, Cheltenham, UK: Edward Elgar, 2021, pp.350-351.

平的工作计划。❶ 从这三期会议来看，一方面，工作流程建立起了圆桌会议的谈判交流模式；另一方面，要求缔约方就谈判提交相关资料、意见和建议。从缔约方提交的材料中可以看出，一些缔约方，如欧盟、洪都拉斯、印度、俄罗斯、最不发达国家集团、小岛屿国家联盟等提出应在未来的《巴黎协定》中充分考虑遵约的机制构建问题。❷

(二) 德班平台第二届第一至十一期会议

但从第二届第一期会议开始，缔约方就遵约机制的设定形成了两种观点。一种观点提出，要在《巴黎协定》中构建一个强有力的遵约机制，不仅要包括鼓励和促进方面，也应包括执行和惩罚制裁方面。另一种观点则认为，没必要单独设定遵约机制，将其放入透明度框架等机制中即可；以至于一些缔约方认为，在没有就《巴黎协定》的实质内容达成共识之前，谈论遵约机制的建构尚为时过早。❸

1. 德班平台第二届第五期会议形成的协定中有关遵约的谈判要点

2014 年第二届第五期会议期间，由联合主席形成了一份将不同缔约方观点放在一起的协定文本草案。从该文本草案来看，透明度框架内包含了缔约方提出的遵约设想。在有关国家自主贡献的设计方面，缔约方也提出了针对不同类型的承诺的遵约设想和依据遵约要素构建一个国际审议机制的想法。而在遵约机制设计部分，缔约方提出了一般设想、目的和范围、制度和结构、性质和模式以及互补性决定这五个遵约机制设计点。❹

在遵约机制的一般设想方面，形成了两种观点。一种观点认为，2015 年协定（即《巴黎协定》）应包括一个有效的/强有力的遵约机制。另一种观

---

❶ UNFCCC, *Report of the Ad Hoc Working Group on the Durban Platform for Enhanced Action on the First Part of Its First Session held in Bonn from 17 to 25 May 2012*, FCCC/ADP//2012/2, 6 July 2012, p. 3.

❷ UNFCCC, *Views on a Workplan for the Ad Hoc Working Group on the Durban Platform for Enhanced Action*, FCCC/ADP/2012/MISC. 3, 30 April 2012. See also UNFCCC, FCCC/ADP/2012/MISC. 3/Add. 1, 15 May 2012.

❸ UNFCCC, *Reflections on Progress Made at the Fourth Part of the Second Session of the Ad Hoc Working Group on the Durban Platform for Enhanced Action*, Note by the Co-Chairs, ADP. 2014. 3. InformalNote, 17 April 2014, p. 18.

❹ UNFCCC, *Parties' Views and Proposals on the Elements for a Draft Negotiating Text*, Non-Paper, ADP. 2014. 6. NonPaper, 7 July 2014, pp. 20–21.

点则认为，不需要一个遵约机制，只是在 2015 年协定中应该：（1）在单一审议进程中，加强现有的 MRV（可测量、可报告、可核实）框架下的方法，并且/或者获得国际磋商和分析（或国际评估和审议）的经验。（2）重点关注激励参与和实施的方式上。

在遵约机制的目的和范围上，缔约方形成了三个条文文本。就第一个条文文本，缔约方提出了三种不同的表述。第一个表述是，遵约机制的目的是便利和促进所有缔约方或具体缔约方的国际承诺履行。第二个表述是，遵约机制的目的不仅是便利于履行而且要确保遵约。第三个表述是，确保所有缔约方或具体缔约方遵守国际承诺。❶ 尽管这三种表述从文本上看似乎区别不大，但"便利"（facilitate）和"促进"（promote）更多地强调了国际法上最一般的遵约定义，而"确保"（ensure）则直指"执行"问题，也就意味着具有惩罚性的后果。

第二个条文文本由四个分列表述构成。第一个分列表述为，（一项遵约机制也是为了）促进透明度，工作的可比性，环境的完整性和公平，并建立信任。第二个分列表述为，通过有效的执行，向私营部门发出稳定和可预测的信号。第三个分列表述为，考虑共同但有区别的责任和各自能力原则与社会经济条件。第四个分列表述为，根据缔约方作出的承诺进行调整。

第三个条文文本是一段话。即任何遵约机制都将涵盖一些或全部主题性领域：减缓、适应、履行的方法，特别是要确保发达国家的遵约。它们的遵约包括了对减缓、适应、技术转让和能力建设的金融义务，以及 MRV（可测量、可报告、可核实）。而这些遵约应适用不同的方式。

在遵约机制的制度和结构上，缔约方形成了两个有分歧的表述。一个表述是，本遵约机制的制度和结构意在建立在《京都议定书》遵约机制的基础上（包括强制执行分支机构和促进分支机构）。另一个表述是，本遵约机制的制度和结构，如是要发展各种平台的新机构和结构。

在遵约机制的性质和模式上，缔约方形成了两个表述，第一个表述中分列了两项，即（遵约进程旨在）：（1）协商、便利和不威胁；（2）以气候正

---

❶ The purpose of any compliance mechanism is to: 1. Facilitate and promote implementation of international commitments for all or specified parties; or 2. Both facilitate implementation and ensure compliance; or 3. Ensure compliance with international commitments for all parties or specified parties.

义为基。第二个表述分列了两项，一项遵约机制应包括：（1）启动遵约的程序；（2）结果/措施：①范围是从援助/便利到制裁/强制措施；②针对附件一缔约方不遵约的后果和非附件一缔约方的激励。第三个表述是，承诺期结束时的遵约评估及承诺期的早期预警。

在互补性决定上规定了两个条文文本。第一个文本的表述是，2015年协定（《巴黎协定》）中所包括的应是遵约的核心步骤和基本特征，而在决定中详细说明。第二文本的表述是，2015年协定（《巴黎协定》）应包括基本要素和指导原则，而在决定中详细说明。

2. 德班平台第二届第七期会议形成的协定有关遵约谈判的补充要点

2014年11月，德班平台第二届第七期会议上进一步补充了第五期缔约方关于协定的草案文本，其中在遵约机制方面，又提出了四个谈判选项。❶ 第一个谈判选项的表述是，为协助缔约方履行其承诺/贡献和/或解决遵约问题，治理机构应采取一个程序和/或机制。第二个谈判选项的表述是，一个遵约机制或委员会应被构建。第三个谈判选项的表述是，应通过提高透明度来加强履约，其中应对《联合国气候变化框架公约》第十三条的多边协商程序进行考虑。第四个谈判选项的表述是，不需要一个具体规定。

针对第一和第二个谈判选项，缔约方应在制度安排的四个点上予以选择。第一个选择点是关于承诺/贡献（实质范围）。（1）协定中的所有承诺/贡献；或者选择（2）排除适应之外的具体承诺/贡献。

第二个选择点是关于缔约方。（1）所有缔约方；或者选择（2）在减缓、资金、技术转让和能力建设方面做出承诺/贡献的发达国家缔约方。

第三个选择点是关于机制/委员会的结构。有三个分列表述：第一个分列表述是，独立的分支机构——针对在附件A中承担量化减排承诺的缔约方设立的执行分支机构和针对在附件B中缔约方的承诺和战略设立的促进分支机构；第二个分列表述是，处理预警、便利和执行的各种平台；第三个分列的表述是，一个便利实体机构。

第四个选择点是关于模式。缔约方认为应包括以下选项，例如（1）成员

❶ UNFCCC, *Non-Paper on Elements for a Draft Negotiating Text Updated Non-Paper on Parties' Views and Proposals*, ADP. 2014. 11. NonPaper, 11 November 2014, pp. 20-21.

资格；（2）遵约程序的启动；（3）程序规则；以及（4）措施和/或后果。其中在第（4）个选项中有两个选择考虑点：一个是只规定便利措施；另一个是针对不遵约采取便利措施和制裁，或者便利措施针对非附件一缔约方和制裁针对附件一缔约方。

3. 德班平台第二届第八期会议形成的有关遵约机制的官方谈判案文

2014年，《联合国气候变化框架公约》第二十次缔约方会议在秘鲁利马举行，会议最终通过了"利马气候行动倡议"。该倡议要求，"德班平台将加紧工作，以求在2015年5月之前出台一份《联合国气候变化框架公约》之下对所有缔约方适用的议定书、另一法律文书或某种有法律约束力的议定结果的谈判案文"。❶ 因此，根据这一决定，德班平台在2015年第二届第八期会议上正式形成了官方谈判案文。除了在透明度框架的表述中提到了遵约评估以外，该谈判案文在遵约机制方面的规定主要体现在"K部分的促进履行和遵守"方面，亦即第194段到第201段。❷

根据该谈判案文，形成了三个备选项。其中第一个备选项最为详细，而第二个备选项最简洁，只涉及一条即194段。其表述为：194. 为确保发达国家的遵约并促进发展中国家的执行，《联合国气候变化框架公约》缔约方会议/理事机构将根据发达国家和发展中国家在《联合国气候变化框架公约》之下的不同承诺及在《京都议定书》下遵约机制中取得的经验对机制/委员会的运作方式作进一步探讨。这些安排包括：a. 一个强制性的遵约机制，负责发达国家在减缓、适应、供资、技术发展和转让、能力建设，以及行动和支助的透明度方面作出的承诺；b. 一个自愿性的促进论坛，促进发展中国家在减缓、适应和行动透明度方面进一步采取行动。

第三个备选项规定了八个条文，涉及第194段至第201段。其具体表述为：194. 遵约委员会应设有两个分支机构，即一个执行分支机构和一个促进分支机构。195. 执行分支机构的作用是审评发达国家缔约方和已作出整体经济范围量化减排承诺的发展中国家缔约方对减缓所作承诺以及对适应、供资、

---

❶ UNFCCC, Decision 1/CP. 20 Lima Call for Climate Action, in *Report of the Conference of the Parties on Its Twentieth Session*, held in Lima from 1 to 14 December 2014, *Addendum*, Part Two: *Action Taken by the Conference of the Parties at Its Twentieth Session*, FCCC/CP/2014/10/Add. 1, 2 February 2015, p. 2.

❷ UNFCCC, *Negotiating Text*, FCCC/ADP/2015/1, 25 February 2015, pp. 82–84.

技术转让和能力建设所作承诺的落实情况。196. 促进分支机构的作用是审评发展中国家作出贡献的执行工作并协助它们为实现这些贡献作出努力。197. 遵约委员会的执行分支机构审评：a. 两年期报告；b. 技术专家小组为国际评价和审评进程开展的审评工作的报告。198. 执行分支机构可向在履行附件 A 之下的承诺以及履行适应、供资、技术转让和能力建设承诺方面未能取得进展的缔约方提出应采取的行动建议。199. 促进分支机构可提出行动建议，协助在附件 B 之下作出承诺的缔约方落实这些承诺。200. 遵约委员会可设立技术专家小组协助其工作。201. 遵约委员会每年向本协定缔约方会议提出报告。

第一个备选项，尽管只涉及第 194 段至第 197 段，但却是最为复杂，供缔约方考虑选项最多的，其复杂性主要体现在第 194 段。而第 195 段至第 197段则较为简洁，其具体表述为：195. 最迟应在理事机构第一届会议时通过遵约机制的进一步细节。196. 设立国际气候法庭，对附件一和附件二缔约方对本协定和《联合国气候变化框架公约》义务的履行和遵约情况进行监督、控制和制裁。197. 可能需要新的体制安排或加强体制安排为本协定服务。

就这一备选项的第 194 段而言，又分了四个备选供缔约方考虑，其起首部分具体为备选 1：为协助缔约方落实承诺/贡献和/或以依靠专家、非对抗和非裁判性的方式处理遵守问题。备选 2：为便利、促进和落实对本协定之下的承诺的遵守。备选 3：兹建立一个促进对根据本协定作出的承诺加以执行的预防性和合作性遵约制度。备选 4：遵约委员会将包括两个分支机构，即一个执行分支机构和一个促进分支机构。

就备选 4 的具体内容又有 8 个选择项供缔约方考虑，选择项 1：理事机构将通过程序和/或机制；选择项 2：理事机构在第一届会议上批准适当和有效的程序和机制，以促进对本协定规定的执行和强制执行，包括兼顾不遵约的原因、类型、程度和次数，并总结在《联合国气候变化框架公约》及其文书领域内积累的经验，制订一项不遵约后果的指示性清单；选择项 3：理事机构通过程序和/或机制，包括为加强执行和遵约工作强化透明度安排；选择项 4：理事机构通过促进遵约的适当和有效程序；选择项 5：遵约机制或委员会/执行委员会/负责促进执行和遵约及评价缔约方业绩的常设机构；选择项 6：兹设立一个遵约委员会。遵约委员会根据公平地域代表性的原则组成，确保小岛屿发展中国家的代表性。该机构由 X 名成员组成。遵约委员会的决定尽可能以协商一致作出，在不得已时作为最后办法以（三分之二/四分之三）多数作出决定；选择项 7：通过强化透明度加强执行工作，包括考虑采纳《联合国气候变化框架公约》第十三条项下的多边协商进程。选择项 8：不作具体规定。

在选择项 1 和选择项 6 下的安排又包括四个方面供缔约方选择。第一个方面，针对的是承诺/贡献（实质范围），可供缔约方选择的有：（1）本协定的所有承诺/贡献，包括报告；（2）具体化的承诺/贡献，不包括适应，但包括报告；（3）缔约方计划表的执行以及两年信息通报的提交；（4）只包括减缓，"可测量、可报告和可核实"以及核算承诺。第二个方面，针对的是缔约方，可供选择的有：（1）所有缔约方；（2）[发达国家缔约方][附件 X 所列缔约方] 在减缓、供资、技术转让和能力建设方面作出的承诺/贡献。第三个方面，针对的是机制/委员会的结构，可供选择的有：（1）独立的分支机构。一个执行分支机构，负责对附件 A 有量化减排承诺的缔约方的事务/审评 [发达国家缔约方][附件 X 所列缔约方] 履行承诺的情况和已作出量化、整体经济范围减排承诺的 [发展中国家缔约方][非附件 X 所列缔约方] 对减缓承诺的履行情况以及对适应、供资、技术转让和能力建设方面所作承诺的执行情况；一个促进分支机构，负责对附件 B 的承诺和战略的事务/审评 [发展中国家][非附件 X 所列缔约方] 对贡献的落实情况并协助它们作出这些贡献；遵约委员会可建立技术小组协助开展工作。（2）独立的分支机构：一个执行分支机构和一个促进分支机构。（3）一个常设的、非政治性的专家机构，各成员以个人身份任职，负责便利和促进对本协定所作承诺的遵守。（4）一个促进分支机构。（5）处理早期预警、便利和执行事务的若干平台。第四个方面，针对的是模式，包括了诸如，（1）成员。（2）一项遵约开始的启动事项：①对潜在不遵约的早期预警；②技术专家小组启动对执行工作问题的讨论；③缔约方可启动关于自身或其他缔约方根据第 [X，Y 和 Z] 条开展的执行工作问题的讨论。（3）程序：遵约机制工作的性质基本上是促进性的、透明的、非裁判性的和非对抗性的。（4）经济手段的利用，如以市场机制作为促进遵约的方式。（5）措施和/或后果：可供选择的有①只包括促进措施；②促进措施和对多发性的不遵约行为的制裁；③促进措施和制裁；④对 [非附件一所列缔约方］［非附件 X 所列缔约方］的促进措施以及对［附件一所列缔约方］［附件 X 所列缔约方］的制裁；⑤支助发展中国家缔约方筹备贡献和落实贡献工作的专家组；⑥促进措施和其他适当措施；⑦一个处理后果的区分对待制度，按照承诺的性质以及不遵守承诺的性质和程度而定，以渐进的方式执行。（6）遵约委员会每年向本协定缔约方会议报告。

4. 德班平台向缔约方会议提交的有关遵约机制的谈判案文

在形成官方谈判案文后，又经过德班平台第二届第九至第十一期会议的修改完善，德班平台联合主席于 2015 年 12 月向在法国巴黎召开的《联合国气候变化框架公约》第二十一次缔约方会议提交了最终供缔约方谈判的案文。

这一谈判案文在遵约机制方面的规定最终被缩减到只有两个备选项。❶ 其中备选 2 只有一段话，即兹设立国际气候法庭，处理发达国家缔约方在减缓、适应、供资、技术的开发和转让、能力建设以及行动和支助的透明度方面不遵守承诺的案件，包括通过制定一项不遵约后果的指示性清单，要考虑到不遵约的原因、类型、程度和次数。

备选 1 由 4 个条款构成。第一条表述为，兹设立对发达国家缔约方和发展中国家缔约方有区别的、适用于所有缔约方的机制委员会，以促进和处理遵守问题，并执行本协议的规定；它应具备以专家为主和促进性的性质，以对发展中国家缔约方甚至对所有缔约方透明的、非处罚性和非对抗性的方式行事。它应特别注意各缔约方的各自国家能力和情况。第二条又有两个选择项，其表述为，本条第 1 款所指机制委员会的目标是：（1）促进便利、激励有效执行和遵守本协议第 3、4、6、7、8 和第 9 条；（2）促进发达国家缔约方遵约、处理发达国家缔约方不遵约的案件，包括通过制定一项不遵约后果的指示性清单，要考虑到不遵约的原因、类型、程度和次数，并通过提供充足的资金和技术转让便利发展中国家缔约方执行。

第三条表述为，该［机制］［委员会］应每年向缔约方会议（CMA）报告，并应按照缔约方会议（CMA）第一届会议通过的模式和程序运作。该

---

❶ UNFCCC, A. Draft Agreement, in *Draft Pairs Outcome*, *Revised Draft Conclusions Proposed by the Co-Chairs*, *Annex I*, *Draft Agreement and Draft Decision on Workstreams1 and 2 of the Ad Hoc Working Group on the Durban Platform for Enhanced Action*, FCCC/ADP/2015/L. 6/Rev. 1, 5 December 2015, pp. 17-18.

[机制] [委员会] 应详细制定其议事规则，供缔约方会议（CMA）第一届会议批准。❶ 第四条表述为，[留空，缔约方关于组成的案文]。

二、《巴黎协定》第十五条对遵约机制的具体规定

由上观之，从形式结构角度讲，《巴黎协定》遵约机制的谈判主要涉及三个方面。第一个方面是，是否需要在《巴黎协定》中规定遵约问题。有关这一问题，从谈判开始，一直到德班平台向缔约方会议最终提交谈判案文前都存在争议，❷ 但从最终的谈判案文来看，绝大多数缔约方是同意在《巴黎协定》中规定遵约问题的。

第二个方面是，是建立一个统一的遵约机制，还是仿照《京都议定书》在一个机制下或者设立两个分支机构，一个是针对发达国家的遵约实践，另一个则是针对发展中国家的遵约实践；或者对发达国家设立强制性的机制，而对发展中国家则建立自愿促进性的论坛。尽管从《巴黎协定》的最终文本来看，没有采用这些方式，但对于不同国家给予不同的遵约考量，仍被写入了《巴黎协定》中。

第三个方面是，如果在《巴黎协定》中规定遵约问题的话，是原则性规定，还是建立一个完整的遵约机制规则。很显然，缔约方选择了原则性的规定，而将其余的具体设计交由未来的《巴黎协定》实施细则去考虑。因此，《巴黎协定》最终的遵约规则仅体现在第 15 条的三个具体条款上，它们分别为：

第一款规定，要建立一个机制，以促进履行和遵守《巴黎协定》。

第二款规定，为促进履行和遵守《巴黎协定》而建立的这个机制应由一个委员会组成。该委员会应以专家为主，并且是促进性的，行使职能时采取

---

❶　根据提交的案文，此条原文为，该 [机制] [委员会] 应详细制定其议事规则，供 CMA 第二届会议批准。但后期联合主席又做了订正，将其改为：供 CMA 第一届会议批准。UNFCCC, *Draft Paris Outcome*, *Revised Draft Conclusions Proposed by the Co-Chairs*, FCCC/ADP/2015/L. 6/Rev. 1/Add. 1, 5 December 2015, p. 8.

❷　UNFCCC, *Draft Agreement and Draft Decision on Workstream 1 and 2 of the Ad Hoc Working Group on the Durban Platform for Enhanced Action*, *Work of the ADP Contact Group*, *Edited Version of 6 November 2015*, *Re-issued 10 November* 2015, ADP. 2015. 11. InformalNote, p. 25.

透明、非对抗的、非惩罚性的方式。委员会应特别关注缔约方各自的国家能力和情况。

第三款规定,该机制下设立的委员会应在作为《巴黎协定》缔约方会议的《联合国气候变化框架公约》缔约方会议第一届会议上通过的模式和程序下运作,每年向作为《巴黎协定》缔约方会议的《联合国气候变化框架公约》缔约方会议提交报告。

三、《巴黎协定》实施细则遵约机制部分的制定过程

2015 年《巴黎协定》出台后,有关《巴黎协定》实施细则的制定就被纳入缔约方会议的日程中。随着 2016 年《巴黎协定》的正式生效,这一过程更为紧迫。经过两年的起草工作之后,在 2018 年《联合国气候变化框架公约》第二十四次缔约方会议上,正式通过了"卡托维兹一揽子计划",其中就包括有关遵约机制的模式和程序在内的《巴黎协定》实施细则,其又被称为《巴黎协定》"规则书"。❶ 但遗憾的是,由于巴西的反对,有关《巴黎协定》第六条,即气候变化的市场机制路径未能就实施细则达成共识,直到 2021 年第二十六次缔约方会议,即格拉斯哥会议上该实施细则才被正式通过。至此,全球正式进入《巴黎协定》的一个具体实施阶段。

(一)《巴黎协定》特设工作组的建立

2015 年,《联合国气候变化框架公约》第二十一次缔约方会议上达成"通过《巴黎协定》的决定"。在该决定的第 7 段中明确规定,设立《巴黎协定》特设工作组(the Ad Hoc Working Group on the Paris Agreement,APA),并比照适用选举德班平台主席团成员所用的相同安排。该决定在第 102~103段 "为履行和遵守提供便利"部分规定了两方面的内容。❷ 它们分别是:第

---

❶ 参见吕江:《卡托维兹一揽子计划:美国之后的气候安排、法律挑战与中国应对》,载《东北亚论坛》2019 年第 5 期,第 64~80 页。

❷ UNFCCC, Decision 1/CP. 21 Adoption of the Paris Agreement, in *Report of the Conference of the Parties on Its Twenty-First Session*, *held in Paris from 30 November to 13 December 2015*, *Addendum Part Two: Action Taken by the Conference of the Parties at Its Twenty-First Session*, FCCC/CP/2015/10/Add. 1, 29 January 2016, p. 15.

一，《巴黎协定》第十五条第二款所述委员会应由作为《巴黎协定》缔约方会议的《联合国气候变化框架公约》缔约方会议根据公平地域代表性原则选出的在相关科学、技术、社会经济或法律领域具备公认才能的 12 名成员组成，联合国 5 个区域集团各派 2 名成员，小岛屿发展中国家和最不发达国家各派 1 名成员，并兼顾性别平衡的目标。第二，为促进《巴黎协定》第十五条第二款所述的委员会能有效运作，请《巴黎协定》特设工作组制定模式和程序。《巴黎协定》特设工作组完成的这些关于模式和程序的工作，将供《巴黎协定》缔约方会议的《联合国气候变化框架公约》缔约方会议第一届会议审议和通过。由上可知，《巴黎协定》特设工作组将是负责起草《巴黎协定》实施细则中遵约机制部分的机构。

（二）《巴黎协定》特设工作组第一届第一期会议

2016 年 5 月 16—26 日，在德国波恩召开了《巴黎协定》特设工作组第一届第一期会议。会议根据 4—5 月间确立的临时议程进行了工作安排，最终确立了包括 "《巴黎协定》第十五条所述促进履行和遵守本协定的机制有效运作的模式和程序"（本章中简称为《巴黎协定》遵约机制）在内的 6 项实质性议程，有关《巴黎协定》遵约机制的议程被设定为第 7 项议程。❶

第一期会议就《巴黎协定》特设工作组的工作模式进行了安排。单一联络组（the contract group）通过非正式磋商，对 6 项实质性议程分别开展技术工作，每项均由两名联合召集人（co-facilitators）负责召集；特设工作组联合主席（co-chairs）将通过联络组会议，就工作的方向和预期结果向联合召集人作出明确的任务规定和指导，并随着工作的进展，对指导进行重新评估，必要时通过联络组的届会中段会议予以调整。采取这种工作方式可以为每一项实质性议程拟定结论和其他成果。❷

就《巴黎协定》遵约机制部分而言，《巴黎协定》特设工作组 "请联合主席在 2016 年 8 月 30 日前拟订一套指导性问题，以协助缔约方就促进履行和

---

❶ UNFCCC, Revised Provisional Agenda, in *Ad Hoc Working Group on the Paris Agreement First Session*, Bonn, 16—26 *May* 2016, FCCC/APA/2016/L. 1, 20 May 2016, p. 2.

❷ UNFCCC, *Report of the Ad Hoc Working Group on the Paris Agreement on the First Part of Its First Session*, held in Bonn from 16 to 26 May 2016, FCCC/APA/2016/2, 27 July 2016, p. 5.

遵约的委员会的特征和要素进一步形成它们的概念思维"。❶

(三)《巴黎协定》特设工作组第一届第二期会议

《巴黎协定》特设工作组第一届第二期会议于 2016 年 11 月 7—14 日在摩洛哥的马拉喀什召开。会议之前,《巴黎协定》特设工作组联合主席在与缔约方沟通后,确定了 6 项实质性议程的联合召集人,第 7 项议程,即《巴黎协定》遵约机制部分的联合召集人为伯利兹的费尔森(Janine Felson)和澳大利亚的霍恩(Peter Horne)。❷ 根据第一届第一期会议的要求,联合主席最终拟定了一套指导性问题。这套指导性问题包含以下 5 个基本问题。❸

问题 1:促进执行和促进遵守的机制的范围如何应对《巴黎协定》中包含的强制性要素?

问题 2:在设计促进执行和促进遵守的机制时,应如何反映缔约方各自的国家能力和情况?

问题 3:什么情况将启动委员会的工作,拟议的启动和行动将如何与机制的促进、非对抗性和非惩罚性性质相一致?

问题 4:与《联合国气候变化框架公约》下现有安排和机构的关系如何?

问题 5:应如何使有关缔约方能够参与促进执行和促进遵守的进程?

针对以上 5 个问题,缔约方与 7 项议程下的联络组进行了非正式磋商,最终由联合召集人将缔约方的观点进行了梳理和汇总,形成了包括机制的性质和宗旨、结构和组成、范围和职能、启动工作、一般进程方面、缔约方的国家能力和情况、有关缔约方的参与、措施和产出、与其他实体间的关系,

---

❶ UNFCCC, Agenda and Annotations, in *Ad Hoc Working Group on the Paris Agreement Second Part of the First Session*, *Marrakech*, 7–14 November 2016, FCCC/APA/2016/3, 1 September 2016, p. 7.

❷ UNFCCC, *List of Confirmed Co-Facilitators of APA Items 3–8*, https://unfccc.int/files/bodies/apa/application/pdf/cop22_list_of_confirmed_co-facilitators.pdf (last visited on 2022-9-17).

❸ UNFCCC, *Guiding Questions by the APA Co-Chairs on Agenda Item 7*, https://unfccc.int/files/meetings/marrakech_nov_2016/application/pdf/guiding-questions-co-chairs-apai7.pdf (last visited on 2022-9-17).

以及与《巴黎协定》缔约方会议之间的关系在内的 10 个需要讨论的部分。❶

(四)《巴黎协定》特设工作组第一届第三期会议

《巴黎协定》特设工作组第一届第三期会议于 2017 年 5 月 8—18 日在德国波恩召开。会议之前，联合召集人已要求各缔约方针对上述的 5 个问题提交其建议。第三期会议以第二期会议形成的 10 个部分继续展开讨论，相比第一次形成的讨论方案，第二次形成的讨论方案有了进一步的更新，且相关内容更为细化。❷ 较为突出的，比如提出了第十五条机制的设计和运作不能改变《巴黎协定》条款的内容或法律性质。不评估单个缔约方对共同或集体义务的遵守情况。鉴于非司法性质，第十五条机制下的委员会对条款的解释发表咨询意见是不合适的。对于发展中国家宜采取缔约方自身启动，而发达国家则适用其他类型的启动。在每届会议中建立通过电子通信方式进行工作和决策的程序。建立缔约方会议的上诉审；建立审查机制，在必要时对遵约机制进行修订等。

(五)《巴黎协定》特设工作组第一届第四期会议

《巴黎协定》特设工作组第一届第四期会议于 2017 年 11 月 7—18 日在德国波恩举行。相较前三期会议，除了对 10 个部分进行调整外，还增加了 2 个新部分，最终形成一个拥有 12 部分的谈判文本。这 12 个部分分别为：宗旨、原则和性质；体系安排；范围；职能；启动；信息来源；进程；措施与产出；系统问题的识别；与缔约方会议的关系；模式与程序的审议；以及秘书处。❸

---

❶ UNFCCC, Informal Note by the Co-Facilitators on Agenda Item7–Modalities and Procedures for the Effective Operation of the Committee to Facilitate Implementation and Promote Compliance Referred to in Article 15. 2 of the Paris Agreement, in *Ad-Hoc Working Group on the Paris Agreement* (APA) *Second Part of the First Session*, *Marrakech*, 7–14 *November* 2016, 14 November 2016, pp. 5–7.

❷ UNFCCC, Informal Note by the Co-Facilitators on Agenda Item7–Modalities and Procedures for the Effective Operation of the Committee to Facilitate Implementation and Promote Compliance Referred to in Article 15. 2 of the Paris Agreement, in *Ad-Hoc Working Group on the Paris Agreement* (APA) *Third Part of the First Session*, *Bonn*, 8–18 *May* 2017, 17 May 2017, pp. 1–9.

❸ UNFCCC, *Items 3–8 of the agenda. Addendum. Informal Notes Prepared under Their Own Responsibility by the Cofacilitators of Agenda Items 3–8 of the Ad Hoc Working Group on the Paris Agreement*, FCCC/APA/2017/L. 4/Add. 1, 15 November 2017, pp. 232–233.

在谈判中，较为突出的争议有五个方面。第一，有关国家能力和情况方面。一些缔约方认为应在遵约机制中规定此方面的指南，另一些缔约方认为这一问题应建立在具体案例基础上（a case-by-case basis），而不是指南。另外，一些缔约方认为在此方面的模式和程序上应体现发达国家与发展中国家的不同，而另一些缔约方认为这不符合《巴黎协定》第十五条的规定。

第二，有关与其他安排的相互联系方面。缔约方都承认遵约机制与《巴黎协定》项下和《联合国气候变化框架公约》项下的其他安排有着直接或间接的联系。但对这种联系如何来具体实施是存在争议的。一些缔约方认为与遵约机制相关的所有其他安排都应被考虑，而另一些缔约方则认为现在考虑二者之间的联系为时过早。

第三，有关履行和遵约委员会的自由裁量权方面。一些缔约方认为，应授权委员会自身对模式和程序进行审查，而另一些缔约方则认为，这是缔约方会议的事情。此外，一些缔约方认为应在实施细则中具体考虑履行和遵约委员会的具体活动，而另一些缔约方则认为，这些具体活动应属于议事规则的事项，应留给委员会在《巴黎协定》和实施细则的范围内自行制定。

第四，有关第一次缔约方会议考虑遵约机制的事项方面。一些缔约方认为，所有与遵约机制模式和程序相关的可能因素都应在第一次缔约方会议上予以综合性通过；而另一些缔约方则认为，可以在第一次缔约方会议后，随着时间的推移，继续发展遵约机制的模式和程序。

第五，有关遵约机制的原则事项方面。一些缔约方认为，应包括平等、共同但有区别的责任和各自能力，而另一些缔约方认为，不应包括原则，因为《巴黎协定》在第十五条规定上没有体现出不同，应按第十五条的具体规定来设定委员会的原则。另外，一些缔约方还提出了像透明度、相互补充和独立性等原则。

(六)《巴黎协定》特设工作组第一届第五期会议

《巴黎协定》特设工作组第一届第五期会议于 2018 年 4 月 30 日至 5 月 10 日在德国波恩召开。从第五期会议开始，遵约机制部分的联合召集人为便利于谈判文本成型，开始采取一种工具方式（Tool）。这种方式是在不改变前期会议谈判结果的前提下，对文本进行流程上的编排，以便于下一期会议讨论谈判文本。❶ 会议将形成一份由联合召集人汇总的谈判条目文本，与之前第四期形成的文本不同的是：第一，在顺序上发生了一定变化，将委员会的职能部分放在了第二部分的文本表述上，将信息来源部分放到了措施和产出的后面。第二，在体制安排部分、进程部分、措施与产出部分，以及系统问题部分做了进一步细化。❷

（七）《巴黎协定》特设工作组第一届第六期会议

《巴黎协定》特设工作组第一届第六期会议于 2018 年 9 月 4—9 日在泰国曼谷召开。如同第五期会议，此次会议在开始之前于 2018 年 8 月 2 日由联合召集人完成了对第五期会议谈判文本的工具化。❸ 第六期会议遵约机制部分文本谈判的召集人出现了一些变化，之前作为召集人的澳大利亚霍恩换成了挪威的福格特（Christina Voigt）女士。❹

从第六期会议遵约机制部分谈判文本来看，进一步进行了结构上的细化，将原来的 12 个部分重新设定为 10 个部分，按顺序依次排列为：A. 宗旨、原则、性质、职能和范围（Purpose，principles，nature，functions and scope）；B. 体系安排（Institutional arrangements）；C. 启动考虑（Initiation of consideration）；D. 进程（Process）；E. 措施和产出（Measures and Outputs）；F. 系统问题考虑（Consideration of systemic issues）；G. 信息来源（Sources of information）；H. 与《巴黎协定》缔约方会议之间的关系（Relationship with the Conference of the Parties serving as the meeting of the Parties to the Paris Agreement）；I. 模式和程序的审查（Review of the modalities and procedures）；J.

---

❶ UNFCCC, *Tool by the Co-Facilitators to Illustrate a Possible Flow of Section Ⅲ of the Informal Note of 13 November 2017*, APA1-5. IN. i7_Tool_Co_F, 4 May 2018, pp. 1-11.

❷ UNFCCC, *Agenda Items 3-8. Draft Conclusions Proposed by the Co-Chairs. Addendum. Informal Notes Prepared under Their Own Responsibility by the Cofacilitators of Agenda Items 3-8 of the Ad Hoc Working Group on the Paris Agreement*, FCCC/APA/2018/L. 2/Add. 1, 10 May 2018, pp. 132-145.

❸ UNFCCC, *Additional Tool under Item 7 of the agenda. Modalities and Procedures for the Effective Operation of the Committee to Facilitate Implementation and Promote Compliance Referred to in Article 15, Paragraph 2, of the Paris Agreement. Informal Document by the Co-Chairs*, APA1. 6. Informal. 1. Add. 5, 2 August 2018, pp. 1-21.

❹ UNFCCC, *Report of the Ad Hoc Working Group on the Paris Agreement on the Sixth Part of Its First Session*, held in Bangkok from 4 to 9 September 2018, FCCC/APA/2018/4, 10 October 2018, p. 3.

秘书处（Secretariat）。❶

在第一部分有关"宗旨、原则、性质、职能和范围"的谈判文本上，形成了三个选项，或是将宗旨、原则、性质、职能和范围分开规定，或是统一加以规定，或是不需要这一部分。

在第二部分有关"体系安排"的谈判文本上：（1）有关"组成"（Composition）的文本考量直接套用了《联合国气候变化框架公约》第二十一次缔约方会议决议中第 102 条规定。（2）有关"成员/候补和专家性质"上形成了两个选项，主要焦点在于是否规定平衡考虑不同领域。（3）有关"任期和为保持连续性的交错选举"上，缔约方基本没有异议。（4）有关"辞职/替补"上形成了两个选项。焦点在于，是由委员会从同一集团或选区中选出，还是由任期未满的专家所在的同一缔约方提名专家。（5）有关"个人还是专家能力"上，形成了三个选项，或是个人能力，或是专家能力，或是个人及专家能力。（6）有关"主席及主席团"选举、任期和地域代表上，形成了三个选项，即或由委员会选举主席和副主席，或委员会选举出两名共同主席，或不在《巴黎协定》实施细则遵约机制部分中规定这一事项。（7）有关"主席团"（the Bureau）的作用上，形成了两个选项，要么规定其作用，要么不要此条。（8）有关"会议次数"上，主要焦点在于，一年内应召开几次会议，从哪一年开始。（9）有关"会议的开幕和闭幕"上，主要焦点集中在是公开的，还是不公开的。（10）有关"法定人数"上，焦点集中在是达到应出席会议人数的 3/4，还是 10 名以上。（11）有关"会议决定的制定"上形成了两个选项，或是协商一致，或是协商不一致，但达不成一致时以多数票表决，或以简单多数通过，或以绝对多数通过。（12）有关"通过电子通信方式进行工作和决策"上，主要焦点在于电子通信方式可否通过决定。（13）有关"推理"（reasoning）上，缔约方没有异议，都认同应以书面形式制作决定并有理由支持。（14）有关"利益冲突"上，主要争议焦点集中在委员会的委员是否一定与其国籍相关缔约方之间存在利益冲突。（15）有关"议事规则"上的主要焦点在于是否在实施细则遵约机制部分详细规定这一点。

---

❶ UNFCCC, *Revised Additional Tool under Item 7 of the agenda (Final Iteration)*, APA1-6. IN. i7_4, 8 September 2018, pp. 1-17.

在第三部分有关"启动考虑"的谈判文本上,主要涉及的是仅规定只有缔约方自身启动,还是要加上其他类型的启动模式。而在其他类型的启动模式上,又存在着第三方启动、委员会启动、缔约方会议启动、其他机构/安排启动。此外,也有缔约方提出了其他类型的启动仅适用于发达国家的观点。

在第四部分有关"进程"的谈判文本上,形成了三个选项:第一个选项是委员会行使职能时,根据有限制的自由裁量权决定;第二个选项是具体规定委员会遵循的程序;第三个选项则强调根据国家能力和情况,采取不同的路径。

在第五部分有关"措施和产出"的谈判文本上:第一是在有关措施和产出的类型上仍存在分歧;第二是在做出措施和产出后,是否需要委员会做进一步的跟进(follow-up)。

在第六部分有关"系统问题考虑"的谈判文本上,形成了五个选项,主要集中在是委员会,或是缔约方会议,或是相关缔约方,或是秘书处,还是就不需要有这一条规定。

在第七部分有关"信息来源"的谈判文本上:一方面,委员会的信息来源是相关缔约方,或是专家建议,或是其他机构;另一方面,强调对信息保密。

在第八部分有关"与《巴黎协定》缔约方会议之间的关系"的谈判文本上:第一个方面涉及向缔约方会议作出报告;第二个方面涉及报告的内容应包括哪些方面。

在第九部分有关"模式和程序的审查"的谈判文本上,主要争议点集中在是否只进行一次审查,还是由委员会或缔约方会议定期审查。

在第十部分有关"秘书处"的谈判文本上,只规定了一条,即《巴黎协定》第十七条所指的秘书处是委员会的秘书处。

(八)《巴黎协定》特设工作组第一届第七期会议

《巴黎协定》特设工作组第一届第七期会议于 2018 年 12 月 2—8 日在波兰卡托维兹召开。经过遵约机制部分联络组的讨论后,于 12 月 8 日由《巴黎协定》特设工作组联合主席最终形成了《巴黎协定》实施细则遵约机制部分的草案文本。2018 年《联合国气候变化框架公约》第二十四次缔约方会议同时在波兰卡托维兹召开，作为《巴黎协定》缔约方会议的《联合国气候变化框架公约》缔约方会议经过谈判，在《巴黎协定》特设工作组提交的草案文本基础上，对其进行了修改，最终形成了《巴黎协定》实施细则遵约机制部分的文本。

四、《巴黎协定》实施细则对遵约机制的具体规定

根据《巴黎协定》和 2015 年《联合国气候变化框架公约》第二十一次缔约方会议的决定，2018 年《巴黎协定》第一次缔约方会议通过了应对气候变化《巴黎协定》遵约机制的实施细则，其编号为 20/CMA.1，具体名称为《巴黎协定》第十五条第二款所述促进履行和遵守的委员会有效运作的模式和程序。❶ 为行文方便，我们将其简称为：《巴黎协定》实施细则遵约机制。

《巴黎协定》实施细则遵约机制的规定由五大部分 35 个条款构成。其具体内容为：

（一）《巴黎协定》实施细则遵约机制的宗旨、原则、性质、职能和范围

第一部分是宗旨、原则、性质、职能和范围，由 4 个段落构成。第 1 段规定了构建《巴黎协定》实施细则中遵约机制的法源，即根据《巴黎协定》第十五条的规定，建立一个委员会来执行促进履行和遵守《巴黎协定》规定的机制。

第 2 段规定委员会应以专家为主，并且是促进性的，行使职能时应采取透明、非对抗的、非惩罚性的方式。委员会应特别关心缔约方各自的国家能力和情况。

第 3 段规定委员会的工作应遵循《巴黎协定》的规定，特别是《巴黎协

---

❶ UNFCCC, Decision 20/CMA.1, Modalities and Procedures for the Effective Operation of the Committee to Facilitate Implementation and Promote Compliance Referred to in Article 15, paragraph 2, of the Paris Agreement, in *Report of the Conference of the Parties Serving as the Meeting of the Parties to the Paris Agreement on the Third Prat of Its First Session*, held in Katowice from 2 to 15 December 2018. Addendum. Part Two: Action Taken by the Conference of the Parties Serving as the Meeting of the Parties to the Paris Agreement, FCCC/PA/CMA/2018/3/Add.2, 19 March 2019, pp.59-64.

定》第二条的规定，即可持续发展、共同但有区别的责任和各自能力原则。

第4段规定委员会在开展工作时，应努力避免重复性劳动，不得作为执法和争端解决机制，也不得实施处罚或制裁，并尊重国家主权。

（二）《巴黎协定》实施细则遵约机制的体系安排

第二部分是体系安排，由14个段落构成，即《巴黎协定》实施细则遵约机制的第5~18段。

第5段规定，委员会应由作为《巴黎协定》缔约方会议的《联合国气候变化框架公约》缔约方会议根据公平地域代表性原则选出的在相关科学、技术、社会经济或法律领域具备公认才能的12名成员组成，联合国5个区域集团各派2名成员，小岛屿发展中国家和最不发达国家各派1名成员，并兼顾性别平衡的目标。

第6段规定，作为《巴黎协定》缔约方会议的《联合国气候变化框架公约》缔约方会议应选举委员会成员，并为每名成员选举一名候补成员，同时考虑到委员会的专家性质，并努力反映上文第5段所述的专门知识的多样性。

第7段规定，委员会当选成员和候补成员任期三年，最多可连任两届。

第8段规定，在作为《巴黎协定》缔约方会议的《联合国气候变化框架公约》第二届会议（2019年12月）上，应选举委员会的六名成员和六名候补成员，初始任期两年；另选举六名成员和六名候补成员，任期三年。此后，作为《巴黎协定》缔约方会议的《联合国气候变化框架公约》缔约方会议应在其有关常会上选举六名成员和六名候补成员，任期三年。成员和候补成员的任期应到继任者选出后为止。

第9段规定，如果委员会的一名成员辞职或因其他原因无法完成指定的任期或履行委员会的职能，该缔约方应提名一名来自同一缔约方的专家在剩余的未满任期内接替该成员。

第10段规定，委员会成员和候补成员应以个人专家身份任职。

第11段规定，委员会应从其成员中选出两名联合主席，任期三年，并兼顾确保公平地域代表性的需要。联合主席应履行《巴黎协定》实施细则遵约机制第17段和第18段所述的委员会议事规则中规定的职能。

第12段规定，除非另有决定，自2020年始，委员会每年至少应举行两次会议。在安排会议时，委员会应酌情考虑到与为《巴黎协定》服务的附属机构的届会同时举行会议的可取性。

第 13 段规定，在拟定和通过委员会的决定时，只能有委员会成员和候补成员及秘书处官员在场。

第 14 段规定，委员会、任何缔约方或参与委员会审议过程的其他方面应保护所收到机密信息的机密性。

第 15 段规定，通过委员会决定所需的法定人数为 10 名成员出席。

第 16 段规定，委员会应尽一切努力以协商一致方式议定任何决定。如果尽一切努力争取协商一致但仍无结果，作为最后办法，可由出席并参加表决的委员中的至少四分之三通过决定。

第 17 段规定，委员会应制定议事规则，顾及透明、促进性、非对抗和非惩罚性原则，特别关心缔约方各自的国家能力和情况，以期建议作为《巴黎协定》缔约方会议的《联合国气候变化框架公约》缔约方会议第三届会议（2020 年 11 月）审议和通过。

第 18 段规定，第 17 段所述的议事规则将处理委员会适当和有效运作所需的所有事项，包括委员会联合主席的作用、利益冲突、与委员会工作有关的任何补充时限、委员会工作的程序阶段和时限以及委员会决定的论证过程。

（三）《巴黎协定》实施细则遵约机制的启动和进程

《巴黎协定》实施细则遵约机制的第三部分是有关该遵约机制的启动和进程，共有 9 个段落构成，即《巴黎协定》实施细则遵约机制的第 19 段至第 27 段。其具体规则如下：

第 19 段规定，委员会在履行《巴黎协定》实施细则遵约机制的第 20 段和第 22 段所述职能时，在遵守这些模式和程序的前提下，应适用将根据该规则的第 17 段和第 18 段制定的相关议事规则，并应遵循以下五个原则。

第一，委员会工作中的任何内容都不能改变《巴黎协定》规定的法律性质。

第二，在审议如何促进履行和遵守时，委员会应努力在进程的所有阶段与有关缔约方进行建设性接触和磋商，包括请它们提交书面材料并为它们提供发表意见的机会。

第三，委员会应根据《巴黎协定》的规定，在这一进程的所有阶段特别注意缔约方各自的国家能力和情况，同时认识到最不发达国家和小岛屿发展中国家的特殊情况，包括确定如何与有关缔约方协商、可向有关缔约方提供哪些援助来支持其与委员会的接触，以及在各种情况下采取哪些适当措施来促进履行和遵守。

第四，委员会应考虑到其他机构开展的工作和其他安排下的工作，以及通过服务于《巴黎协定》的论坛或《巴黎协定》下设论坛正在开展的工作，以避免重复开展授权的工作。

第五，委员会应考虑到与应对措施的影响有关的因素。

第20段规定，委员会应根据缔约方提交的关于其履行和/或遵守《巴黎协定》任何规定的书面材料，酌情审议与该缔约方履行或遵守《巴黎协定》规定有关的问题。

第21段规定，委员会将在《巴黎协定》实施细则遵约机制的第17段和第18段所述议事规则规定的时限内对该提交材料进行初步审查，以确认该材料是否包含充分的信息，包括所涉事项是否与该缔约方自身履行或遵守《巴黎协定》某项规定有关。

《巴黎协定》实施细则遵约机制的第22段具体规定了该机制的委员会启动事项，它由2个条款构成，其中第1个条款涉及启动的具体事项，第2个条款规定了例外事项。其具体规则如下：

第22段第1款规定，委员会应在以下四种情况下启动对有关问题的审议：

第一，据《巴黎协定》第四条第十二款所述公共登记册中的最新通报状态，缔约方未通报或未持续通报《巴黎协定》第四条规定的国家自主贡献；

第二，缔约方未提交《巴黎协定》第十三条第七款和第九款或第九条第七款规定的强制性报告或信息通报；

第三，据秘书处提供的信息，缔约方未参与有关进展情况的促进性多边审议；

第四，缔约方未提交《巴黎协定》第九条第五款规定的强制性信息通报。

第22段第2款规定，如果一个缔约方按照《巴黎协定》第十三条第七款和第九款提交的信息与《巴黎协定》第十三条第十三款所述模式、程序和指南之间持续存在重大矛盾，经有关缔约方同意，可对相关问题进行促进性审议。审议将依据按照《巴黎协定》第十三条第十一款和第十二款编写的技术专家审评最后报告中提出的建议，以及缔约方在审评过程中提供的书面意见。在审议此类事项时，委员会将考虑到《巴黎协定》第十三条第十四款和第十五款，以及《巴黎协定》第十三条为由于能力问题而有需要的发展中国家缔约方规定的灵活性。

第 23 段规定，第 22 段第 1 款的有关审议将不对该条款所述的国家自主贡献、通报、信息和报告的具体内容进行审议。

第 24 段规定，如果委员会决定启动第 22 段的有关审议，它应通知有关缔约方，并要求有关缔约方就此事提供必要的信息。

第 25 段规定了四项缔约方和委员会在审议中的相关权利和义务。其具体表述为：

当委员会根据第 20 段或第 22 段的规定以及第 17 段和第 18 段所述议事规则提出的事项进行审议时，第一，有关缔约方可参加委员会的讨论，但不能参加委员会关于拟订和通过一项决定的讨论。第二，如果有关缔约方提出书面要求，委员会应在审议该缔约方相关事项的会议期间进行协商。第三，在审议过程中，委员会可获得第 35 段所述的补充资料，或与有关缔约方协商，酌情邀请《巴黎协定》下设或服务于《巴黎协定》的相关机构和安排的代表参加其相关会议。第四，委员会应向有关缔约方发送其结果草案、措施草案和任何建议草案的副本，并在最终确定这些结果、措施和建议时考虑该缔约方提出的任何意见。

第 26 段规定，委员会将根据发展中国家缔约方的能力，在《巴黎协定》第十五条规定的程序时限方面给予它们灵活性。

第 27 段规定，在资金允许的情况下，应根据相关发展中国家缔约方的请求向它们提供援助，使它们能够参加委员会的相关会议。

（四）《巴黎协定》实施细则遵约机制的措施和产出

《巴黎协定》实施细则遵约机制的第四部分规定了委员会采取的措施和产出，由 4 个段落构成，它们分别是：

第 28 段规定，在确定适当措施、结果或建议时，委员会应参考《巴黎协定》相关规定的法律性质，应考虑到有关缔约方提交的意见，并应特别注意有关缔约方的国家能力和情况。如若相关，也应承认小岛屿发展中国家和最不发达国家的特殊情况以及不可抗力情况。

第 29 段规定，有关缔约方可向委员会提供信息说明特定能力限制、需求或所获支持的充分性，供委员会在确定适当措施、结果或建议时审议。

第 30 段规定，为了促进履行和遵守，委员会应采取适当措施。这些措施可包含以下五个方面：第一，与有关缔约方进行对话，旨在确定挑战、提出建议和分享信息，包括与获得资金、技术和能力建设支持有关的挑战、建议和信息。第二，协助有关缔约方与《巴黎协定》下设或服务于《巴黎协定》的适当资金、技术和能力建设机构或安排进行接触，以便查明潜在的挑战和解决办法。第三，就第二项所述的挑战和解决办法向有关缔约方提出建议，经有关缔约方同意后酌情向有关机构或安排通报这些建议。第四，建议制订一项行动计划，并请求协助有关缔约方制订该计划。第五，发布与第 22 段第 1 款所述的履行和遵守事项有关的事实性结论。

第 31 段规定，鼓励有关缔约方向委员会提供资料，说明在实施第 30 段第 4 项所述行动计划方面取得的进展。❶

（五）《巴黎协定》实施细则遵约机制的其他规定

除了以上对促进履行和遵约委员会在宗旨、体系安排、启动和进程，以及措施和产出方面做出的详尽规定以外，《巴黎协定》实施细则遵约机制还规定了审议的系统性问题、信息来源、与作为《巴黎协定》缔约方会议的《联合国气候变化框架公约》缔约方会议之间的关系，以及秘书处事宜。其具体规定为：

在审议系统性问题方面，首先，委员会可确定一些缔约方在履行和遵守《巴黎协定》规定方面面临的系统性问题，提请《巴黎协定》/《联合国气候变化框架公约》缔约方会议注意这些问题，并酌情提出建议供其审议。其次，《巴黎协定》/《联合国气候变化框架公约》缔约方会议可随时要求委员会审

❶ 需要注意的是，在《联合国气候变化框架公约》秘书处公布的中文版《实施细则遵约机制》的此处规定有笔误，写成了"实施第 34 条第 4 项"。通过联系上下文和对照英文版可发现，此处应指第 30 条第 4 项内容，而不是 34 条。

查系统性问题。在审议该问题后，委员会应向《巴黎协定》/《联合国气候变化框架公约》缔约方会议报告，并酌情提出建议。最后，在处理系统性问题时，委员会不得处理与个别缔约方履行和遵守《巴黎协定》规定有关的事项。

在信息来源方面，要求委员会在工作过程中可寻求专家咨询意见，并寻求和接收《巴黎协定》下设或服务于《巴黎协定》的进程、机构、安排和论坛提供的信息。

在与作为《巴黎协定》缔约方会议的《联合国气候变化框架公约》缔约方会议之间的关系方面，要求委员会应按照《巴黎协定》第十五条，每年向《巴黎协定》/《联合国气候变化框架公约》缔约方会议报告。

在秘书处方面，认可《巴黎协定》第十七条规定的秘书处担任委员会的秘书处。

五、《巴黎协定》履行和遵约委员会议事规则的制定过程

《巴黎协定》实施细则对遵约机制进行了较为详细的规定，但仍存在一些方面没有体现出来，如利益冲突的程序规则、委员会工作的程序阶段及时间表、联合主席的作用等。❶ 很显然，这些规定对于《巴黎协定》遵约机制的实施亦是非常关键且不可或缺的。因此，通过《巴黎协定》履行和遵约委员会议事规则的制定来加以完善上述相关内容是至关重要的。

2019 年《巴黎协定》第一次第三期缔约方会议在西班牙马德里召开，会上正式按《巴黎协定》及其实施细则选举并通过了履行和遵约委员会的委员和候补委员。该委员会就此开始工作。受 2019 年年底新冠病毒感染疫情的影响，2020 年履行和遵约委员会开始的第一次会议是以线上方式进行的。除了未选出的拉丁美洲和加勒比国家集团的三名成员外，其余委员和候补委员均参加了此次会议。在此次会议的第 6 项议题下指出，履行和遵约委员会应起

---

❶ Lisa Benjamin, Rueanna Haynes & Bryce Rudyk, "Article 15 Compliance Mechanism," in Geert van Calster & Leonie Reins eds. , *The Paris Agreement on Climate Change：A Commentary*, Cheltenham, UK：Edward Elgar, 2021, p. 353.

草议事规则，便于《巴黎协定》第三次缔约方会议通过。❶

2020 年 10 月 26—29 日，履行和遵约委员会第二次会议以线上方式再次召开。在此次会议的第 5 项议题下，讨论了《巴黎协定》履行和遵约委员会议事规则草案的制定，形成了一个议事规则草案的可能要点清单。❷ 该清单包括五个方面的内容：第一，制度安排；第二，指导委员会工作的一般规定；第三，问题审议的启动和程序；第四，结果、措施和产出；第五，系统性问题。

2021 年 3 月和 6 月，履行和遵约委员会第三、第四次会议仍以线上方式召开。在这两次会议中仍继续针对议事规则草案的可能要点清单进行讨论。值得一提的是，第四次会议时，委员会成员们有意将《加强版性别问题利马工作方案》和《性别行动计划》纳入到议事规则草案中。❸

2021 年 8 月，履行和遵约委员会线上完成了其第五次会议。针对议事规则草案，此次会议仅完成了可能要点清单上的第一部分的 14 个条款，而第二至第五部分的内容，在成员之间仍存在较大分歧，需要在后续会议中继续完善。但履行和遵约委员会同意将第一部分提交《巴黎协定》第三次缔约方会议，以便审议和通过。❹

2022 年 3 月和 5 月，履行和遵约委员会采取线下和线上混合的模式召开了其第六至七次会议。会议仍然是围绕第二至第五部分内容展开。在第六次会议上，挪威的福格特（Christina Voigt）和巴基斯坦的古哈尔（Haseeb Gohar）仍被选为第二届履行和遵约委员会的共同主席。❺ 在第七次会议上，履行和遵约委员会决定其今后对外的名称应是《巴黎协定》履行和遵约委员

---

❶ UNFCCC, *Report of the First Meeting of the Committee referred to in Article 15, Paragraph 2, of the Paris Agreement*, PAICC/2020/M1/9, 2020, p. 4.

❷ UNFCCC, List of Possible Elements of the Draft Rules of Procedure of the Committee, in *Report of the Second Meeting of the Committee referred to in Article 15, Paragraph 2, of the Paris Agreement*, PAICC/2020/M2/7, 2020, Annex 3.

❸ UNFCCC, *Report of the 4th Meeting of the Committee referred to in Article 15, Paragraph 2, of the Paris Agreement*, PAICC/2021/M4/3, 2021, p. 4.

❹ UNFCCC, *Report of the 5th Meeting of the Committee referred to in Article 15, Paragraph 2, of the Paris Agreement*, PAICC/2021/M5/3, 2021, p. 3.

❺ UNFCCC, *Report of the 6th Meeting of the Committee referred to in Article 15, Paragraph 2, of the Paris Agreement*, PAICC/2022/M6/5/Corr. 1, 2022, p. 2.

会（the Paris Agreement Implementation and Compliance Committee，PAICC）。❶

六、《巴黎协定》遵约机制实施的其他规定

除了上述论及的内容外，2015 年《联合国气候变化框架公约》第二十一次缔约方会议做出"通过《巴黎协定》的决定"（第 1/CP. 21 号决定）的相关内容亦与《巴黎协定》遵约机制实施有关。在该决定的第 102 段、第 103 段涉及与遵约机制相关的内容。

第 102 段规定，决定《巴黎协定》第十五条第 2 款所述委员会应由作为《巴黎协定》缔约方会议的《联合国气候变化框架公约》缔约方会议根据公平地域代表性原则选出的在相关科学、技术、社会经济或法律领域具备公认才能的 12 名成员组成，联合国五个区域集团各派 2 名成员，小岛屿发展中国家和最不发达国家各派 1 名成员，并兼顾性别平衡的目标。

第 103 段规定，请《巴黎协定》特设工作组制定模式和程序，促进本协定第十五条第 2 款所述委员会的有效运作，以期《巴黎协定》特设工作组完成关于这些模式和程序的工作，供作为《巴黎协定》缔约方会议的《联合国气候变化框架公约》缔约方会议第一届会议审议和通过。

此外，根据通过《巴黎协定》实施细则遵约机制的决定（第 20/CMA. 1 决定），除通过了《巴黎协定》第十五条第二款所述委员会有效运作的模式和程序外，还做出了三项与《巴黎协定》遵约机制相关的决定。它们分别是：

第一，作为《巴黎协定》缔约方会议的《联合国气候变化框架公约》缔约方会议须在其第七届会议即 2024 年，依照《巴黎协定》实施细则遵约机制的具体实施情况，并结合促进履行和遵守《巴黎协定》委员会的建议，对《巴黎协定》实施细则中的遵约机制所规定的模式和程序进行第一次审查，并在此基础上建立起定期审查的规则。

第二，《巴黎协定》实施细则遵约机制对实施该规则的资金问题进行了规定，强调必须考虑为实施《巴黎协定》实施细则的遵约机制，应考虑秘书处

---

❶ UNFCCC, *Report of the 7th Meeting of the Committee referred to in Article* 15, *Paragraph* 2, *of the Paris Agreement*, PAICC/2022/M7/3, 2022, p. 4.

开展活动时所涉的预算问题。

第三，明确规定只有在资金允许的情况下，秘书处才能采取实施细则中遵约机制所要求的各项行动。

七、本章小结

鉴于应对气候变化《巴黎协定》遵约机制的所有相关规定分散在《巴黎协定》《联合国气候变化框架公约》历次决定以及《巴黎协定》实施细则中，为便于研究，本章的旨趣是将这些内容进行规整，使应对气候变化《巴黎协定》遵约机制的文本性规定汇集于一处，减少研究中出现挂一漏万、顾此失彼，缺乏整体性、统一性的深入探究。同时，本章对个别规定进行了背景式的介绍，以便形成相关研究语境。

全章具体分为六个部分，第一部分介绍了《巴黎协定》遵约机制谈判、出台的制定过程；第二部分对《巴黎协定》第十五条遵约机制的规定进行了梳理，并阐述了2015年《联合国气候变化框架公约》缔约方会议在遵约机制方面通过的决定，包含了两个具体规定；第三部分对《巴黎协定》实施细则遵约机制部分的谈判和起草方案背景进行了介绍；第四部分对应对气候变化《巴黎协定》实施细则中关于遵约机制实施的具体规定进行了梳理，详细阐述了相关规定；第五部分介绍了《巴黎协定》履行和遵约委员会的议事规则；第六部分介绍了除以上内容以外，关于应对气候变化《巴黎协定》的其他规定。

第四章 《巴黎协定》遵约机制的设立

与第三章的概览及宏观分析不同，从本章起，下述各个章节将主要通过比较的方式，对气候变化《巴黎协定》遵约机制的条文进行具体分析。此处，我们将以三个条约文本作为气候变化《巴黎协定》遵约机制的参照物，它们分别为 1987 年的《蒙特利尔议定书》、1992 年的《联合国气候变化框架公约》以及 1997 年的《京都议定书》。之所以选择这三个条约文本作为对照分析的参照物，是因为：第一，这三个条约文本都属于国际环境法领域，在遵约机制制定的语境方面具有相似性。第二，选择 1987 年《蒙特利尔议定书》，是因为从严格意义上来说，它是第一个规定了遵约机制的多边环境协定。❶ 而选择 1992 年《联合国气候变化框架公约》与 1997 年《京都议定书》，是因为这两份国际条约均是关于气候变化领域的，且与气候变化《巴黎协定》有着密切关联。第三，这三个条约文本无论从制定历史来看，还是在具体规则方面，都涉及遵约机制，从研究的角度来说，它们更具有前后相继的可比性。

【《巴黎协定》条文】第十五条 （一）兹建立一个机制，以促进履行和遵守本协定的规定。

（二）本条第一款所述的机制应由一个委员会组成……

【《巴黎协定》实施细则遵约机制部分的条文】1. 根据《巴黎协定》第十五条的规定，建立一个委员会来执行和促进履行和遵守《巴黎协定》规定的机制。

【《巴黎协定》履行和遵约委员会议事规则的条文】一、第一条：目的和

---

❶ Günther Handl, "Compliance Control Mechanisms and International Environmental Obligations," *Tulane Journal of International and Comparative Law*, Vol. 5, 1997, p. 33.

范围

1. 本议事规则的目的是推动执行和促进遵守《巴黎协定》的各项条款。

2. 依照第 20/CMA.1 号决定附件，即"《巴黎协定》第十五条第二款所述委员会有效运作的模式和程序"（下称"模式和程序"），本议事规则适用于《巴黎协定》第十五条第二款所述促进履行和遵守的委员会（下称"委员会"）……

【评注】（1）《巴黎协定》遵约机制设立的规定是由《巴黎协定》第十五条第一、二款和《巴黎协定》实施细则中遵约机制部分第 1 段的部分条文构成。其中，《巴黎协定》第十五条第一款的规定是建立气候变化《巴黎协定》遵约机制的法律依据。对于这一规定，可能有以下三个方面值得关注。

第一，为什么需要建立一个遵约机制。

根据 1969 年《维也纳条约法公约》第二十六条规定，凡有效之条约对其各当事国有拘束力，必须由各该国善意履行。❶ 而当某一缔约方未能履行其条约义务时，即构成了该缔约方的国际不法行为，应承担相应的国家责任。这正如联合国大会 2001 年通过的《国家对国际不法行为的责任条款草案》第 12 条及其评注所指出的，如果一国的一项行为不符合该义务对它的要求，不论其来源或性质如何，则该国就违反了该义务，构成国际不法行为，而应承担相应的国家责任。❷ 在《国家对国际不法行为的责任条款草案》第 29 至第 31 条规定了三种国家责任形式，即继续履行义务、停止和不再犯、赔偿。

如上所述，《国家对国际不法行为的责任条款草案》明确了法律义务、国际不法行为与国家责任三者之间的关系。然而，当触及国际环境领域时，这一具体规则在适用方面出现了问题，主要表现在如下两个方面：一方面，国际环境领域出现的国家行为往往不是国际法所禁止的行为。根据《国家对国际不法行为的责任条款草案》，构成国际不法行为的两个要素中，其中一个必须是在国际法下归因于国家的行为。❸ 而众所周知，对环境造成破坏的行为有

❶ 参见《维也纳条约法公约》，载于《联合国条约集》第 1155 卷，1980 年，第 390 页。

❷ "Draft Articles on Responsibility of States for Internationally Wrongful Acts, with Commentaries," in *Yearbook of the International Law Commission*, 2001, Vol. 2, pp.54-57.

❸ James Crawford, *The International Law Commission's Articles on State Responsibility: Introduction, Text and Commentaries*, Cambridge: Cambridge University Press, 2002, pp.81-85.

些并不是国际法上加以禁止的行为。例如，随着社会发展，出现了许多新的化学物、生物以及技术产品，而在最开始时并不能确定这些产品是否对环境有害，如杀虫剂、基因产品等。因而在没有确凿证据证明技术对环境造成破坏时，国际法是无法禁止国家使用该产品的。而这带来的结果是，这种国际法不加禁止的行为尚未被纳入《国家对国际不法行为的责任条款草案》中。❶尽管自 1973 年起，联合国国际法委员会开始注意到国际法不加禁止行为所产生的国家责任问题，❷ 但由于问题的复杂性，最终将这一问题分解为"预防"问题和"国际责任"问题。❸ 2001 年，国际法委员会通过《关于预防危险活动的越境损害的条款草案》。2006 年通过了《关于在危险活动造成跨界损害案件中损失分配的原则草案》。这两个文本都已先后被联合国大会通过，有待于进一步形成相关条约。

另一方面，无论是《国家对国际不法行为的责任条款草案》，还是《关于在危险活动造成跨界损害案件中损失分配的原则草案》，实际上依据的都是违约与责任的因果关系，但是在国际环境法领域有两个问题无法解决。其一，当一国出现违反国际环境协定的行为时，需要确定国家责任的因果关系时，并不能完全确定哪一国是受害国。❹ 其二，这种责任因果关系也无助于解决某种不可逆的环境问题。或言之，一旦对环境造成破坏，后期无论承担何种责任形式，都无法恢复到原有环境状态下。❺ 这也就是在国际法委员会的工作中，将因国际法不加禁止行为而承担的国家责任最终分解为两个问题来解决的原因。预防成了国际法不加禁止行为而引发国家责任的一个独特现象。此外，最令人头痛的是，当出现一国违反国际环境协定时，无法通过责任归因，准确确定受害国，因为在一定程度上，它极可能会对所有缔约方都产生负面

---

❶ 参见贺其治著：《国家责任法及案例浅析》，法律出版社 2003 年版，第 5 页。

❷ 参见林灿铃著：《国际法上的跨界损害之国家责任》，华文出版社 2000 年版，第 35 页。李寿平著：《现代国际责任法律制度》，武汉大学出版社 2003 年版，第 14-16 页。

❸ 参见伍亚荣著：《国际环境保护领域内的国家责任及其实现》，法律出版社 2011 年版，第 32 页。

❹ Jacob Werksman, "Compliance and the Kyoto Protocol: Building a Backbone into a 'Flexible' Regime," *Yearbook of International Environmental Law*, Vol. 9, 1999, p. 60.

❺ M. A. Fitzmaurice & C. Redgwell, "Environmental Non-Compliance Procedures and International Law," *Netherlands Yearbook of International Law*, Vol. 31, 2000, p. 41.

影响。例如，气候变化问题就最直接地体现了这一点。❶

由是观之，从国际环境法的角度来看，无论是条约法对违约的规定，还是传统上的国家责任规制，它们都难以在国际环境领域中发挥应有作用。❷ 这正如加拿大多伦多大学国际环境法教授布鲁尼（Jutta Brunnée）所言，"在国家责任法中，这种主要的双边架构并不完全适合那种具有典型多中心性质的多边环境协定的遵约问题。……且其对抗的姿态也不利于大多数多边环境协定所追求目标的合作解决"。❸

因此，预防或避免争端成了国际环境法须考量的重要方面，❹ 而这就催生了遵约机制的出现。例如，在1959年《南极条约》（第7条）和1991年的《南极环境保护议定书》（第14条）中提出建立观察员检查制度等，❺ 而更重要的是在《蒙特利尔议定书》《联合国气候变化框架公约》《京都议定书》，以及《巴黎协定》之下建立起来的遵约机制。

此外，条约法在解决环境问题时，可能也会受其自身规定的限制，从而无法发挥其应有的功效；❻ 因此，仅仅依靠传统国际法中的相关规则无法满足解决国际环境问题的现实诉求，而这在另一维度上也促成了多边环境协定中

---

❶ Jon Hovi, "The Pros and Cons of External Enforcement," in Olav Schram Stokke, Jon Hovi & Geir Ulfstein eds., *Implementing the Climate Regime: International Compliance*, London: Earthscan, 2005, pp. 139-140.

❷ Alan E. Boyle, "State Responsibility and International Liability for Injurious Consequences of Acts not Prohibited by International Law: A Necessary Distinction?" *International and Comparative Law Quarterly*, Vol. 39, 1990, pp. 1-25. See also M. A. Fitzmaurice & C. Redgwell, "Environmental Non-Compliance Procedures and International Law," *Netherlands Yearbook of International Law*, Vol. 31, 2000, p. 41.

❸ Jutta Brunnée, "Promoting Compliance with Multilateral Environmental Agreement," in Jutta Brunnée, Meinhard Doelle & Lavanya Rajamani eds., *Promoting Compliance in an Evolving Climate Regime*, Cambridge: Cambridge University Press, 2012, pp. 40-41.

❹ Alexandre Timoshenko, *Dispute Avoidance and Dispute Settlement in International Environmental Law*, Nairbi: United Nations Environment Programme, 2001, pp. 1-2.

❺ Alexander Gillespie, *Protected Areas and International Environmental Law*, Leiden: Martinus Nijhoff Publishers, 2007, pp. 240-242.

❻ 例如，学者们就指出，无论是《维也纳条约法公约》的模糊性规定，还是国际法院的案例都表明，在解决国际环境问题上，端赖条约法是存在一定问题的。Jan Klabbers, "The Substance of Form: The Case Concerning the Gabčíkovo-Nagymaros Project, Environmental Law, and The Law of Treaties," *Yearbook of International Environmental Law*, Vol. 8, No. 1, 1997, pp. 32-40. See also Malgosia Fitzmaurice, "Case Analysis: The Gabčíkovo-Nagymaros Case: The Law of Treaties," *Leiden Journal of International Law*, Vol. 11, No. 2, 1998, pp. 321-344.

遵约机制的产生。当然，也有学者认为，仅就遵约机制和多边环境协定的狭义角度而言，遵约机制的建立并非必须。因为通过考察可以发现，即使是那些没有建立起遵约机制的多边环境协定，在处理同样问题时，大多也会依遵约机制中规定的方式进行。❶ 然而，需要指出的是，在多边环境协定这一规则体系中，遵约机制的存在仍有其必要性。一方面，前者的这种观察只能解释部分现象，并未适用于所有多边环境协定中。例如，如果不需要遵约机制，那么在《联合国气候变化框架公约》下，不具法律拘束力的减排就应当完全被缔约方执行，而根本不需要《京都议定书》《巴黎协定》。但现实正与其相反。另一方面，特别是鉴于多边环境涉及范围之广，任何一个多边环境协定中的遵约机制本身都有其独特之处，都是为应对本领域中的特殊情事而进行的制度设计，都有其存在的价值。❷ 因此，正如美国遵约机制专家米切尔（Ronald B. Mitchell）所言，"大多数环境制度最终寻求通过改变人类行为来改善环境质量。但随着时间的推移，我们对人类行为与环境质量关系的理解在不同的问题领域有很大的不同"。❸ 故而，针对不同语境展开遵约机制设计，是极其必要的；❹ 唯有如此，才能最大限度地实现多边环境协定的履行和遵守。❺

---

❶ Thomas Gehring, "International Environmental Regimes: Dynamic Sectoral Legal Systems," *Yearbook of International Environmental Law*, Vol. 1, 1991, p. 54. 例如，1973 年的《濒危野生动植物种国际贸易公约》(Convention on International Trade in Endangered Species)。Peter H. Sand, "Whither CITES? The Evolution of a Treaty Regime in the Borderland of Trade and Environment," *European Journal of International Law*, Vol. 1, 1997, pp. 29-58.

❷ UNEP, "Guidelines on Compliance with and Enforcement of Multilateral Environmental Agreements," in *Manual on Compliance with and Enforcement of Multilateral Environmental Agreements*, Nairobi, Kenya: United Nations Environment Programme, 2006, p. 661.

❸ Ronald B. Mitchell, "Institutional Aspects of Implementation, Compliance, and Effectiveness," in Urs Luterbacher & Detlef F. Sprinz eds., *International Relations and Global Climate Change*, Cambridge, MA: The MIT Press, 2001, p. 223.

❹ See Jürgen Neyer and Dieter Wolf, "The Analysis of Compliance with International Rules: Definitions, Variables and Methodology," in Michael Zürn & Christian Joerges eds., *Law and Governance in Postnational Europe: Compliance beyond the Nation-State*, Cambridge: Cambridge University Press, 2005, pp. 59-60.

❺ 例如，现为美国哥伦比亚大学国际与公共事务学院的自然资源经济学教授巴雷特（Scott Barrett）就曾撰文指出，由于在遵约机制设计上的不同，《京都议定书》遵约机制并没有取得《蒙特利尔议定书》那样的效果，进而影响到全球应对气候变化的成效。Scott Barrett, "Climate Treaties and the Imperative of Enforcement," *Oxford Review of Economic Policy*, Vol. 24, No. 2, 2008, pp. 239-258.

第二，这一机制设立的独特性。

《巴黎协定》对遵约机制的规定既简洁，又明确。它是从正面回应遵约问题的。因此，其表述是"促进履行和遵守本协定的规定"。从严格意义上而言，履行和遵守是两个不同的法律概念；❶ 履行强调的是作为主权国家的缔约方应将条约的法律义务转化为国内法，这一过程称为履行；❷ 而遵守的概念更为宽广，分为形式上的遵守和实质上的遵守。形式上的遵守强调根据条约义务在行为上作出变化，而实质上的遵守则反映的是对条约义务目标的最终实现。例如，《蒙特利尔议定书》不遵守情事程序更偏重于实质上的遵守。❸ 而从《巴黎协定》及其实施细则遵约机制部分的条文来看，《巴黎协定》下的遵守机制既包括了形式上的遵守，❹ 又包括了实质上的遵守。❺

同时，《巴黎协定》与《蒙特利尔议定书》对遵约机制的规定采取的态度和立场亦是截然不同的。后者将遵约机制规定在第八条，其表述为：缔约国应在其第一次缔约方会议上审议并通过用来断定对本议定书条款的不遵守情形及关于如何对待被查明不遵守规定的缔约国的程度及体制机构。从这一表述来看，《蒙特利尔议定书》缔约方制定遵约机制的初衷是为了断定不遵守的情形，其强调的是"不遵约"（non-compliance）问题。与《巴黎协定》的"促进履行和遵守本协定"形成了正反两种文本表述。但很显然，《巴黎协定》的文本表述更符合遵约机制本身的旨趣，而《蒙特利尔议定书》的"不

---

❶　Thilo Marauhn, "Towards a Procedural Law of Compliance Control in International Environmental Relations," *Heidelberg Journal of International Law*, Vol. 56, 1996, pp. 698-699.

❷　Rüdiger Wolfrum, "Means of Ensuring Compliance with and Enforcement of International Environmental Law," *Recueil des cours*, Vol. 272, 1998, pp. 29-30. See also Harold K. Jacobson & Edith Brown Weiss, "A Framework for Analysis," in Edith Brown Weiss & Harold K. Jacobson eds., *Engaging Countries: Strengthening Compliance with International Environmental Accords*, Cambridge, MA: The MIT Press, 1998, pp. 4-5. Meinhard Doelle, *From Hot Air to Action? Climate Change, Compliance and the Future of International Environmental Law*, Toronto: Thomson, 2005, pp. 77-73. Catherine Redgwell, "National Implementation," in Daniel Bodansky, Jutta Brunnée & Ellen Hey eds., *The Oxford Handbook of International Environmental Law*, Oxford: Oxford University Press, 2007, pp. 923-946. UNEP, "Guidelines on Compliance with and Enforcement of Multilateral Environmental Agreements," in *Manual on Compliance with and Enforcement of Multilateral Environmental Agreements*, Nairobi, Kenya: United Nations Environment Programme, 2006, p. 662.

❸　例如，《蒙特利尔议定书》不遵守情事程序第 7（e）段规定，在有关缔约方邀请下，为执行本委员会的职能而在该缔约方领土进行收集资料。这是一种非常典型的实质上遵守。

❹　《巴黎协定》实施细则遵约机制部分的第 22（a）段是明显的形式上遵守。

❺　《巴黎协定》实施细则遵约机制部分的第 22（b）段是明显的实质上遵守。

遵约"则更多强调了消极意义和对抗立场。❶

此外,《蒙特利尔议定书》对于建立遵约机制的态度是不确定的或者说是模糊的,未来能否建立取决于其是否在第一次缔约方会议上获审议通过;而《巴黎协定》确立遵约机制是肯定的,至于遵约机制的模式和程序则由其第十五条第三款来规定。这样看来,《巴黎协定》遵约机制的规定更为合理,首先,通过该协定建立遵约机制是肯定的,没有异议;其次,对于具体的模式和程序则交由缔约方第一次会议来解决。这相比《蒙特利尔议定书》由一个条文来解决两个事项,在文本表述上更清晰准确。❷

从《联合国气候变化框架公约》遵约机制即多边协商程序来看,它没有离开《蒙特利尔议定书》的理念,仍是以"解决与公约履行有关的问题",而没有直接表述为"促进履行和遵守"。❸但相比《蒙特利尔议定书》不遵守情事程序而言,《联合国气候变化框架公约》在对抗性上有所减弱,不是关注不遵约,而是解决与公约履行有关的问题。《京都议定书》则又开始向对抗方向回归,其十八条规定,通过的程序和机制"用于断定和处理不遵守本议定书规定的情势"。然而,与《蒙特利尔议定书》不遵守情事程序不同的是,《京都议定书》在规定与遵约有关的程序和机制的第1节又强调了"便利、促进和执行根据《议定书》作出的承诺"。而《巴黎协定》显然没有延续《京

---

❶ 《蒙特利尔议定书》遵约机制议题的提出不是在《蒙特利尔议定书》谈判之时就被纳入考虑的范围,而是到了《蒙特利尔议定书》制定的后期,美国提出建立一个程序来处理没有完成义务的国家,旨在将这些国家按非缔约方来对待,对其进行贸易制裁。其实质是意欲通过该程序与欧盟争夺消耗臭氧层物质的出口市场,而不是严格意义上为处理不遵约问题。Diane M. Doolittle, "The Meandering Road to the Montreal Protocol and beyond," *Ecology Law Quarterly*, Vol. 16, No. 2, 1989, pp. 407-441.

❷ 此处需要指出的是,从一个更为宽泛的角度来看,实践中遵约机制的确立或来自条约文本,或来自缔约方会议,例如1989年的《控制危险废物越境转移及其处置巴塞尔公约》将设立遵约机制的权力就赋予了缔约方会议。但这带来一个问题就是一旦缔约方会议没有通过,则遵约机制就无法设立了。而依据条约文本直接设立遵约机制将具有更强的实效性。Tullio Treves, "Introduction," in Tullio Treves, Laura Pineschi, Attila Tanzi, *et al.* eds., *Non-Compliance Procedures and Mechanisms and the Effectiveness of International Environmental Agreements*, The Hague: T. M. C. Asser Press, 2009, p. 3.

❸ 参见《联合国气候变化框架公约》第十三条的规定,以及《联合国气候变化框架公约》多边协商程序第2段。

都议定书》"执行"的理念，而更多是强调"便利和促进"。❶

值得注意的是，从《蒙特利尔议定书》《联合国气候变化框架公约》的不同表述上，特别是《京都议定书》在遵约机制下建立两个分支机构来看，促进履行往往更多地采取"较软"的规制措施，以帮助缔约方实现国内履约。而遵约则采用的是"较硬"的规制措施，主要针对缔约方"不遵约"（non-compliance）采取的惩罚性措施。

从《巴黎协定》的谈判过程来看，缔约方在促进履行（to facilitate implementation）方面保持着高度一致，但在遵约（promote compliance）方面则表现出很大的分歧，这从德班平台最后提交的谈判案文中始终将遵约放在括号的被选项中可以看出。但最终的结果是将"遵约"写了进去，而对如何具体操作，则希望通过《巴黎协定》实施细则来进一步规范。❷ 在实施细则遵约机制部分进行谈判时，一些缔约方支持"促进"主要是针对《巴黎协定》中不具强制力的规定，而"遵约"则是针对那些具有强制力的规定。❸ 但也有缔约方支持二者是一致的，它们没有一个固有的区别或直接联系到有拘束力的或没有拘束力的规则。❹ 总体而言，我们认为，一方面，虽然履行和遵约不是一回事，而且现实中多存在履行、遵约与效力一起使用的情况，但它们之间并不存在完全的相悖性，更多情况下是三个概念互为补充。❺ 因此，在一定

---

❶ 从《京都议定书》遵约实践来看，由于其遵约规则涉及中偏向执行，而忽视了促进的意义。但执行是建立在事后评估基础上的，这样就存在不能及时帮助不遵约缔约方尽快遵约的滞后性，从而不利于全球温室气体的实质性减排。在这方面的事例以加拿大退出《京都议定书》最为典型。因此，《巴黎协定》加强促进方面的规定亦是对《京都议定书》在实质履约方面不足的重要改进。Sebastian Oberthür, "Compliance under the Evolving Climate Change Regime," in Kevin R. Gray, Richard Tarasofsky & Cinnamon Carlarne eds., *The Oxford Handbook of International Climate Change Law*, Oxford: Oxford University Press, 2016, pp. 126-127.

❷ Yamide Dagnet & Eliza Northrop, "Facilitating Implementation and Promoting Compliance (Article 15)," in Deniel Klein, Maria Pia Carazo, Meinhard Doelle, Jane Bulmer & Andrew Higham eds., *The Paris Agreement on Climate Change: Analysis and Commentary*, Oxford: Oxford University Press, 2017, p. 342.

❸ Christopher Campbell-Duruflé, "Accountability or Accounting? Elaboration of the Paris Agreement's Implementation and Compliance Committee at COP 23," *Climate Law*, Vol. 8, 2018, p. 21.

❹ Gu Zihua, Christina Voigt & Jacob Werksman, "Facilitating Implementation and Promoting Compliance with the Paris Agreement Under Article 15: Conceptual Challenges and Pragmatic Choices," *Climate Law*, Vol. 9, 2019, p. 71.

❺ Jürgen Neyer and Dieter Wolf, "The Analysis of Compliance with International Rules: Definitions, Variables and Methodology," in Michael Zürn & Christian Joerges eds., *Law and Governance in Postnational Europe: Compliance beyond the Nation-State*, Cambridge: Cambridge University Press, 2005, pp. 41-42.

意义上，学理研究是将三者放在一起讨论的。❶ 另一方面，无论是促进，还是遵约，履行和遵约委员会在依据《巴黎协定》及其实施细则遵约机制部分开展工作时，都应遵循其"促进性""非惩罚性"的特征，并且不能改变《巴黎协定》各个规则的法律性质。故如同其他学者所认为的，像《京都议定书》那样建立两个分支机构在实践中证明是不必要的。❷ 当然，这并不意味着《巴黎协定》实施细则遵约机制部分不能将二者分开处理，例如在其第 20 段，有关缔约方自行启动方面的规定明显强调了二者的可分离性。此外，在措施与产出部分的第 30（e）段，强调委员会做出的事实性结论是建立在第 22（a）段基础上的，而第 22（a）段内容很明显是《巴黎协定》中具有法律拘束力的规定。因此，这也暗含着是针对"遵约"进行的。

第三，"本协定的规定"的含义。

《巴黎协定》第十五条第一款指出，促进履行和遵守本协定的规定。此处的"本协定的规定"是一个具有"建构性的模糊用语"。其有效地化解或规避了缔约方在谈判时，关于遵约机制是针对《巴黎协定》中具有法律拘束力的条款，还是非拘束力的条款的争议。❸ 但从之后完成的《巴黎协定》实施细则中遵约部分的规定来看，其启动程序主要是针对那些具有法律拘束力的行为义务。而从委员会所采取的措施来看，又存在将其促进履行视角扩大到非拘束力条款的可能性。

此外，有关《巴黎协定》缔约方会议作出的决定是否也是履行和遵约委员会应适用的规定，关于这一点，有学者指出，如果决定是紧密联系于《巴

---

❶ 鉴于主题和篇幅所限，有关气候变化的国内履行和效力问题不便在本书中具体展开研究。相关资料可参见一些学者的著述。Alexander Zahar, *International Climate Change Law and State Compliance*, London：Routledge，2015. See also Anne-Sophie Tabau & Sandrine Maljean-Dubois，"Non-Compliance Mechanisms：Interaction between The Kyoto Protocol System and the European Union，" *European Journal of International Law*，Vol. 21，2010，pp. 749–763. Christoph Böhringer & Thomas F. Rutherford，"The Cost of Compliance：A CGE Assessment of Canada's Policy Options under the Kyoto Protocol，" *The World Economy*，Vol. 33，No. 2，2010，pp. 177–211.

❷ Sebastian Oberthür，"Options for a Compliance Mechanism in a 2015 Climate Agreement，" *Climate Law*，Vol. 4，2014. p. 42.

❸ Lisa Benjamin，Rueanna Haynes & Bryce Rudyk，"Article 15 Compliance Mechanism，" in Geert van Calster & Leonie Reins eds.，*The Paris Agreement on Climate Change：A Commentary*，Cheltenham，UK：Edward Elgar，2021，p. 351.

黎协定》的规定，则应适用之，而不管其是否具有法律拘束力；但如果是其他方面的，则存在适用疑问，有待进一步详细规定和缔约方会议作出解释。❶

（2）《巴黎协定》第十五条第二款的前半句和《巴黎协定》实施细则中遵约机制部分的第 1 段规定了机制设立是以委员会的机构形式加以体现。这一规定延续了《蒙特利尔议定书》《京都议定书》有关遵约机制的机构形式。《蒙特利尔议定书》在 1990 年最初制定的不遵守情事程序第 3 条，之后在 1992 年修改为第 5 段中规定，成立履行委员会（Implementation Committee）。《联合国气候变化框架公约》多边协商程序中第 1 条也规定设立多边协商委员会，作为履行遵约机制的机构。❷《京都议定书》在与遵约有关的程序和机制中也创设了遵约委员会（Compliance Committee）。❸

成立相应机构来解决遵约问题，是由国际环境领域的复杂性所决定的。特别是在气候变化方面，因其牵涉更多的科学和经济问题，一缔约方往往是无法直接从另一缔约方的行为中获知后者是否真正执行了减排目标，而且在《巴黎协定》下，由于国家自主贡献这种新的减排方式的出现，比起《京都议定书》下单纯的温室气体减排的数量标准更难以量化。因此，就需要成立相应机构来判断缔约方是否开展了《巴黎协定》所要求的减排行动，缔约方是否存在违约行为，其违约程度又如何。是以，履行和遵约委员会的建立就极其必要了。

此处值得关注的是，《巴黎协定》在此强调了只建立一个委员会。在《巴黎协定》实施细则遵约机制部分出台之前，就有学者设想以"促进"和"遵约"为基础，像《京都议定书》那样建立两个分支机构，即促进分支机构和执行分支机构，前者处理不具法律拘束力的义务，后者处理具有法律拘束力的义务；❹ 而且在文本谈判时，亦有缔约方提出建立两个分支机构的提议，但

---

❶ Sebastian Oberthür & Eliza Northrop, "Towards an Effective Mechanism to Facilitate Implementation and Promote Compliance under the Paris Agreement," *Climate Law*, Vol. 8, 2018, p. 51.

❷ 《联合国气候变化框架公约》多边协商程序第一条规定，根据《联合国气候变化框架公约》第十三条，缔约方会议兹设立一种多边协商程序，作为一个常设的多边协商委员会负责落实的一套程序。

❸ 与《京都议定书》规定的与遵约有关的程度和机制的第 2 部分第 1 段规定，"特此设立遵约委员会"。

❹ Christina Voigt, "The Compliance and Implementation Mechanism of the Paris Agreement," *Review of European Community & International Environmental Law*, Vol. 25, No. 2, 2016, pp. 161-173.

最终绝大多数缔约方没有支持建立两个分支机构，而是坚持建立一个单一委员会。对此，有学者认为，其实设立两个分支机构并不是一个理想之举，一方面，其存在着割裂两个本来紧密联系在一起的遵约功能；另一方面，遵约本身也是旨在"促进履约"，放在"促进"下并不相悖。❶

（3）根据《巴黎协定》第三次缔约方会议通过的第 24/CMA. 3 决定，履行和遵约委员会议事规则的全称为"《巴黎协定》第十五条第二款所述促进履行和遵守的委员会议事规则"（以下简称为履行和遵约委员会议事规则）。履行和遵约委员会议事规则第 1.1 条规定了议事规则的目的，即再次重复《巴黎协定》及其实施细则所强调的：促进履行和遵守《巴黎协定》的各项条款。但此处需要指出的是，根据官方的中文版决定，其中文表述为，推动执行和促进遵守《巴黎协定》的各项条款。我们认为这一表述不甚理想。这是因为，首先，从其他版本的表述来看，它们均与《巴黎协定》及其实施细则中的表述是一致的，即促进履行和遵守本协定的规定（to facilitate implementation of and promote compliance with the provisions of this Agreement）。因此，议事规则的中文版应仍与《巴黎协定》及其实施细则的表述保持一致。其次，中文表述中用了一个敏感性动词"执行"。一方面，"执行"是《京都议定书》两个分支机构中执行分支机构所用词汇，是与促进相对的动词。而执行分支机构主要从事的是作出具有惩罚性质的决定。因此，用"执行"这一词是与《巴黎协定》遵约机制"促进性质"相悖的。另一方面，从《巴黎协定》及其实施细则的谈判来看，缔约方始终都在强调遵约的"促进性"，并积极防范出现"执行"的表述。因此，从谈判背景来看，"执行"这一词的使用也是不当的。在方便之时，建议对中文版进行修改完善，使其语言表述更为准确，以免给未来《巴黎协定》遵约机制的实施带来不必要的麻烦和不确定性。

履行和遵约委员会议事规则第 1.2 条的前半段涉及议事规则的法律效力来源，即《巴黎协定》第十五条第二款所述委员会有效运作的模式和程序，简言之，其是根据《巴黎协定》实施细则遵约部分的规定，而适用于履行和遵约委员会的。

---

❶ Sebastian Oberthür & Eliza Northrop, "Towards an Effective Mechanism to Facilitate Implementation and Promote Compliance under the Paris Agreement," *Climate Law*, Vol. 8, 2018, p. 48.

本章小结

从第四章开始，相关内容进入《巴黎协定》遵约机制具体规则的评述部分。为便于全面理解《巴黎协定》遵约机制的规则，评述采取了制度比较方式，即把《蒙特利尔议定书》不遵约程序、《联合国气候变化框架公约》多边协商程序、《京都议定书》遵约模式和程序的相关规定，与《巴黎协定》遵约机制的规则进行比较，分析《巴黎协定》遵约机制所具备的优势和不足。

在这一章，主要评述的是《巴黎协定》遵约机制的设立。涉及《巴黎协定》第十五条第一款和第二款的前半句部分；《巴黎协定》实施细则遵约机制部分的第一段；以及《巴黎协定》履行和遵约委员会议事规则的第一条第1—2款的规定。在这一部分，主要从条文入手，分析了《巴黎协定》遵约机制设立的必要性、独特性以及如何理解《巴黎协定》第十五条条文中"按本协定的规定"的内涵。

第五章 《巴黎协定》遵约机制的
性质及委员会的职权

一、遵约机制的性质

【《巴黎协定》条文】第十五条第二款规定，……是促进性的，行使职能时采取透明、非对抗的、非惩罚性的方式。

【《巴黎协定》实施细则遵约机制部分的条文】2. ……是促进性的，行使职能时采取透明、非对抗的、非惩罚性的方式。

【评注】（1）遵约机制是一个不同于司法和仲裁的机制。

遵约机制不是严格意义上的司法机制，这是遵约机制最本质的属性。有学者称其为"准司法"机制，❶ 也有学者认为遵约机制是在调解与争端解决机制之间的一个功能产物。❷ 但无论是《蒙特利尔议定书》不遵守情事程序，❸ 还是《京都议定书》遵约机制，对于遵约机制的"非司法性"这一点

---

❶ Markus Ehrmann, "Procedure of Compliance Control in International Environmental Treaties," *Colorado Journal of International Environmental Law & Policy*, Vol. 13, 2002, p. 442. See also Rüdiger Wolfrum & Jürgen Friedrich, "The Framework Convention on Climate Change and the Kyoto Protocol," in Ulrich Beyerlin, Peter-Tobias Stoll & Rüdiger Wolfrum eds. , *Ensuring Compliance with Multilateral Environmental Agreements: A Dialogue between Practitioners and Academia*, Leiden: Martinus Nijhoff Publishers, 2006, p. 62. J. Klabbers, "Compliance Procedure," in D. Bodansky, J. Brunnée & H. Hey eds. , *The Oxford Handbook of International Environmental Law*, Oxford: Oxford University Press, 2007, p. 999.

❷ Philippe Sands, *Principles of International Environmental Law*, Cambridge: Cambridge University Press, 2003, p. 205.

❸ 在1991年《蒙特利尔议定书》第三次缔约方会议上通过的决定指出，"履行委员会将发挥一个咨询和调解的作用。《维也纳公约》第11条规定的争端的司法和仲裁解决方式与《蒙特利尔议定书》第8条规定的不遵守情事程序是两个截然不同的程序"。Decision III/2. Non-Compliance Procedure (a) (iii) (vi), in *Report of the Third Meeting of the Parties to the Montreal Protocol on Substances that Deplete the Ozone Layer*, UNEP/OzL. Pro. 3/11, 21 June 1991, pp. 15-16.

在制定之时都是没有异议的。因此，不应当把遵约机制作为司法机制来运用，[1] 换言之，遵约机制下不存在法律上的违约问题，而是"不遵约"。

　　具体而言，遵约机制的设立是将不遵约与根本违约进行了一个法律与行政/技术上的划分。[2] 不遵约不代表着是根本违约。第一，从国际法角度讲，如果是违约，按《国家对国际不法行为的责任条款草案》的规定，应当确实存在国际不法行为，并应承担相应国家责任。而遵约机制的设立是排除了根本违约的情形，也就是说，缔约方没有履行其在条约下的义务并不是一个严格意义上的国际不法行为，而是一个政治行为。换言之，不遵约以及对不遵约采取的对应措施均是一个条约制定过程中的政治活动。[3] 第二，不遵约与违约都是对条约义务的违反，但遵约机制的设定，是在没有损及整个条约关系的基础上，[4] 或者不存在重大违约的情况下，先通过外交手段来处理，达到弥合而不是决裂的效果。这与那种重大违约或根本违约是不同的，因后者只要出现一次，就会造成严重影响。如使用大规模杀伤性武器等，故而，后者无法完全适用遵约机制这种方式来解决。[5] 第三，不遵约产生的事实是由于外部

---

[1]　英国伦敦大学法学院国际法教授菲茨莫里斯一针见血地指出，遵约机制在性质上是"预防"，而不是"救济"。Malgosia Fitzmaurice, "The Kyoto Protocol Compliance Regime and Treaty Law," *Singapore Yearbook of International Law*, Vol. 8, 2004, p. 25.

[2]　Patricia Birnie, Alan Boyle & Catherine Redgwell, *International Law and the Environment*, 3rd., Oxford: Oxford University Press, 2009, p. 245. See also Geir Ulfstein & Jacob Werksman, "The Kyoto Compliance System: Towards Hard Enforcement," in Olav Schram Stokke, Jon Hovi & Geir Ulfstein eds., *Implementing the Climate Regime: International Compliance*, London: Earthscan, 2005, p. 40.

[3]　Rüdiger Wolfrum & Jürgen Friedrich, "The Framework Convention on Climate Change and the Kyoto Protocol," in Ulrich Beyerlin, Peter-Tobias Stoll & Rüdiger Wolfrum eds., Ensuring Compliance with Multilateral Environmental Agreements: A Dialogue between Practitioners and Academia, Leiden: Martinus Nijhoff Publishers, 2006, p. 62.

[4]　例如，《蒙特利尔议定书》缔约方会议通过的《对不遵守议定书情事可能采取的措施指示性清单》中规定了暂停缔约方权利的措施，而《维也纳条约法公约》第60条亦有违反条约采取暂停举措的规定。然而，尽管二者都是暂停措施，但前者是不遵约性质的，后者是违约性质的。因为前者没有根本性地违反条约义务，而是旨在通过暂停权利，促使不遵约缔约方回归到条约中，是在条约内部解决的一种举措。后者则是当出现根本性违约，违反了《维也纳条约法公约》第60条第3款，亦即（1）无法在条约内部解决；（2）根本上违反了条约的目的和宗旨，而采取的暂停措施。而且，二者在采取暂停措施的主体权限上也不同，《维也纳条约法公约》第60条第2款（a）项明显赋予了其他条约当事方更大的暂停权限，而这是遵约机制中所不可能的。很显然，这些均表明不遵约与违约有着根本性的不同。

[5]　参见［美］奥兰·扬著：《世界事务中的治理》，陈玉刚、薄燕译，上海人民出版社2007年版，第78-80页。

原因而造成缔约方不能够履行条约义务，当外部原因被消除时，缔约方仍会继续履行条约义务，不遵约是一个短暂且可消失的事实。故而，不遵约与违约之间在性质上是有区别的。第四，遵约是一个由缔约方内部解决问题的过程，❶ 而违约则是一个由第三方或通过外部解决问题的过程，如争端解决机制、单边贸易制裁等。❷ 第五，从形式上来看，在气候变化领域遵约机制演变的历史中，都不存在赋予遵约机制以法律属性的现实。一方面，《联合国气候变化框架公约》多边协商程序本身就没有最终出台；另一方面，尽管《京都议定书》遵约机制出台了，但其最终也没有经过议定书的法律修正过程。❸ 这些现实都表明气候公约的主要缔约方并不完全支持遵约机制应具有法律属性。

当然，正如上文所言，遵约机制是一个在法律与政治之间存在的中间创造物，因此，在一定意义上其又兼具二者的某些特征。但从遵约机制的未来走向来看，"去政治化"一直是其努力的方向。故而也有学者提出，应积极防范遵约机制的倒退，即向政治化方向的倾斜，而唯有架构起国际气候变化法，才能实现真正意义的遵约机制。❹

（2）遵约机制的具体性质。

无论是《巴黎协定》，还是其实施细则遵约机制部分，其表述没有出现任何不同。从文本来看，《巴黎协定》遵约机制（或委员会）的性质是：促进性的，行使职能时采取透明、非对抗的、非惩罚性的方式。从设计的角度来看，这一条款的规定是一个非常明显的强调式"警告"，表明其是不同于《京都议定书》那种带有惩罚性质的遵约机制。

①促进性。遵约机制的促进性质的形成经历了一个不断演变的过程。在

---

❶ 有学者将其称为"内部的"条约体系或国际制度。O. Yoshida, "Soft Enforcement of Treaties: The Montreal Protocol's Noncompliance Procedure and the Functions of Internal International Institutions," *Colorado Journal of International Environmental Law*, Vol. 10, 1999, pp. 95-141.

❷ Teall Crossen, "Multilateral Environmental Agreements and the Compliance Continuum," *Georgetown International Environmental Law Review*, Vol. 16, 2004, p. 478.

❸ 甚至有学者认为，《京都议定书》遵约机制不一定非要有法律拘束力，因为其所带来的影响并不显著。Anita Halvorssen & Jon Hovi, "The Nature, Origin and Impact of Legally Binding Consequences: The Case of the Climate Change," *International Environmental Agreements: Politics, Law & Economics*, Vol. 6, No. 2, 2006, pp. 157-171.

❹ Benoit Mayer, "Construing International Climate Change Law as a Compliance Regime," *Transnational Environmental Law*, Vol. 7, No. 1, 2018, pp. 115-137.

《蒙特利尔议定书》不遵守情事程序制定时，促进性并没有直接体现在文本中，而只是强调了履行委员会在审议时，争取为有关事项求得"友好的解决"。❶《联合国气候变化框架公约》多边协商程序中也没有提出遵约机制的促进性质，而是提出三项遵约目标，即协助缔约方克服履行困难、增进对公约的理解以及防止发生争端。❷ 直到《京都议定书》遵约程序和机制建立后，才第一次从遵约机制的附件文本上明确提出了"促进性"。其指出，"这些程序和机制的目标是，便利、促进和执行根据《京都议定书》作出的承诺"。❸

但在促进性方面，《巴黎协定》与《京都议定书》的不同点体现在，一方面，《巴黎协定》直接在文本中表述了"促进履行和遵守本协定的规定"，这是"促进"第一次在有关气候变化的"条约"文本中出现，而这相比《京都议定书》只是在"附件"文本中表述前进了一大步，表明全体缔约方基本认同了遵约机制的性质是"促进性"。另一方面，"执行"没有被纳入《巴黎协定》，只有"便利和促进"被纳入进来。❹ 因此，这明确表达了"执行"不属于《巴黎协定》遵约机制的性质范畴。❺ 此外，从更深层次来理解，"便利和促进"本身又强调了遵约机制的预防特点，是一种前置性的解决履行和遵约的手段，或言之，是一种主动而非被动行为。❻

②透明度。行使透明度职能是遵约机制中保障公平、增加信任的关键举措。但透明度不是没有限制的。这种透明度必须是在保障机密信息前提下的透明度，换言之，由于应对气候变化中企业及个人的广泛参与，保护企业及

---

❶　《蒙特利尔议定书》不遵守情事程序第 8 段规定，委员会应审议第 7 段所指的呈文、资料和意见，争取在尊重议定书各项条款的基础上为有关事项求得友好的解决。

❷　参见《联合国气候变化框架公约》多边协商程序第 2 段。

❸　参见与《京都议定书》规定的遵约有关的程序和机制第 1 节。

❹　须指明的是，《巴黎协定》的中文文本中只体现出了"促进"二字，却没有体现"便利"，但英文文本中明确写有"便利"（facilitate）。因此，如按《维也纳条约法公约》第三十三条规定，当作准文字出现意义不同时，须按第 31—32 条作出解释，中文文本恐在此方面须加以纠正。

❺　由此可知，遵约的概念范畴要远大于执行，执行仅是遵约可使用的一种工具而已。二者不是非此即彼的关系，而是包含关系。Meinhard Doelle, *From Hot Air to Action? Climate Change, Compliance and the Future of International Environmental Law*, Toronto: Thomson, 2005, p.71.

❻　值得注意的是，在《巴黎协定》实施细则遵约机制部分谈判时，有缔约方提出"预防"的作用与委员会的便利性和非对抗性是不一致的，不建议纳入文本中。所以，在实施细则遵约机制部分的最终文本中，我们没有发现"预防"一词。UNFCCC, *Items 3-8 of the agenda. Addendum. Informal Notes Prepared under Their Own Responsibility by the Cofacilitators of Agenda Items 3-8 of the Ad Hoc Working Group on the Paris Agreement*, FCCC/APA/2017/L.4/Add.1, 15 November 2017, pp.231-244.

个人在商业活动中的商业秘密就显得十分必要。《巴黎协定》实施细则遵约机制部分在第 14 段专门规定了这一方面,以寻求透明度与机密信息之间的平衡。此外,透明度的相对性也体现在履行和遵约委员会议事的程序规定方面,比如在其第 13 段,要求拟定和通过委员会决定时,只能是委员会成员和候补成员及秘书处官员参加。是以,这种遵约机制的透明度规则是从《蒙特利尔议定书》不遵守情事程序开始建立起来的,《联合国气候变化框架公约》多边协商程序在其第 3 段也规定了透明度规则。❶ 此外,与《京都议定书》规定的遵约有关的程序和机制中,尽管没有直接规定透明度规则,但在程序方面仍表现出透明度性质,例如其规定,"在不违反与保密有关的任何规则的前提下,分支机构审议过的信息也应予以公布,除非分支机构自行确定或应有关缔约方请求确定,在其决定成为最终决定之前暂不公布有关缔约方提供的信息"。❷ 又如在其强制执行分支机构的工作程序中规定,"强制执行分支机构应举行听证会,有关缔约方应有机会在听证会上发表意见。……这样的听证会应公开举行,除非强制执行分支机构自行确定或应有关缔约方请求确定听证会的一部分或全部应非公开举行"。❸ 当然,这并不是说《京都议定书》在透明度规定方面是好的,其在程度方面仍存在一些问题。❹ 而这些问题在《巴黎协定》遵约机制的透明度方面开始发生一定转变。❺ 是以,透明度规则基本体现在了所有与气候变化相关的遵约机制中。

---

❶ 值得注意的是,在拟定多边协商程序的《联合国气候变化框架公约》第 13 条特设小组的议事纪要中曾明确规定,多边协商程序案文第 3 段 "透明" 一词是指必须做到所涉缔约方在任何时候都能充分参与这个程序以及确保这种程序的结果对其他缔约方和公众是公开的、可以理解的和可以知晓的,但并不意味着多边协商程序的议事过程对所有各方都开放。Ⅲ Functions and Procedures of the Multilateral Consultative Procee 10 (a), in *Report on the Ad Hoc Group on Article* 13 *on Its Sixth Session*, *Bonn*, 5 – 11 *June* 1998, FCCC/AG13/1998/2, 9 July 1998, p. 4.

❷ 参见与《京都议定书》规定的遵约有关的程序和机制第 8 节第 6 段。

❸ 参见与《京都议定书》规定的遵约有关的程序和机制第 9 节第 2 段。

❹ Meinhard Doelle, "Compliance and Enforcement in the Climate Change Regime," in Erkki J. Hollo, Kati Kulovesi & Michael Mehling eds. , *Climate Change and the Law*, Dordrecht: Springer, 2013, pp. 185 – 186.

❺ 从广义角度来说,《巴黎协定》创设的透明度框架和全球盘点都是遵约的一种体现。参见梁晓菲:《论〈巴黎协定〉遵约机制:透明度框架与全球盘点》,载《西安交通大学学报(社科版)》, 2018 年第 2 期,第 109 – 116 页。also Malgosia Fitzmaurice, "The Kyoto Protocol Compliance Regime and Treaty Law," *Singapore Yearbook of International Law*, Vol. 8, 2004, p. 25. See Farhana Yamin & Joanna Depledge, *The International Climate Change Regime: A Guide to Rules, Institutions and Procedures*, Cambridge: Cambridge University Press, 2004, p. 381.

③非对抗性。在遵约机制最开始设计之时，缔约方并没有考虑其性质是非对抗性的。例如，《蒙特利尔议定书》不遵守情事程序，在 1990 年设计时，首先考虑的仍是类似于传统司法体系中的对抗模式，即对一缔约方是否遵约，另一缔约方可提出保留意见书。❶ 只是在实践中发现这种遵约模式并没有从行动上促成缔约方遵约之后，才开始考虑其他遵约方式，特别是广大发展中国家惮于传统司法体系中对抗模式的使用，最终在 1992 年正式通过《蒙特利尔议定书》不遵守情事程序，以及 1998 年对该不遵守情事程序进行修正时，才正式确立了遵约机制的非对抗性。

非对抗性规则的建立在国际法上有着深刻根源。最初，在国际人权领域，人们发现对抗性的解决办法是无法促进违约当事方改变其行为的。再之后，人们发现在某些具有保护共同利益的国际领域是无法用互惠（reciprocity）方式来实现这一目标的。例如在国际环境领域，这一现象就较为凸显。因为不能说，如果一缔约方超出其减排限额，另一缔约方也免于受此限制。倘若如此，就无法实现国际社会拟定的减排目标。相反，通过合作的方式，增加缔约方之间的信任，更有助于共同目标的实现。❷

针对非对抗性进行的遵约机制设计也改变了传统上依靠缔约方自身解决争议的制度安排。遵约机制强调利用集体力量来解决缔约方不履行义务的现实，❸ 通过建立委员会这种机构，在一定程度上摒弃了缔约方利用具有对抗性特征的反制措施。在《蒙特利尔议定书》不遵守情事程序之后，《联合国气候变化框架公约》多边协商程序也规定了非对抗性。❹ 但《京都议定书》遵约机制由于设立了强制执行分支机构，使其对抗性增强，又回归到《蒙特利尔议定书》不遵守情事程序的状态。例如，其规定遵约委员会可通过秘书处接收"任何缔约方针对另一缔约方而提交的有佐证信息支持的履行问题"。❺

---

❶ Thomas Gehring, "International Environmental Regimes: Dynamic Sectoral Legal Systems," *Yearbook of International Environmental Law*, Vol. 1, 1991, p. 51.

❷ Thilo Marauhn, "Towards a Procedural Law of Compliance Control in International Environmental Relations," *Heidelberg Journal of International Law*, Vol. 56, 1996, p. 698.

❸ Farhana Yamin & Joanna Depledge, *The International Climate Change Regime: A Guide to Rules, Institutions and Procedures*, Cambridge: Cambridge University Press, 2004, pp. 378-379.

❹ 参见《联合国气候变化框架公约》多边协商程序第 3 段。

❺ 参见与《京都议定书》规定的遵约有关的程序和机制第 9 节第 2 段。

《巴黎协定》没有支持《京都议定书》遵约机制的这种规定，明确强调了其所具有的不同于《京都议定书》遵约机制的"非对抗性"。

④非惩罚性。这一性质主要是针对履行和遵约委员会采取的措施而言的，非惩罚性要求履行和遵约委员会不能采取赔偿、限制主权等具有惩罚性质的措施，至多是恢复原状、继续履约等。关于非惩罚性，在《蒙特利尔议定书》不遵守情事程序中没有规定，很大程度上是因为履行委员会的职权只是作出报告并提出适当建议，没有决定权。而到了《联合国气候变化框架公约》多边协商程序时，缔约方继续强调了多边协商程序的性质是咨询而不是监督，❶在文本表述方面，则用了这一程序是"非裁判性质"的用语，❷从而暗含了"非惩罚性"的意旨。然而，《京都议定书》遵约机制强化了"惩罚性"，这种"惩罚性"要比《蒙特利尔议定书》不遵守情事程序中规定的更为严格，因为其不是通过缔约方会议做出惩罚性措施，而是强制执行分支机构就可执行这种权能。❸

到《巴黎协定》谈判时，针对是否在遵约机制中规定"对后果的惩罚性"，缔约方是存在较大分歧的，这也成为缔约方谈判的重要内容之一。❹然而，《巴黎协定》同样没有延续《京都议定书》遵约机制的这种惩罚性，尽管赋予了履行和遵约委员会更多的权力，但却没有涉及有权实施相关惩罚的规定。因此，《巴黎协定》遵约机制的非惩罚性仍是非常明显的。此外，一方面，从遵约机制自身的发展来看，惩罚性并不是其发展的主流，❺用学者的话来讲，即使在遵约机制中规定了惩罚功能，也只是一种"剩余"或"补充"功能，而非惩罚性才是遵约机制的主要属性。❻另一方面，尽管《京都议定

---

❶ I Open of the Session 2, in *Report on the Ad Hoc Group on Article* 13 *on Its Sixth Session*, Bonn, 5–11 *June* 1998, FCCC/AG13/1998/2, 9 July 1998, p. 3.

❷ 参见《联合国气候变化框架公约》多边协商程序第 3 段。

❸ Patricia Birnie, Alan Boyle & Catherine Redgwell, *International Law and the Environment*, 3rd., Oxford: Oxford University Press, 2009, p. 250.

❹ UNFCCC, *Summary of the Roundtable under Workstream* 1, ADP 1, Part 2, Doha, Qatar, November-December 2012, *Note by the Co-Chairs*, ADP. 2012. 6. Informal Summary, 7 February 2013, pp. 6–8.

❺ 特别是到目前为止，《京都议定书》之后出台的相关多边环境协定都没有规定惩罚性措施，这包括 2000 年《卡塔赫纳生物安全议定书》、2013 年《关于汞的水俣公约》等。

❻ Enrico Milano, "The Outcomes of the Procedure and their Legal Effects," in Tullio Treves, Laura Pineschi, Attila Tanzi, et al. eds., *Non-Compliance Procedures and Mechanisms and the Effectiveness of International Environmental Agreements*, The Hague: T. M. C. Asser Press, 2009, p. 407.

书》规定了惩罚性措施，但其实施却存在着不公平问题，而且并没有实现最终促成国家积极减排的目标，相反却使国家进入一个相互博弈的战略考量，这显然违背了设立惩罚性的初衷。❶ 是以，从总体上而言，惩罚措施的规定没有达到遵约的实际效果。

二、履行和遵约委员会遵循的原则

【《巴黎协定》条文】第十五条第二款规定，……委员会应特别关心缔约方各自的国家能力和情况。

【《巴黎协定》实施细则遵约机制部分的条文】2. ……委员会应特别关心缔约方各自的国家能力和情况。

【评注】（1）这条规定本身暗含着《巴黎协定》遵约机制将适用于所有缔约方；申言之，发展中国家也将首次被纳入应对气候变化的遵约机制中。❷ 回顾整个《联合国气候变化框架公约》体系的遵约历程，《联合国气候变化框架公约》《京都议定书》都没有在实践中真正实现发展中国家的遵约，而《巴黎协定》将发展中国家纳入遵约机制中，无疑是整个应对气候变化的制度安排上一次较大的突破。❸

（2）无论是《巴黎协定》还是《巴黎协定》实施细则都强调要遵循"缔约方各自的国家能力和情况"。在遵约方面，遵约能力是核心因素，能力不足往往会带来遵约成本的上升，因此有一个设计良好的便利路径特别有助于提升发展中国家的能力。❹ 很显然，这一条规定衍生于共同但有区别的责任和各

---

❶ Cathrine Hagem, Steffen Kallbekken, Ottar Mastad & Hege Westskog, "Enforcing the Kyoto Protocol: Sanctions and Strategic Behavior," *Energy Policy*, Vol. 33, 2005, pp. 2112-2122.

❷ Lisa Benjamin, Rueanna Haynes & Bryce Rudyk, "Article 15 Compliance Mechanism," in Geert van Calster & Leonie Reins eds., *The Paris Agreement on Climate Change: A Commentary*, Cheltenham, UK: Edward Elgar, 2021, p. 352.

❸ 其实，从理论探讨来看，早在2008年时，已有学者提出将发展中国家纳入温室气体减排行列中的制度设计，与今天《巴黎协定》的制度设计存在一定相似性。See Albert Mumma & David Hodas, "Designing a Global Post-Kyoto Climate Change Protocol that Advances Human Development," *Georgetown International Environmental Law Review*, Vol. 20, 2008, pp. 619-643.

❹ Azusa Uji, "Institutional Diffusion for the Minamata Convention," *International Environmental Agreements: Politics, Law and Economics*, Vol. 19, 2019, p. 170.

自能力原则。从整个联合国气候变化体系来看，共同但有区别的责任和各自能力原则始终贯穿于三个气候条约中。但需要指出的是，这一原则到《巴黎协定》时已发生一定变化，即一方面，更多地强调共同责任问题；另一方面，在区别的责任和各自能力原则方面，不再简单地以发达国家和发展中国家作为划分基础，相反更注重不同缔约方之间有区别的国家能力和情况。❶ 此外，《巴黎协定》中特别重要的两个部分即透明度框架和遵约机制部分都没有强调"共同但有区别的责任"，而仅是规定了"各自的国家能力和情况"，这一规定同样也反映在了《巴黎协定》实施细则的这两个部分中。在《巴黎协定》实施细则遵约机制部分的谈判之初，也有缔约方提出，遵约机制应平等适用所有缔约方，没必要单独表述共同但有区别的责任原则，因为其已在《巴黎协定》相关部分有所表述，按其规定直接适用即可。❷ 有关是否将"共同但有区别的责任和各自能力"写进《巴黎协定》实施细则遵约机制部分的争议一直持续到《巴黎协定》特设工作组向第二十四次缔约方会议提交的谈判文本草案中，❸ 但最终缔约方会议仍决定不将这一内容纳入遵约机制部分。由此可知，"共同但有区别的责任"受到了严峻挑战，未来的不确定性将有增无减。

故而，以灵活性作为采取行为的考量，成为反映共同但有区别的责任和各自能力原则的重要表述。在遵约机制的谈判过程中，关注遵约机制中各自国家能力和情况已被缔约方提出。❹《巴黎协定》有关缔约方各自的国家能力和情况的具体规定，主要体现在《巴黎协定》实施细则遵约机制部分，除了

---

❶ Christina Voigt & Felipe Ferreira, "'Dynamic differentiation': The Principles of CBDR-RC, Progression and Highest Possible Ambition in the Paris Agreement," *Transnational Environmental Law*, Vol. 5, No. 2, 2016, pp. 285-303.

❷ UNFCCC, Informal Note by the Co-Facilitators on Agenda Item7-Modalities and Procedures for the Effective Operation of the Committee to Facilitate Implementation and Promote Compliance Referred to in Article 15. 2 of the Paris Agreement, in *Ad-Hoc Working Group on the Paris Agreement (APA) Second Part of the First Session*, *Marrakech*, 7-14 *November* 2016, 14 November 2016, p. 3.

❸ UNFCCC, *Draft Text on APA 1. 7 Agenda Item 7. Modalities and Procedures for the Effective Operation of the Committee to Facilitate Implementation and Promote Compliance Referred to in Article 15. 2 of the Paris Agreement*, APA1-7. DT. i7v3, 8 December 2018, p. 1.

❹ UNFCCC, *Summary of the Round Tables under Workstream 1 on the 2015 Agreement*, ADP2, Part 1, *Bonn*, *Germany*, 29 April to 3 May 2013 *Note by the Co-Chairs*, ADP. 2013. 5. Informal Summary, 21 May 2013, p. 8.

第 2 段明确了遵约机制应适用此项原则外，在第 17 段、第 19（c）段、第 22（b）段、第 26 段都具体规定了开展遵约活动时，应考虑此项原则或灵活性。但如何适用灵活性仍有待进一步明确。

三、履行和遵约委员会的职权范围

【《巴黎协定》实施细则遵约机制部分的条文】3. 委员会的工作应遵循《巴黎协定》的规定，特别是《巴黎协定》第二条的规定，即可持续发展、共同但有区别的责任和各自能力原则。

4. 委员会在开展工作时，应努力避免重复劳动……

【《巴黎协定》履行和遵约委员会议事规则的条文】第 1.2 条，……本议事规则应与模式和程序一并适用，并促进这些模式和程序，议事规则的实施应反映《巴黎协定》的所有条款，包括其第二条。

【评注】（1）《巴黎协定》实施细则遵约机制部分的第 3 段规定了履行和遵约委员会的职权范围，特别强调了应遵循《巴黎协定》第二条，即完成《联合国气候变化框架公约》下的应对气候变化目标。❶ 在拟定《巴黎协定》实施细则遵约机制部分的最初谈判时，有关履行和遵约委员会职权范围的讨论就已出现。有缔约方认为，遵约机制应只适用于单一缔约方（every party），不能适用于缔约方集体（parties），这也就意味着《巴黎协定》中，那些为集体缔约方规定的具有拘束力的条款不应适用该遵约机制。但也有缔约方提出，"集体义务"（collective obligations）不同于"共同义务"（common obligations），"共同义务"强调了一些缔约方对另一些缔约方仍负有强制性的义务，

---

❶ 《巴黎协定》第二条规定：一、本协定在加强《联合国气候变化框架公约》，包括其目标的履行方面，旨在联系可持续发展和消除贫困的努力，加强对气候变化威胁的全球应对，包括：（一）把全球平均气温升幅控制在工业化前水平以上低于 2℃ 之内，并努力将气温升幅限制在工业化前水平以上 1.5℃ 之内，同时认识到这将大大减少气候变化的风险和影响；（二）提高适应气候变化不利影响的能力并以不威胁粮食生产的方式增强气候复原力和温室气体低排放发展；并（三）使资金流动符合温室气体低排放和气候适应型发展的路径。二、本协定的履行将体现公平以及共同但有区别的责任和各自能力的原则，考虑不同国情。

这仍应是履行和遵约委员会管辖的职权范围。❶

从文本中可知,《巴黎协定》实施细则遵约机制部分对此采取了一个较为笼统的表述。一方面,为未来《巴黎协定》的实践履行提供了一个自由裁量的窗口;另一方面,在《巴黎协定》实施细则遵约机制部分的第 19 段涉及的原则部分和第 28 段确定适当措施、结果或建议时的限制性规定,又表明了履行和遵约委员的工作不能超越《巴黎协定》自身及其授权范围。

由此也可看出,《巴黎协定》规定的事项较为繁多和复杂,难以一一在《巴黎协定》遵约机制中反映出来,因此,采用较为概况性的表述,有利于减少未来遵约机制开展工作的不确定性。相比之下,《蒙特利尔议定书》不遵守情事程序没有强调开展遵约机制的工作范围,因此,在后期不得不对《蒙特利尔议定书》进行修正,对其第 5 条发展中国家的特殊权利增加有关不遵约的规定。为改进这一方面,《联合国气候变化框架公约》多边协商程序则在其第 14 段给予多边协商委员会更大的工作职权,其规定:委员会职权范围可由缔约方会议参照对《联合国气候变化框架公约》的任何修正、缔约方会议的任何决定或本程序运作过程中取得的经验加以修改。到《京都议定书》时,遵约委员会被赋予了更大的权力,特别是强制执行分支机构所具有的中止缔约方资格的权力。尽管如此,《京都议定书》遵约机制仍规定,在实施有关措施时,应保障环境的完整性,并对遵约给予激励。❷ 在《巴黎协定》谈判时,缔约方除了强调应考虑《京都议定书》中有关职能的规定外,也有缔约方提出像"建立在气候正义基础上"的职能观点。❸

此外,就这一条而言,也存在着一些问题需要在今后遵约实践中加以明晰。例如,《巴黎协定》缔约方会议有关遵约的决定是否也应被遵循,如果被遵循,则与本条文的规定存在着一定冲突。由此可以看出,缔约方在设计该

---

❶ UNFCCC, Informal Note by the Co-Facilitators on Agenda Item7-Modalities and Procedures for the Effective Operation of the Committee to Facilitate Implementation and Promote Compliance Referred to in Article 15. 2 of the Paris Agreement, in *Ad-Hoc Working Group on the Paris Agreement (APA) Second Part of the First Session*, *Marrakech*, 7-14 *November* 2016, 14 November 2016, p. 2.

❷ 参见与《京都议定书》规定的遵约有关的程序和机制第 5 节第 6 段。

❸ UNFCCC, *Reflections on Progress Made at the Fourth Part of the Second Session of the Ad Hoc Working Group on the Durban Platform for Enhanced Action*, *Note by the Co-Chairs*, ADP. 2014. 3. InformalNote, 17 April 2014, p. 19.

条款时，态度是极其谨慎的。

（2）履行和遵约委员会在运行中，不可避免地会与其他《巴黎协定》项下或服务于《巴黎协定》的机构间存在所涉事项的交叉性。这一现象从《蒙特利尔议定书》不遵守情事程序时，就已凸显出来。❶ 到《联合国气候变化框架公约》多边协商程序时，则直接在条文中规定，"委员会不应重复本公约其他机构开展的活动"。❷《京都议定书》遵约机制中没有规定此条，仅是强调遵约委员会下设的促进和强制执行两个分支机构"在工作中应相互配合、相互合作"。❸ 而到《巴黎协定》之时，全球应对气候变化已进入一个全面发展时期，围绕应对气候变化建立起的各类相关机构或服务机构也随之增多。这就要求委员会在进行工作时，要尽可能避免重复劳动。例如，从广义上讲，《巴黎协定》遵约机制与《巴黎协定》透明度框架、全球盘点的规定都旨在促进缔约方遵守协定，而在工作或操作层面上，三者是处理遵约的不同领域，因此，任何一方僭越到对方领域时，都会出现重复劳动的问题。

（3）由履行和遵约委员会议事规则第1.2条后半段可知：第一，在履行和遵守《巴黎协定》各项条款时，议事规则应与《巴黎协定》实施细则遵约机制部分的规定一并适用；第二，议事规则应起到促进实施细则遵约机制部分功能正常运转的作用，以完成履行和遵守《巴黎协定》的宗旨、目标和各项规定；第三，议事规则可适用于《巴黎协定》的所有规定，即不只是反映具有法律拘束力的，也包括不具有法律拘束力的规则。

四、争端解决机制与《巴黎协定》遵约机制之间的关系

【《巴黎协定》实施细则遵约机制部分的条文】4. ……不得作为执法和

---

❶ 《蒙特利尔议定书》不遵守情事程序第7（f）段规定，特别为拟订建议的目的，在向按照议定书第5条第1款行事的缔约方提供账务和技术合作包括技术转让方面，与多边基金执行委员会经常交换情况。

❷ 参见《联合国气候变化框架公约》多边协商程序第7段。

❸ 参见与《京都议定书》规定的遵约有关的程序和机制第2节第7段。

争端解决机制，❶ 也不得实施处罚或制裁，并应尊重国家主权。

【评注】（1）争端解决机制与遵约机制之间的关系，自《蒙特利尔议定书》不遵守情事程序起，已成为阐释遵约机制所必须涉及的内容。正如上文所述，遵约机制的出现有其必然性，但不能把遵约机制简单地认为是争端解决机制的一部分，因为二者所承担的主要任务有所不同。具体而言，第一，遵约机制所要做的是，促进缔约方遵守条约，而争端解决机制是处理缔约方违约问题。第二，在采取的方式方法上也迥然不同。遵约机制更多地使用了建议、援助的手段，而争端解决机制则更多地采用了传统上的政治或司法解决方式。第三，传统争端解决方式存在着解决时间较长的弊端，而遵约机制则在一定程度上可以避免这一问题。第四，争端解决机制采取的更多是对抗模式，而遵约机制则更多是协调模式。第五，传统上，争端解决机制的启动需要缔约方的授权，而遵约机制的启动可以达到不需要缔约方授权就能启动的效果。❷ 第六，争端解决机制往往是事后程序，而遵约机制则更多是一个事前或事中程序。❸ 第七，争端解决机制是一个双边解决过程，而遵约机制则反映的是一个集体解决过程。❹ 第八，争端解决机制会引发国家责任问题，而遵约机制不涉及国家责任问题。❺

然而，争端解决机制与遵约机制之间的关系经历了一个从补充性的到并行性的变化过程。当 1990 年《蒙特利尔议定书》制定不遵守情事程序时，其第八条明确规定，涉及以上第五条（指保留意见书，笔者注）所指事端的各

---

❶ 中文版条文中用的是"执法"，本书认为，文本用"执行"更为妥当。因为第一，英文版在此处的表述是 enforcement，翻译为"执行"更合理；第二，从严格的语义角度来看，"执行"的范围要比"执法"更宽泛，也就是说，执行不仅是执行"法律"，也可以执行"其他措施"，仅用"执法"可能存在会限制缔约方权力的问题。因此，文中采用了"执行"的表达方式。

❷ M. A. Fitzmaurice & C. Redgwell， "Environmental Non-Compliance Procedures and International Law，" *Netherlands Yearbook of International Law*，Vol. 31，2000，pp. 40-41.

❸ M. A. Fitzmaurice & C. Redgwell， "Environmental Non-Compliance Procedures and International Law，" *Netherlands Yearbook of International Law*，Vol. 31，2000，p. 43.

❹ 这里的集体解决，不只是指解决多边问题，而且也包括了解决双边问题的集体决定。Jon Hovi， "The Pros and Cons of External Enforcement，" in Olav Schram Stokke，Jon Hovi & Geir Ulfstein eds.，*Implementing the Climate Regime：International Compliance*，London：Earthscan，2005，p. 132，footnote 6. See also M. A. Fitzmaurice & C. Redgwell， "Environmental Non-Compliance Procedures and International Law，" *Netherlands Yearbook of International Law*，Vol. 31，2000，p. 51.

❺ Günther Handl， "Compliance Control Mechanisms and International Environmental Obligations，" *Tulane Journal of International and Comparative Law*，Vol. 5，1997，pp. 34-35.

缔约国应通过秘书处通知缔约国会议：按照公约（指《保护臭氧层维也纳公约》，笔者注）第十一条（关于可能的不遵守）采取程序的结果、这些结果的落实情况以及缔约国依据以上第七条（指履行委员会向缔约方会议提交的报告，笔者注）所作任何决定的执行情况。第九条规定，在按照公约第十一条进行的程序得出结果之前，缔约国会议得发出临时要求和（或）建议。

1992 年，《蒙特利尔议定书》不遵守情事程序正式出台时，对争端解决机制与遵约机制之间的关系作出了进一步的规定。❶ 首先，在条文之间安排了一个序言，这一序言只有两句话。除第一句表明不遵守情事程序是按《蒙特利尔议定书》第八条拟定的以外，第二句话明确指出，"其适用应不妨碍《维也纳公约》第十一条规定的解决争端程序的实施"。之后，在第 12～13 段，基本重复了 1990 年制定之初的第八至九条。

由上可知，在《蒙特利尔议定书》不遵守情事程序中，遵约机制仅是争端解决机制的一个补充性规定。例如，缔约方会议做出的要求或建议仅是"临时性"的，❷ 而且缔约方会议在开展遵约审议时，不能忽视缔约方利用争端解决程序的情况。❸ 然而，文本归文本，现实的结果是，遵约机制与争端解决机制成为两个并行的机制，因为遵约机制是条约本身设立的一种通过内部讨论解决的政治进程活动，而争端解决机制本质上是一种条约之外的第三方解决策略，或言之，是一种严格意义上的司法解决程序。❹ 就《蒙特利尔议定书》不遵守情事程序而言，它们之间不存在何者优先适用的问题，缔约方可以在这两者之间进行选择适用。但目前的问题是，选择遵约机制或争端解决机制之后，可能会产生管辖权冲突，而这一问题到目前为止尚未得到很好的

---

❶ 在 1990 年临时适用《蒙特利尔议定书》不遵守情事程序时，没有一个明确的关于争端解决机制与遵约机制之间关系的规定，故而受到学者的诟病。Jeff Trask, "Montreal Protocol Noncompliance Procedure: The Best Approach to Resolving International Environmental Dispute?" *Georgetown Law Journal*, Vol. 80, 1992, pp. 1973-2001.

❷ 《蒙特利尔议定书》不遵守情事程序第 13 段规定，缔约方会议可以在根据《保护臭氧层维也纳公约》第 11 条进行的程序结束之前发出临时性的要求和/或建议。

❸ 《蒙特利尔议定书》不遵守情事程序第 12 段规定，第 1、3 或 4 段所指事项牵涉的各缔约方，应通过秘书处向缔约方会议通报，按《保护臭氧层维也纳公约》第 11 条就可能的不遵守情事进行的程序取得了什么结果，这些结果的落实情况如何，以及缔约方会议按第 9 段通过的决定的执行情况。

❹ M. A. Fitzmaurice & C. Redgwell, "Environmental Non-Compliance Procedures and International Law," *Netherlands Yearbook of International Law*, Vol. 31, 2000, p. 40.

解决。❶

　　尽管如此，这种权宜性的解决办法也为后来的《联合国气候变化框架公约》多边协商程序、❷《京都议定书》遵约机制所继承下来。❸ 不仅是气候变化领域，从所有有关遵约机制的国际实践来看，几乎所有文本都明确规定了遵约机制与争端解决机制的并行方式。❹ 这在一定程度上表明，即使遵约机制具备了一定独立性，但在目前条约设计时，仍无法完全摆脱争端解决机制。❺ 即使其运用诟病诸多，但作为最后的保障性规则，争端解决机制的存在仍是不可或缺的。❻ 或言之，遵约机制更多的是一种对争端冲突加以预防的政治安排，而不是要取代争端解决机制。❼ 当然，如何解决二者之间的管辖权冲突则是另一个有待未来解决的现实问题。❽

---

　　❶ Philippe Sands, "Non-Compliance and Dispute Settlement," in Ulrich Beyerlin, Peter-Tobias Stoll & Rüdiger Wolfrum eds., *Ensuring Compliance with Multilateral Environmental Agreements: A Dialogue between Practitioners and Academia*, Leiden: Martinus Nijhoff Publishers, 2006, pp. 353-358.

　　❷《联合国气候变化框架公约》多边协商程序第 16 段规定，这一程序应区别于并且不影响第 14 条（争端的解决）的规定。

　　❸ 与《京都议定书》规定的遵约有关的程序和机制第 16 节规定，"与遵约有关的程序和机制不应妨碍《京都议定书》第十六条和第十九条"。而《京都议定书》第十九条规定，"《公约》第十四条的规定比照适用于本议定书"。这里面的"《公约》第十四条"，指的是《联合国气候变化框架公约》有关争端解决机制的规定。

　　❹ M. A. Fitzmaurice & C. Redgwell, "Environmental Non-Compliance Procedures and International Law," *Netherlands Yearbook of International Law*, Vol. 31, 2000, p. 37.

　　❺ Kyle Danish, "Management vs. Enforcement: The New Debate on Promoting Treaty Compliance," *Virginia Journal of International Law*, Vol. 37, No. 4, 1997, pp. 789-819. See also Scott Barrett, *Environment and Statecraft: The Strategy of Environmental Treaty-making*, Oxford: Oxford University Press, 2003, pp. 269-271.

　　❻ 从国家责任的角度来看，当遵约机制无法保障受害国的利益时，运用国际法中关于国家责任的一般性规定，可起到相应的救济作用。Laura Pineschi, "Non-Compliance Procedures and the Law of State Responsibility," in Tullio Treves, Laura Pineschi, Attila Tanzi, et al. eds., *Non-Compliance Procedures and Mechanisms and the Effectiveness of International Environmental Agreements*, The Hague: T. M. C. Asser Press, 2009, pp. 483-497.

　　❼ Nils Goeteyn & Frank Maes, "Compliance Mechanisms in Multilateral Environmental Agreements: An Effective Way to Improve Compliance?" *Chinese Journal of International Law*, Vol. 10, No. 4, 2011, p. 826.

　　❽ 有关遵约机制与争端解决机制之间的关系问题，亦可参见意大利米兰大学国际法教授特里夫斯（Tullio Treves）和新西兰坎特伯雷大学高级讲师斯科特（Karen N. Scott）的文章。Tullio Treves, "The Settlement of Disputes and Non-Compliance Procedures," in Tullio Treves, Laura Pineschi, Attila Tanzi, et al. eds., *Non-Compliance Procedures and Mechanisms and the Effectiveness of International Environmental Agreements*, The Hague: T. M. C. Asser Press, 2009, pp. 499-518. See also Karen N. Scott, "Non-Compliance Procedures and Dispute Resolution Mechanisms under International Environmental Agreements," in Duncan French, Matthew Saul & Nigel D. White eds., *International Law and Dispute Settlement: New Problems and Techniques*, Oxford: Hart Publishing, 2010, pp. 225-270.

（2）《巴黎协定》遵约机制依然适用了这一解决办法，但要指出的是，不像《蒙特利尔议定书》不遵守情事程序、《联合国气候变化框架公约》多边协商程序以及《京都议定书》遵约机制，其没有明确规定遵约机制与争端解决机制之间的关系，只是在其实施细则遵约机制部分的第4段规定，遵约机制不具备执行或争端解决机制的功能，不得实施处罚或制裁，并应尊重国家主权。❶ 对于发展中国家而言，由于其在国家综合实力方面无法与发达国家相比，甚至在法律等软实力方面亦是如此，因此对于争端解决机制中的处罚或制裁等措施存在极度抗拒，它们担心一旦在遵约机制下采用这些措施，极可能首先会被用在它们身上。强调遵约机制不具备执行或争端解决机制的功能，不得实施处罚或制裁，反映了发展中国家在遵约机制方面的基本诉求。此外，从《巴黎协定》确立起来的新的减排模式"国家自主贡献"来看，其将履行减排义务的方式和途径交给了缔约方自己来决定，这种方式产生了一个问题就是，很难准确把握哪一种减排方式或途径是"严格意义上的不遵约"。因此，通过争端解决机制来确定"不遵约"，无疑从成本和成效上都不及遵约机制更有效。❷

更重要的是，从本质上看，遵约机制得以运行的关键是尊重国家主权；换言之，只有对缔约方国家主权给予应有的尊重，遵约机制才能发挥其遵约效能。❸ 在《巴黎协定》实施细则遵约机制部分，这一"尊重国家主权"的

---

❶ 《京都议定书》遵约机制中规定了强制执行分支机构。在一定意义上，所有气候变化遵约机制中只有《京都议定书》遵约机制涉及"执行机制"问题。而为何《京都议定书》要规定执行机制，是由于其减排义务的特殊性造成的。有关这种特殊性可参见欧盟委员会气候行动总干事首席顾问沃克斯曼（Jacob Werksman）的文章。Jacob Werksman, "Compliance and the Kyoto Protocol: Building a Backbone into a 'Flexible' Regime," *Yearbook of International Environmental Law*, Vol. 9, No. 1, 1999, pp. 48–101.

❷ 其实，早有学者指出在气候变化领域，争端解决机制在解决气候争端方面始终面临一些难以逾越的障碍。例如，第一，对气候条约的违反不是针对某一国，而是针对国际社会整体而言的；第二，在是人为排放，还是自然排放方面面临着取证难的问题；第三，考虑到所有国家都在排放温室气体，确定谁应该对此负责也很困难，而且评估可能被判的损害赔偿的性质同样困难；第四，即使案件胜诉，也无法改变环境损害不可逆的现实。Farhana Yamin & Joanna Depledge, *The International Climate Change Regime: A Guide to Rules, Institutions and Procedures*, Cambridge: Cambridge University Press, 2004, pp. 379–380.

❸ 有关对国家主权的尊重，早在遵约机制设计之初的《蒙特利尔议定书》不遵守情事程序方面就充分体现出来。这正如学者所言，"从不遵守情事程序的一步步谈判过程中，旨在寻求可行和友好的解决方案来看，充分体现了对臭氧机制下成员国主权的严格尊重"。O. Yoshida, "Soft Enforcement of Treaties: The Montreal Protocol's Noncompliance Procedure and the Functions of Internal International Institutions," *Colorado Journal of International Environmental Law*, Vol. 10, 1999, p. 99.

规定，不仅体现在第一部分的原则中，在其后的审议方面，如第 25 段 (b) ~ (d) 都充分适用了这一点，即被听到的权利和经同意的权利。除此之外，从比例原则出发，对于发展中国家缔约方在遵约方面给予的特殊权利也可从国家主权这一角度去理解。由上观之，正如学者所指出的，此条的规定实际上为《巴黎协定》履行和遵约委员会的实际操作作出了排除性限制，换言之，委员会的任一行为或所有行为不能超越这一规定。❶

五、本章小结

第五章是对《巴黎协定》遵约机制的性质，以及《巴黎协定》履行和遵约委员会的职权规则进行评述。具体涉及《巴黎协定》的第十五条第二款后半句，《巴黎协定》实施细则遵约机制部分的第 2~4 段，《巴黎协定》履行和遵约委员会议事规则第 1.2 条。

第一，在对《巴黎协定》遵约机制的性质评述上，本章指出《巴黎协定》遵约机制是一个不同于司法或仲裁的机制，其具有促进性、透明度、非对抗性、非惩罚性四大特征。第二，在履行和遵约委员会应遵循的原则方面，本章指出《巴黎协定》遵约机制没有涉及共同但有区别的责任原则，或者说，是通过赋予相关缔约方灵活性来体现共同但有区别的责任原则的。未来履行和遵约委员会能在多大程度上接受共同但有区别的责任原则将面临重大挑战。第三，在履行和遵约委员会的职权范围方面，本章指出其职权范围较其他多边环境协定都更为广泛，可以适用于《巴黎协定》的各项规定。但履行和遵约委员会开展活动时，必须防范出现重复劳动的问题，以防僭越《巴黎协定》的其他相关制度和机制。第四，本章评析了遵约机制与争端解决机制之间的关系。

---

❶ Lisa Benjamin, Rueanna Haynes & Bryce Rudyk, "Article 15 Compliance Mechanism," in Geert van Calster & Leonie Reins eds., *The Paris Agreement on Climate Change: A Commentary*, Cheltenham, UK: Edward Elgar, 2021, p. 353.

第六章 《巴黎协定》遵约机制的体制安排

一、履行和遵约委员会的成员组成

【通过《巴黎协定》决定的条文】102. 决定《巴黎协定》第十五条第二款所述委员会应由作为《巴黎协定》缔约方会议的《联合国气候变化框架公约》缔约方会议根据公平地域代表性原则选出的在相关科学、技术、社会经济或法律领域具备公认才能的 12 名成员组成，联合国五个区域集团各派 2 名成员，小岛屿发展中国家和最不发达国家各派 1 名成员，并兼顾性别平衡的目标。

【《巴黎协定》实施细则遵约机制部分的条文】5. 委员会应由作为《巴黎协定》缔约方会议的《联合国气候变化框架公约》缔约方会议（《协定》/《公约》缔约方会议）根据公平地域代表性原则选出的在相关科学、技术、社会经济或法律领域具备公认才能的 12 名成员组成，联合国五个区域集团各派 2 名成员，小岛屿发展中国家和最不发达国家各派 1 名成员，并兼顾性别平衡的目标。

【评注】（1）一个适宜的遵约委员会组成往往是遵约机制能够产生实效的保证和关捩，同时也是谈判中最具争议的地方。[1] 在实践中，关于遵约机制的委员会组成人员，是不断发生变化的。在最初制定的 1990 年《蒙特利尔议定书》不遵守情事程序中，只有 5 人。之后在 1992 年正式出台的不遵守情事程序中，将履行委员会的人数扩大到 10 人。而《联合国气候变化框架公约》

---

[1] Sebastian Oberthür, "Options for a Compliance Mechanism in a 2015 Climate Agreement," *Climate Law*, Vol. 4, 2014. p. 37.

多边协商程序，在此方面没有达成一致，但在提议的组成人数上最低也是 10 人，最高则是 25 人。从遵约机制的人数演变来看，尽管《京都议定书》遵约委员会的组成人员是 20 名成员，但这 20 名成员是分属两个分支机构的，也就是说每一个分支机构在议事时，是由 10 名成员作出决定的。❶ 不言而喻，成员人数越少越能高效作出决定，但带来的问题是代表性不足。因此，《巴黎协定》实施细则遵约部分在履行和遵约委员会成员上规定为 12 人，❷ 更多地兼顾了代表的普遍性问题，而且 12 人也仅为 189 个缔约方的 6%，从高效性方面来看也是较为充分的。

（2）在最终文本即 1998 年《蒙特利尔议定书》不遵守情事程序中，只考虑了"公平地域分配原则"，没有提及成员应具备的条件。而到了《联合国气候变化框架公约》多边协商程序时，首次提及了成员应具备的条件，即在科学、社会经济及环境等有关领域的专家。《京都议定书》遵约机制中则表述得更为具体，首先，强调了要选择在气候变化领域有专长的专家；其次，亦可选择科学、技术、社会经济或法律等领域的专家。❸ 与《联合国气候变化框架公约》多边协商程序相比，《京都议定书》遵约机制增加了技术和法律专家。而《巴黎协定》没有强调一定是气候变化领域的专家，只要是"相关"的科学、技术、社会经济或法律专家，均可成为其委员会委员。毋庸讳言，专家的"多样性"有助于确保遵约机构在决策时的公正性，特别是法律专家的介入，可在技术性专家间形成平衡，从而避免以偏概全；当然，这也在形式上反映出遵约机制的"准司法"性。

（3）尽管《蒙特利尔议定书》不遵守情事程序规定了"公平地域分配原则"，但没有具体指出应如何公平分配。在谈判之时，曾有缔约方提出在发达国家与发展中国家之间进行分配，但这一提议没有被通过；然而实践中，却

---

❶ 参见与《京都议定书》规定的遵约有关的程序和机制第 2 节第 3 段。

❷ 12 人的人员数量规定，最早是在 2015 年通过《巴黎协定》的决议中决定的。UNFCCC，1/CP. 21 Adoption of the Paris Agreement, in *Report of the Conference of the Parties on Its Twenty-First Session, held in Paris from 30 November to 13 December 2015, Addendum Part Two: Action Taken by the Conference of the Parties as Its Twenty-First Session*, FCCC/CP/2015/10/Add. 1, 29 January 2016, p. 15.

❸ 参见与《京都议定书》规定的遵约有关的程序和机制第 2 节第 6 段。

基本上是按这一方式处理的。❶ 在《联合国气候变化框架公约》多边协商程序中，关于如何公平分配也是存在分歧的，大多数发展中国家支持按联合国在地域分配上的实践进行，而美国等发达国家则支持一半发展中国家、一半发达国家的分配原则，不支持"公平地域分配原则"。❷ 最终结果则因多边协商程序没有实际运行而搁置了这一分歧。

到《京都议定书》时，在遵约委员会成员的选择上就更明确了发达国家与发展中国家成员的划分。促进分支机构和强制执行分支机构各自的10名成员中，2名是来自附件一国家，也就是说来自发达国家（也包括经济转型国家，像俄罗斯等东欧国家）；2名来自非附件一国家，即发展中国家；小岛屿发展中国家占了1个名额；剩余的5个名额在联合国区域集团中选出。从效果上看，60%的遵约委员会成员来自发展中国家。❸

从《巴黎协定》实施细则遵约机制部分的规定来看，既有继承，即小岛屿国家和联合国区域集团仍在其中；又有改变，即把附件一国家和非附件一国家的区分去掉了，同时增加了最不发达国家的名额。这在一定程度上也表明，由于《巴黎协定》涉及所有国家的温室气体减排，因此，那种在发展中国家与发达国家之间的划分只有进行进一步的改良，才能符合《巴黎协定》遵约机制的要求。进而有学者亦认为，《巴黎协定》遵约机制能在地域分配上达成一致，相比《联合国气候变化框架公约》多边协商程序的搁置，是一非凡进步。❹ 其实，履行和遵约委员会的组成最终能获通过，亦是一个政治平衡

---

❶ Markus Ehrmann, "Procedure of Compliance Control in International Environmental Treaties," *Colorado Journal of International Environmental Law & Policy*, Vol. 13, 2002, p. 398.

❷ Markus Ehrmann, "Procedure of Compliance Control in International Environmental Treaties," *Colorado Journal of International Environmental Law & Policy*, Vol. 13, 2002, p. 427.

❸ René Lefeber & Sebastian Oberthür, "Key Features of the Kyoto Protocol's Compliance System," in Jutta Brunnée, Meinhard Doelle & Lavanya Rajamani eds., *Promoting Compliance in an Evolving Climate Regime*, Cambridge: Cambridge University Press, 2012, p. 80.

❹ Yamide Dagnet & Eliza Northrop, "Facilitating Implementation and Promoting Compliance (Article 15)," in Deniel Klein, Maria Pia Carazo, Meinhard Doelle, Jane Bulmer & Andrew Higham eds., *The Paris Agreement on Climate Change: Analysis and Commentary*, Oxford: Oxford University Press, 2017, pp. 343-344. Lisa Benjamin, Rueanna Haynes & Bryce Rudyk, "Article 15 Compliance Mechanism," in Geert van Calster & Leonie Reins eds., *The Paris Agreement on Climate Change: A Commentary*, Cheltenham, UK: Edward Elgar, 2021, p. 352.

的结果。❶ 换言之，正是由于发展中国家的妥协，没有继续强调沿用《京都议定书》下遵约委员会设立两个分支机构的模式，也不再要求发达国家与发展中国家在履行和遵约方面的严格划分，才促成委员会组成方式能被最终通过。❷ 当然，按照地域进行的划分，同样也会使发展中国家在委员会组成上占据2/3 的位置。从实践来看，2019 年在西班牙马德里召开的《巴黎协定》第二次缔约方会议上，选举出了履行和遵约委员会的成员和候补成员 21 人，但尚有 3 人未确定。❸ 直到 2022 年履行和遵约委员会第 6 次会议时，所有相关成员和候补成员才全部确定下来。❹ 此外，需要强调的是，《巴黎协定》履行和遵约委员会成员的选择更关注了性别平衡，这是之前所有遵约机制中所没有过的。

图 6-1　《巴黎协定》履行和遵约委员会的规模和组成

	发达国家人数（名）	发展中国家人数（名）
非洲集团		2
亚洲集团		2
东欧集团	2	
拉丁美洲和加勒比国家集团		2
西欧和其他国家集团	2	
小岛屿发展中国家		1
最不发达国家		1
小计	4	8
总计	12（+12 候补）	

---

　　❶ 根据国际气候变化法专家福格特的介绍，美国在此方面谈判时运用了相应的谈判技巧。Christina Voigt，"Then Compliance and Implementation Mechanism of the Paris Agreement," *Review of European Community & International Environmental Law*，Vol. 25，No. 2，2016，p. 165.

　　❷ Lavanya Rajamani & Daniel Bodansky，"The Paris Rulebook：Balancing International Prescriptiveness with National Discretion," *International & Comparative Law Quarterly*，Vol. 68，No. 4，2019，p. 1027.

　　❸ 主要是拉丁美洲和加勒比国家集团未选出 2 名成员和 1 名候补成员。UNFCCC, *Report of the Conference of the Parties Serving as the Meeting of the Parties to the Paris Agreement on Its Second Session*，*held in Madrid from 2 to 15 December 2019*，FCCC/PA/CMA/2019/6，16 March 2020，pp. 7-8.

　　❹ UNFCCC, *Report of the 6th Meeting of the Committee to Facilitate Implementation and Promote Compliance Referred to in Article 15*，*paragraph 2*，*of the Paris Agreement*，PAICC/2022/M6/5/Corr. 1，10 March 2022，p. 2.

二、履行和遵约委员会的成员选择程序

【《巴黎协定》实施细则遵约机制部分的条文】6. 《巴黎协定》/《联合国气候变化框架公约》缔约方会议应选举委员会成员，并为每名成员选举一名候补成员，同时考虑到委员会的专家性质，并努力反映上文第 5 段所述的专门知识的多样性。

11. 委员会应从其成员中选出两名联合主席，……，并兼顾确保公平地域代表性的需要。

【《巴黎协定》履行和遵约委员会议事规则的条文】第 3.2 条：候补成员的作用

1. 依照本议事规则，候补成员有权参加委员会的议事程序，但无表决权。

2. 候补成员只有在代行成员职能时才能够投票。

3. 如果一名成员不能出席委员会的全部或部分会议，其候补成员应代行成员职能。

4. 如果一名成员的席位空缺，或一名成员辞职或因其他原因不能完成指定的任期或职能，其候补成员应临时代行委员会成员的职能，直至按照模式和程序第 9 段及上文第 3.1 条第 3 款正式选出一名成员或替换该成员。

第 4 条：共同主席的选举、作用和职能

1. 委员会应从其成员中选出一名来自发达国家缔约方的共同主席和一名来自发展中国家缔约方的共同主席。

【评注】（1）《巴黎协定》履行和遵约委员会的成员由缔约方会议选出，延续了从《蒙特利尔议定书》到《京都议定书》遵约机制中的规定。❶ 而且与《巴黎协定》透明度框架下的特别技术专家审评中技术专家的选拔不同，后者是由缔约方提供名单，由审评协调人和秘书处共同选出。但仍有两点需要注意：第一，缔约方会议不仅选举成员，而且为"每名成员会选举一名候

---

❶ 参见《蒙特利尔议定书》不遵守情事程序第 5 段、《联合国气候变化框架公约》多边协商程序第 9 段、与《京都议定书》规定的遵约有关的程序和机制第 2 节第 3 段。

补成员"。这一规定最早是开始于《京都议定书》遵约机制，❶ 之前《蒙特利尔议定书》和《联合国气候变化框架公约》遵约机制中都没有这种规定。第二，《巴黎协定》履行和遵约委员会的组成要求"努力反映上文第5段所述的专门知识的多样性"。这一点是《巴黎协定》履行和遵约委员会独有的，在之前的《蒙特利尔议定书》到《联合国气候变化框架公约》的遵约机制中亦没有规定这一点。《京都议定书》遵约机制中，关于这一点在两个分支机构中的规定是不一样的，促进分支机构要求"应力求均衡地反映以上第2节第6段所指各领域的专业能力"，而强制执行分支机构则要求"确保该组成员具备法律经验"。❷ 可见，关于专业知识无论是均衡体现，还是多样性，此种规定从其旨趣来看，都是为了保障委员会决策的科学性、公正性和合理性。随着晚近全球应对气候变化的深入，相关科学知识越来越复杂、越来越系统，单纯依赖于某一学科领域的专家显然在决策制定时会出现偏颇，因此保证履行和遵约委员会成员的专业性和多样性，对决策具有重要影响。此外，单从文本的角度来看，履行和遵约委员会在科学、技术、社会经济以及法律领域都必须有代表性成员，如果缺少某一领域的专家成员，则这一委员会的组成是不成立的，应重新选出合适的人员。然而，在履行和遵约委员会议事规则方面并没有涉及这一点，这势必有待于委员会在后续规则建设中加以完善。

有关候补成员的规定，主要是考虑到会议决定的作出，需要有10名成员出席（《巴黎协定》实施细则遵约机制部分第15段）。候补成员可以参加履行和遵约委员会的所有活动，但与正式成员的唯一区别在于，其没有表决权，只有当正式成员缺席时，候补成员才可投票。这具体体现在履行和遵约委员会议事规则的第3.2条第1—4款的规定上。尽管如此，毋庸置疑，候补成员仍在履行和遵约委员会活动中具有相当大的影响力。

（2）《巴黎协定》履行和遵约委员会要求从其内部选出两名联合主席，且这两名主席的选举应兼顾公平地域代表性。之前《蒙特利尔议定书》中没有规定联合主席问题。❸ 而由于在组成人员上的分歧，《联合国气候变化框架

---

❶ 参见与《京都议定书》规定的遵约有关的程序和机制第2节第5段。
❷ 参见与《京都议定书》规定的遵约有关的程序和机制第2节第4段和第3节第1段。
❸ 《蒙特利尔议定书》仅选出主席及副主席各一人。参见《蒙特利尔议定书》不遵守情事程序第5段。

公约》多边协商程序也没有规定主席问题。❶《京都议定书》遵约机制中首创了联合主席，但两名主席的选择是由促进分支机构和强制执行分支机构各自选出的主席担任，且一名是来自发达国家，另一名来自发展中国家。❷ 根据履行和遵约委员会议事规则第 4 条第 1 款的规定，委员会共同主席也采取一名来自发展中国家和一名来自发达国家的组成，但是《巴黎协定》履行和遵约委员会两名主席是按公平地域原则选出的，在此方面与《京都议定书》存在选择方式上的不同。从实践来看，在 2020 年 6 月履行和遵约委员会第 1 次会议上，成员们通过协商一致的方式选出巴基斯坦的戈哈尔（Haseeb Gohar）和挪威的福格特（Christina Voigt）作为第一任委员会联合主席。❸ 可见，在议事规则出台之前就已采用了发展中国家与发达国家各有一名主席的实践。

三、履行和遵约委员会成员的任期

【《巴黎协定》实施细则遵约机制部分的条文】7. 委员会当选成员和候补成员任期三年，最多可连任两届。

8. 在《协定》/《公约》缔约方会议第二届会议（2019 年 12 月）上，应选举委员会的六名成员和六名候补成员，初始任期两年；另选举六名成员和六名候补成员，任期三年。此后，《协定》/《公约》缔约方会议应在其有关常会上选举六名成员和六名候补成员，任期三年。成员和候补成员的任期应到继任者选出后为止。

9. 如果委员会的一名成员辞职或因其他原因无法完成指定的任期或履行委员会的职能，该缔约方应提名一名来自同一缔约方的专家在剩余的未满任期内接替该成员。

11. 委员会应从其成员中选出两名联合主席，任期三年……

【《巴黎协定》履行和遵约委员会议事规则的条文】第 3.1 条 任期

1. 每名成员和候补成员的任期应从其当选后下一个日历年 1 月 1 日开

---

❶ 参见《联合国气候变化框架公约》多边协商程序第 8~9 段。
❷ 参见与《京都议定书》规定的遵约有关的程序和机制第 4 节第 3 段和第 5 节第 3 段。
❸ UNFCCC, *Report of the First Meeting of the Committee Referred to in Article 15, Paragraph 2, of the Paris Agreement*, PAICC/2020/M1/9, 5 June 2020, p. 4.

始，至其任期最后一年的 12 月 31 日结束。

2. 根据模式和程序第 5 和第 8 段，对于每一届新的任期，应由提名的区域集团或选区（视情况）向秘书处告知选出的成员或候补成员，供作为《巴黎协定》缔约方会议的《联合国气候变化框架公约》缔约方会议（《协定》／《公约》缔约方会议）进行遴选。

3. 如果一名成员或候补成员辞职，或因其他原因无法完成指定的任期或履行职能，应由同一缔约方提名一名来自该缔约方的专家，在剩余任期内接替该成员或候补成员。该缔约方还可与所在区域集团或选区（视情况）协商，提名一名来自同一区域集团或选区的另一缔约方的专家，以接替该成员或候补成员。该缔约方应将提名的成员或候补成员的姓名和联系方式书面通知秘书处，由秘书处随后将这些信息告知委员会。

4. 如果一名成员或候补成员暂时不能在委员会任职，委员会应在该成员或候补成员提出请求后，邀请同一缔约方与区域集团或选区（视情况）协商，提名一名来自该缔约方的专家，以临时身份接替上述成员或候补成员，任期自提出上述请求之日起最长为一年。

第 4 条：共同主席的选举、作用和职能

2. 每名共同主席应在其全部三年任期内担任共同主席，并在委员会会议期间和会间担任共同主席。

【评注】（1）履行和遵约委员会成员和候补成员的任期是三年，可连选两届。这一规定与《联合国气候变化框架公约》多边协商程序中的规定是一致的。❶ 而《蒙特利尔议定书》和《京都议定书》遵约机构委员的任期分别是两年和四年，但连选的任期分别是相同的，亦是两届。❷

（2）有关履行和遵约委员会成员和候补成员的初选和任期年限。由于是以缔约方为代表，而不是以专家为代表，因此《蒙特利尔议定书》不遵守情事程序没有涉及初选成员问题。而《联合国气候变化框架公约》则由于成员组成上的分歧，也没有规定该问题。只是到了《京都议定书》遵约机制时，才规定了成员和候补成员的初选和任期年限。而《巴黎协定》延续了《京都

❶ 参见《联合国气候变化框架公约》多边协商程序第 9 段。
❷ 参见《蒙特利尔议定书》不遵守情事程序第 5 段、与《京都议定书》规定的遵约有关的程序和机制第 4 节第 2 段和第 5 节第 2 段。

议定书》在这一方面的规定。但不同的是,《巴黎协定》增加了一句话,即要求"成员和候补成员的任期应到继任者选出后为止",这样避免了因意外而出现委员会工作无法进行的问题。此外,履行和遵约委员会议事规则第3.1.1条将成员和候补成员开始工作的具体时间确定下来,一般是从1月1日到12月31日即一个完整年度。

（3）关于成员在任期内出现离职或其他意外而不能履行职能时,《巴黎协定》遵约机制是要求推荐该成员的缔约方提名来自同一缔约方的专家在剩余的未满任期内接替该成员。需要注意的是,第一,之前只有《蒙特利尔议定书》不遵守情事程序规定过这一问题,但性质不一样,因为《蒙特利尔议定书》履行委员会的成员性质是缔约方代表,而《巴黎协定》履行和遵约委员会的成员则是以个人身份任职的。第二,这一专家并不一定具有缔约方国籍。换言之,缔约方推荐的专家也可是非缔约方国民。例如,在履行和遵约委员会议事规则第3.1.3条即提出"该缔约方还可与所在区域集团或选区（视情况）协商,提名一名来自同一区域集团或选区的另一缔约方的专家,以接替该成员或候补成员"。第三,这样做的益处不仅在于不需要重新进行选举而导致资源的浪费,而且也可及时避免由于人员的空缺,造成投票法定人数不足的问题。❶ 第四,履行和遵约委员会议事规则第3.1.4条还规定成员和候补成员暂时不能任职情况下的解决办法及时间限制。

（4）《巴黎协定》履行和遵约委员会的联合主席任期是三年,任期到各自的任期结束。而《京都议定书》遵约委员会联合主席的任期是两年,但成员的任期是四年,当卸任主席后,仍可以成员身份开展工作。❷ 根据履行和遵约委员会议事规则第4条第2款的注释,当选为三年期的成员,如若被选为共同主席,则其任期亦是三年;同理,当选两年期的成员,则其共同主席任期是两年。当然,这种情况只会出现在第一届共同主席的选举上。

---

❶ Lisa Benjamin, Rueanna Haynes & Bryce Rudyk, "Article 15 Compliance Mechanism," in Geert van Calster & Leonie Reins eds., *The Paris Agreement on Climate Change: A Commentary*, Cheltenham, UK: Edward Elgar, 2021, p. 354.

❷ 参见与《京都议定书》规定的遵约有关的程序和机制第2节第4段。

四、履行和遵约委员会成员的身份

【《巴黎协定》条文】第十五条第二款规定……应以专家为主……

【《巴黎协定》实施细则遵约机制部分的条文】2. 委员会应以专家为主……

10. 委员会成员和候补成员应以个人专家身份任职。

【《巴黎协定》履行和遵约委员会议事规则的条文】第3.3条　职责和行为

1. 成员和候补成员应正直、独立、公正和尽责地履行任何职责和行使任何职权，遵守《联合国气候变化框架公约》大会、会议和活动的《行为守则》以及当选和任命官员的《道德守则》，包括这些守则的修正、修订和替换版本，这些守则比照适用于委员会。

【评注】（1）《巴黎协定》及其实施细则遵约机制部分强调了履行和遵约委员会的组成人员应是"专家身份"。这与之前的《蒙特利尔议定书》不遵守情事程序的规定不同，后者的组成人员是缔约方，而不是个人专家；对于个人而言，其是代表缔约方的。这带来一个问题，缔约方必须将代表的个人名单通知秘书处，并要尽可能保持代表人选在任期内不变。[1] 可见，这种以缔约方而非个人专家身份履行委员会职能时，在程序简洁性和公平性方面会存在一定问题。[2] 亦如学者所指出的，这种成员以国家代表身份组成的遵约机构更倾向于是政治性的，主要从事和解与谈判，更类似于一个简单的缔约方外交会议。[3]

（2）从《联合国气候变化框架公约》多边协商程序开始，气候变化领域

---

[1] 《蒙特利尔议定书》不遵守情事程序第5段规定，依此成立履行委员会。该委员会应由缔约方会议按公平地域分配原则选举十个缔约方组成，任期二年。应要求被选入委员会的缔约方在其获选两个月内将拟代表该缔约方的个人姓名通知秘书处，并应努力确保在整个任期内代表人选保持不变。

[2] Winfried Lang, "Compliance Control in International Environmental Law: Institutional Necessities," *Heidelberg Journal of International Law*, Vol. 56, 1996, p. 689.

[3] Alessandro Fodella, "Structural and Institutional Aspects of Non-Compliance Mechanisms," in Tullio Treves, Laura Pineschi, Attila Tanzi, et al. eds., *Non-Compliance Procedures and Mechanisms and the Effectiveness of International Environmental Agreements*, The Hague: T. M. C. Asser Press, 2009, p. 360.

的遵约机构均是以个人专家身份开展工作。❶ 无疑，相比作为缔约方的代表，个人专家身份具有一种使遵约过程去政治化的特征，❷ 从而会促使更多缔约方愿意接受这一机制。❸ 此外，它也成为缔约方在无法达成由第三方解决遵约时，一种具有"软"进步的处理方式。❹ 故而可以这样认为，在遵约机制本身不具独立性而只有缔约方会议才有权作出最后决策时，以专家为主的遵约机制的介入，可以在一定程度上改变缔约方会议决策的主观性，从而使其更为客观和具有说服力。也有学者认为，以专家为主，带来了更多技术性上的便利，使得履行和遵约委员会的决议能迅速作出，有助于履行与遵约。❺ 但此处须强调的是，这里的中文表述"应以专家为主"不严谨，容易让人产生歧义，即认同除专家以外，还有其他身份的人参与其中。但按英文表述来看，此处对应的中文表述应为"以专家为基"（be expert-based）。此外，有关专家能否是缔约方代表团的成员，是存在争议的，从《京都议定书》遵约实践来看，这一问题也已受到遵约委员会的关注。❻

（3）履行和遵约委员会议事规则第 3.3 条第 1 款强调了成员和候补成员应正直、独立、公正和尽责地履行任何职责和行使任何职权。而在具体要求方面，则比照适用《联合国气候变化框架公约》正在实施中的《行为守则》

---

❶ 参见《联合国气候变化框架公约》多边协商程序第 8 段、与《京都议定书》规定的遵约有关的程序和机制第 2 节第 6 段。

❷ Tullio Treves, "Introduction," in Tullio Treves, Laura Pineschi, Attila Tanzi, et al. eds., *Non-Compliance Procedures and Mechanisms and the Effectiveness of International Environmental Agreements*, The Hague: T. M. C. Asser Press, 2009, p. 5.

❸ Rüdiger Wolfrum & Jürgen Friedrich, "The Framework Convention on Climate Change and the Kyoto Protocol," in Ulrich Beyerlin, Peter-Tobias Stoll & Rüdiger Wolfrum eds., *Ensuring Compliance with Multilateral Environmental Agreements: A Dialogue between Practitioners and Academia*, Leiden: Martinus Nijhoff Publishers, 2006, p. 59.

❹ Alessandro Fodella, "Structural and Institutional Aspects of Non-Compliance Mechanisms," in Tullio Treves, Laura Pineschi, Attila Tanzi, et al. eds., *Non-Compliance Procedures and Mechanisms and the Effectiveness of International Environmental Agreements*, The Hague: T. M. C. Asser Press, 2009, p. 361.

❺ Yamide Dagnet & Eliza Northrop, "Facilitating Implementation and Promoting Compliance (Article 15)," in Deniel Klein, Maria Pia Carazo, Meinhard Doelle, Jane Bulmer & Andrew Higham eds., *The Paris Agreement on Climate Change: Analysis and Commentary*, Oxford: Oxford University Press, 2017, p. 347.

❻ UNFCCC, *Annual Report of the Compliance Committee to the Conference of the Parties Serving as the Meeting of the Parties to the Kyoto Protocol*, FCCC/KP/CMP/2010/6, 8 October 2010, p. 50.

和《道德守则》。❶

五、履行和遵约委员会的会议届数规定

【《巴黎协定》实施细则遵约机制部分的条文】12. 除非另有决定,自2020 年始,委员会每年至少应举行两次会议。在安排会议时,委员会应酌情考虑到与为《巴黎协定》服务的附属机构的届会同时举行会议的可取性。

【《巴黎协定》履行和遵约委员会议事规则的条文】第 5 条:会议日期、通知和地点

1. 根据模式和程序第 12 段,委员会应每年至少举行两次会议。在每个日历年的第一次委员会会议上,共同主席应提出该日历年的会议时间表,酌情考虑在为《巴黎协定》提供服务的附属机构举行届会的同时举行会议的可取性。

2. 委员会在每次会议上确认下一次会议的日期、会期和地点。

3. 如需更改会议时间表或增开会议,共同主席应与委员会协商,然后请秘书处将排定的会议日期的任何变动和/或增开会议的日期通知成员和候补成员,并尽可能至少在会议开幕四周前发出会议通知。

4. 委员会应努力视情况在波恩举行会议,在特殊情况下及在需要时,为推进委员会的工作,可考虑在共同主席与委员会协商后提出建议的情况下举行虚拟会议。

5. 在安排虚拟会议时,委员会应特别注意这类会议的工作模式,包括公平和平衡地选择成员和候补成员的时区,以确保所有成员和候补成员均可有效参与。

6. 秘书处应将会议日期、会期和地点通知成员和候补成员,并在会议开幕至少五周前分发会议议程。

【评注】(1)《巴黎协定》实施细则遵约机制部分的第 12 段规定了委员会每年召开会议的次数。在《蒙特利尔议定书》不遵守情事程序中,有关履

---

❶ UNFCCC, *Code of Conduct: To Prevent Harassment, including Sexual Harassment, at UNFCCC E-vents*, https://unfccc. int/sites/default/files/resource/Code _ of _ Conduct_English. pdf. See also UNFCCC, *Code of Ethics for Elected and Appointed Officers under the United Nations Framework Convention on Climate Change, the Kyoto Protocol and the Paris Agreement*, https://unfccc. int/sites/default/files/resource/Code% 20of% 20Ethics% 20for% 20elected% 20and% 20appointed% 20officers. pdf.

行委员会每年召开的会议是两次，除非是另有决定。而《巴黎协定》实施细则遵约机制部分则强调每年至少应举行两次会议，这里面的"至少"的表述与《蒙特利尔议定书》的规定出现了相反的效果。换言之，在《蒙特利尔议定书》不遵守情事程序下，如果履行委员会要召开两次以上会议时，应有"决定"支持，而这个"决定"一般情况下应是指缔约方会议的决定，履行委员会只能作出报告和建议，没有作出"决定"的权利。❶ 而《巴黎协定》履行和遵约委员会召开两次以上的会议无需缔约方会议的"决定"支持。只有在某年召开"一次"委员会会议或不开会时，才可能需要缔约方会议的"另有决定"，而且在职能方面，《巴黎协定》遵约机制的履行和遵约委员会也有作出"决定"的权利（实施细则遵约机制部分的第16段）。

当然，两次以上会议的召开并不是没有限制的，根据履行和遵约委员会议事规则第5条第3款的规定，"如需更改会议时间表或增开会议，共同主席应与委员会协商，然后请秘书处将排定的会议日期的任何变动和/或增开会议的日期通知成员和候补成员，并尽可能至少在会议开幕四周前发出会议通知"。由上可知，《巴黎协定》实施细则遵约机制部分关于履行和遵约委员会召开会议的次数要比《蒙特利尔议定书》不遵守情事程序的规定更为合理、更为开放，赋予了委员会更多的议事权。

相比《蒙特利尔议定书》不遵守情事程序，《联合国气候变化框架公约》多边协商程序规定了每年至少举行一次会议，没有规定上限。但其后又规定，凡切实可行，委员会会议应结合缔约方会议或附属机构届会举行。❷《京都议定书》遵约机制中规定了"除非另行决定，委员会应每年至少举行两次会议"。这一规定与《巴黎协定》遵约机制中的规定是相同的。存在的不同是，《京都议定书》遵约机制要求"应注意最好与《联合国气候变化框架公约》附属机构的会议衔接举行此种会议"，❸ 而《巴黎协定》遵约机制则规定"在安排会议时，委员会应酌情考虑到与为《巴黎协定》服务的附属机构的届会同时举行会议的可取性"。履行和遵约委员会议事规则第5条第1款规定，

---

❶ Markus Ehrmann, "Procedure of Compliance Control in International Environmental Treaties," *Colorado Journal of International Environmental Law & Policy*, Vol. 13, 2002, pp. 400-401.

❷ 参见《联合国气候变化框架公约》多边协商程序第10段。

❸ 参见与《京都议定书》规定的遵约有关的程序和机制第2节第10段。

"在每个日历年的第一次委员会会议上，共同主席应提出该日历年的会议时间表，酌情考虑在为《巴黎协定》提供服务的附属机构举行届会的同时举行会议的可取性"。显然，从范围上来看，《巴黎协定》履行和遵约委员会举行会议的时间有更多的灵活选择。

（2）有关会议的日期、会期和地点。关于这一点，根据履行和遵约委员会议事规则第 5 条第 2 款的规定，会议日期、会期（持续时间）以及地点是由履行和遵约委员会来决定的，但其第 4 款又指出，委员会应努力视情况在波恩举行会议。可见，在地点上，基本确定是在德国波恩，但不排除履行和遵约委员会作出新地点的决定。

（3）有关虚拟会议问题。根据《巴黎协定》实施细则遵约机制部分的第 12 段，履行和遵约委员会的第一次会议应在 2020 年召开，然而受新冠病毒感染疫情的影响，无法实现线下会议，因此，有关是否召开虚拟会议的问题就被提上日程，在实践中，缔约方在履行和遵约委员会议事规则出台前，就已通过虚拟会议来处理相关遵约问题。而议事规则的第 5 条第 4—5 款则更明确地规定了虚拟会议的具体实施。一方面，在特殊情况下及在需要时，为推进委员会的工作，可考虑在共同主席与委员会协商后提出建议的情况下举行虚拟会议。另一方面，受时差影响，虚拟会议的召开应尽可能考虑成员所在时区，以确保所有成员和候补成员能有效参会。有关虚拟会议的召开在《京都议定书》遵约机制中也存在，但学者认为这种虚拟会议只应在特殊情况下适用，因为虚拟会议无法面对面交流，对作决定会有负面影响。❶

六、履行和遵约委员会的保密规定

【《巴黎协定》实施细则遵约机制部分的条文】13. 在拟定和通过委员会的决定时，只能有委员会成员和候补成员及秘书处官员在场。

14. 委员会、任何缔约方或参与委员会审议过程的其他方面应保护所收到机密信息的机密性。

---

❶ Geir Ulfstein, "Depoliticizing Compliance," in Jutta Brunnée, Meinhard Doelle & Lavanya Rajamani eds., *Promoting Compliance in an Evolving Climate Regime*, Cambridge: Cambridge University Press, 2012, p. 423.

【《巴黎协定》履行和遵约委员会议事规则的条文】第3.3条 职责和行为

2. 按照模式和程序第14段的规定，委员会成员和候补成员应遵守对委员会收到的机密信息或委员会认定为机密的信息保密的义务。

3. 每名成员和候补成员在任期开始时应以书面形式确认，他们将正直、独立、公正和尽责地履行职责和行使职权，并依照其在委员会承担的责任作出声明，即使在其职责终止后，他们也不会披露他们因在委员会承担的职责而收到的、被委员会认定为机密的任何信息；如果在委员会讨论的任何事项中存在可能构成真实或明显的个人或财务利益冲突的利益，或可能不符合委员会成员或候补成员应秉持的客观性、独立性和公正性的利益，他们应立即披露情况，并避免参加委员会有关这一事项的工作。

第7条：文件

1. 委员会会议的文件应至少在会议开始四周前提供给委员会。

2. 临时议程、通过的会议报告和委员会商定的任何其他文件应酌情在《气候公约》网站上公开发布，但须遵守模式和程序第14段规定的保密要求。

3. 委员会可在不影响其他通信手段的情况下，酌情使用电子通信手段发送和共享文件。

4. 秘书处应确保建立和维护安全的和专门的网络界面，以便利委员会的工作。

第12条：观察员

1. 委员会的会议应向缔约方开放，并允许非缔约方观察员参加，但须遵守模式和程序第13~14段规定，除非委员会按照模式和程序第14段，出于保护所收到的机密信息的机密性等原因，决定举行闭门会议或部分闭门会议。委员会可在会议之前或会议期间的任何时间逐案作出这一决定。

2. 秘书处应在会议前通知委员会从被接纳参加《气候公约》进程的非缔约方观察员那里收到的任何出席会议的请求。

3. 被接纳的非缔约方观察员应遵守关于非政府组织代表参加《气候公约》机构会议的准则4和《气候公约》大会、会议和活动的《行为守则》，包括其修正、修订和替换版本，这些准则和守则比照适用于委员会。

4. 如果委员会决定举行部分闭门会议，缔约方和被接纳的非缔约方观察员应离开会议。

5. 除非委员会另有决定，否则会议对观察员开放的部分应进行录制，并且会后在《气候公约》网站上发布。

6. 如果一名成员或候补成员在会议过程中认为某观察员违反了本条规则第3款，可要求共同主席立即举行闭门会议，就此问题与委员会协商。如果共同主席经过协商后，赞成有关成员或候补成员的意见，则有关观察员应离开会议。如果有关成员或候补成员反对共同主席的意见，委员会应考虑采取何种行动方案。

【评注】（1）《巴黎协定》履行和遵约委员会的决定作出时，参加人只能是三类人员，即成员、候补成员和秘书处官员。其余人员均不得参加拟订或通过决定会议。首先，从严格意义上讲，《蒙特利尔议定书》履行委员会不涉及作出决定，而是建议。但即使如此，从其条文来看，也没有限制缔约方及其他人员在会议现场，而只是要求他们不参加制订和通过遵约的建议。《联合国气候变化框架公约》多边协商程序中也涉及这一问题。其次，《京都议定书》遵约机制中规定了"缔约方不得出席分支机构审议和通过决定的会议"，但没有规定其他人员是否能参加此类会议。最后，很显然，《巴黎协定》遵约机制中关于履行和遵约委员会作出决定的会议参加人的要求更严格，从而保障了履行和遵约委员会决定作出的公正性。当然，从另一个侧面来看，也意味着除作出决定的会议以及可能涉密的会议以外，履行和遵约委员会的其他会议应是公开的。

（2）《巴黎协定》实施细则遵约机制部分第14段主要规定了信息的保密性问题。由于减排涉及相关技术问题，因此与知识产权密切联系，为保护缔约方在减排技术方面的知识产权，建立遵约信息保密性是极其必要的。这在《蒙特利尔议定书》不遵守情事程序、《京都议定书》中都有所体现。所不同的是，《巴黎协定》遵约机制关于信息保密性规定的范围更为严格，即只要与委员会审议相关，所有机密信息均应被保护。❶

---

❶《蒙特利尔议定书》第15段规定，履行委员会成员和任何参与讨论的缔约方应保护其所收到保密资料的机密性。第16段规定，报告不应载有收到的任何保密资料，任何人索取报告时都应发给。与委员会提交给缔约方会议的建议有关，而由委员会交换或与委员会交换的一切资料，在任何缔约方索取时，秘书处应发给；该缔约方应保护收到的保密资料的机密性。与《京都议定书》规定的遵约有关的程序和机制第8节第6段规定，在不违反与保密有关的任何规则前提下，分支机构审议过的信息也应予以公布，除非分支机构自行确定或应有关缔约方请求确定，在其决定成为最终决定之前暂不公布有关缔约方提供的信息。

对此，履行与遵约委员会议事规则在第 3.3 条第 2—3 款对《巴黎协定》实施细则遵约机制部分第 14 段的规定又进行了详细解释。第一，将"机密信息"的范围进行了扩大，不仅包括缔约方提交的认为是机密的信息，而且包括履行和遵约委员会本身认定为机密的信息。第二，从时间范围强调了不仅包括在履行和遵约委员会工作时期，也包括不担任成员或候补成员后的所有时间。第三，规定了如相关机密信息与成员或候补成员有利益冲突时，成员或候补成员应披露，并不参加有关这一事项的工作。此外，履行和遵约委员会议事规则的第 7 条第 2 款规定，当公布临时议程、会议报告或任何其他文件时，不得违反《巴黎协定》实施细则遵约部分第 14 段的保密规定。

（3）如上所述，既然除了履行和遵约委员会在作出决定的和涉密会议以外，其他会议都是公开的，那么就涉及其他人员旁听会议的问题。对此，履行和遵约委员会议事规则第 12 条规定了观察员条款，来处理这一问题。第一，任何缔约方和非缔约方观察员都可参加公开的会议。第二，涉密的会议，缔约方和非缔约方观察员是不能参加的。至于哪些属于涉密会议，则由委员会在会前或会议期间任何时间逐案作出决定。第三，非缔约方观察员参加会议必须会前向秘书处提出参会请求，而对其他缔约方没有此项要求。第四，参会的非缔约方观察员应遵守关于非政府代表参会的具体规则。第五，除非委员会另有决定，向非缔约方观察员开放的会议部分应被记录，并且会后在《联合国气候变化框架公约》网站上公布。第六，如委员会成员发现非缔约方观察员违反参会规则，可请求共同主席召开闭门会议进行商讨。倘若确如成员所指，则共同主席可要求非缔约方观察员退出会议。如未能达成一致意见，则履行和遵约委员会应考虑如何处理这一问题。

七、履行和遵约委员会的法定人数规定

【《巴黎协定》实施细则遵约机制部分的条文】15. 通过委员会决定所需的法定人数为 10 名成员出席。

【《巴黎协定》履行和遵约委员会议事规则的条文】第 8 条：法定人数

1. 应根据模式和程序第 15 段，在会议开始前确定法定人数，同时考虑到，如果一名成员缺席委员会全部或部分会议，其候补成员应代行该成员的

职责。

2. 应在即将通过任何决定之前确认法定人数，同时考虑到，候补成员只有在代行成员职责时才能投票。

3. 成员或候补成员可在会议开始前或委员会通过任何决定之前要求确认法定人数。

【评注】（1）《巴黎协定》履行和遵约委员会通过决定需要 10 名成员出席。在《蒙特利尔议定书》和《联合国气候变化框架公约》的遵约机制中，无论履行委员会，还是多边协商程序委员会，由于它们仅是提供建议或结论，而非作出决定，因此，并没有关于委员会相关行为作出时对法定人数的规定。直到《京都议定书》遵约机制时，才有了通过决定时对法定人数的要求。但《巴黎协定》遵约机制中，对履行和遵约委员会通过决定的法定人数的规定较为严格，需要 5/12 的委员参加才可通过，但《京都议定书》遵约机制中遵约委员会通过决定的法定人数更高，需要 3/4 委员到场。❶ 而且，由于要求至少10 名成员出席，那么投票时一定会有发达国家委员在内。

（2）根据履行和遵约委员会议事规则第八条的规定：第一，法定人数应在每次会议之前确定；第二，候补成员只有在成员缺席时，才可代行成员的投票权；第三，成员和候补成员在会议前或会议作出决定之前，均有要求确认法定人数的权利。

八、履行和遵约委员会的决策和表决程序

【《巴黎协定》实施细则遵约机制部分的条文】16. 委员会应尽一切努力以协商一致方式议定任何决定。如果尽一切努力争取协商一致但仍无结果，作为最后办法，可由出席并参加表决的委员中的至少四分之三通过决定。

【《巴黎协定》履行和遵约委员会议事规则的条文】第 9 条：根据模式和程序第 16 段进行决策和表决

1. 委员会应尽一切努力，以协商一致的方式达成协议。共同主席在提出供通过的决定草案时，应查明是否已达成协商一致意见。

---

❶ 参见与《京都议定书》规定的遵约有关的程序和机制第 2 节第 8 段。

2. 为促进达成协商一致，共同主席可作出下述努力：

（a）就会前文件草案，包括就决定草案，与成员和候补成员协商；

（b）在会议期间就有关事项与成员和候补成员协商；

（c）让成员有机会在有关会议的报告中声明和/或正式记录其对某一特定决定的保留意见，而不妨碍达成协商一致意见。

3. 共同主席应本着诚意一起行动，在与所有成员和候补成员协商后，决定是否已就某一特定决定草案达成协商一致穷尽所有努力。

4. 在作出上述决定时，共同主席应考虑：

（a）是否在会议期间和/或会间，包括在共同主席之间就有关事项进行了协商，但未达成协商一致意见；

（b）是否以前的会议曾审议过决定草案的主题事项，但未达成协商一致意见；

（c）是否有成员以及有多少成员表示不能就某一问题达成协商一致意见。

5. 如果已用尽为达成协商一致可作出的一切努力，则应适用以下表决程序作为最后手段：

（a）在进行任何表决之前，共同主席应向每名成员提供一份最后决定草案。该决定草案应当是根据共同主席的判断获得最多成员支持的版本；

（b）共同主席保留其表决权；

（c）每名成员应有一票表决权；

（d）经至少四分之三出席并参加表决的成员投赞成票的决定应被视为获得通过。

6. 出于本规则的目的，"出席并参加表决的成员"一词意指在表决时出席会议并投赞成票或反对票的成员和代行成员职责的候补成员。出于确定四分之三大多数的目的，表决时弃权的成员应被视为没有表决。

7. 委员会可以在两次会议之间使用电子手段，以书面形式就程序性事项或就其在会议期间商定需要作出决定的事项作出决定。

8. 根据本条规则第 7 款、上文第 3.2 条，以及模式和程序第 15～16 段，共同主席应在三周内分发一份拟议的书面决定，供无异议通过，之后，除非有人提出异议，否则该拟议书面决定将被视为获得通过。如果收到反对意见，共同主席将根据其查明的情况，与成员或代行该成员职责的候补成员处理该反对意见。如果表示反对意见的成员或代行该成员职责的候补成员坚持其反对意见，委员会将在下次会议上审议拟议的书面决定。如果反对意见撤回，或在不改变决定文本的情况下得到解决，该决定将被视为获得通过。秘书处应将所有书面评论和反对意见分发给委员会。

9. 委员会通过的决定应列入会议报告，根据表决通过的决定应包括最后的计票结果，以及持不同意见的成员的评论。在会间通过的决定应在委员会下次会议的报告中予以记录。

10. 委员会的决定应有理有据，以书面形式提交。

【评注】（1）《巴黎协定》履行和遵约委员会具有作出决定的职能。在遵约机制设计之初，委员会是不具备作出决定这一职能的，而仅有审议和报告职能。例如，《蒙特利尔》不遵守情事程序和《联合国气候变化框架公约》多边协商程序中都没有赋予委员会这种权力。直到《京都议定书》遵约机制时，才具有了这一职能。❶ 显然，《巴黎协定》履行和遵约委员会沿袭了这一职能，它既反映了通过长时间遵约机制的运行，国际社会已开始接受这一机制，对委员会给予了更深层次的信任，又使得委员会能够独立于缔约方会议，作出相应决策安排。

（2）《巴黎协定》履行和遵约委员会通过决定的方式是以协商一致为主。但当无法达成一致时，由出席并参加表决的委员会中的至少四分之三通过决定。也就是说，一份决定至少应有 8 名有投票权的成员投赞成票才可通过。这一规定与《京都议定书》遵约机制中遵约委员会通过决定的方式相同。但仍有区别，《京都议定书》遵约机制中设立了强制执行分支机构，而对强制执行分支机构通过决定，不仅是要求 3/4 的赞成票，而且这 3/4 的赞成票中，须是出席并参加表决的发达国家与发展中国家的多数同意，才能作出决定。换言之，无论是发达国家，还是发展中国家都不能通过己方的参加与表决的绝对数通过决定。❷ 此外，对"出席并参加表决的成员"作出了限制，即只

---

❶ 参见与《京都议定书》规定的遵约有关的程序和机制第 2 节第 9 段。

❷ Rüdiger Wolfrum & Jürgen Friedrich, "The Framework Convention on Climate Change and the Kyoto Protocol," in Ulrich Beyerlin, Peter-Tobias Stoll & Rüdiger Wolfrum eds., *Ensuring Compliance with Multilateral Environmental Agreements: A Dialogue between Practitioners and Academia*, Leiden: Martinus Nijhoff Publishers, 2006, p. 60.

有出席并投赞成票或反对票的成员。这样就排除了成员弃权的问题。❶《巴黎协定》履行和遵约委员会议事规则第9条第6款基本作出了同样规定，即"出席并参加表决的成员"一词意指在表决时出席会议并投赞成票或反对票的成员和代行成员职责的候补成员。出于确定3/4大多数的目的，表决时弃权的成员应被视为没有表决。

（3）在《巴黎协定》实施细则遵约机制部分的第16段中，需要注意的是，没有对"尽一切努力"作出明确解释。这样就会产生一个问题，"尽一切努力"的结束点在什么地方？倘若没有此规定，则易造成委员会的决议久拖不决的问题。对此，《巴黎协定》履行和遵约委员会议事规则进行了规定，其第9条第1—4款规定了协商一致的程序，将主要程序性事项交由共同主席来完成。具体体现在：第一，共同主席有义务在决定作出之前，就查明是否已达成协商一致。第二，为达成协商一致，共同主席有义务在会前、会议期间与成员和候补成员进行协商。第三，针对决定的异议，共同主席可在与异议成员协商基础上，作出协商一致的决定，但在会议文件中可声明或记录成员和/或候补成员的意见。第四，是否已"用尽所有努力"，应是在与所有成员和候补成员协商后由共同主席决定这一点。第五，在作出这一是否"用尽所有努力"决定时，共同主席应指出三个方面：①是否进行了协商；②这一事项是否之前曾审议且未达成协商一致意见；③是否有成员或候补成员表示不能达成协商一致意见，若有，他们有多少人。

（4）有关投票表决通过的程序。根据《巴黎协定》履行和遵约委员会议事规则第9条第5款的规定：第一，在表决前，共同主席应提供一份获得最多成员和候补成员支持的草案文本；第二，拥有投票权并参与会议的成员和候补成员中有3/4人投赞成票，则该决定被视为通过。

（5）有关程序性事项或决定作出前的程序安排。第一，履行和遵约委员会议事规则第9条第7款要求，履行和遵约委员会应在两次会议之间使用电子手段，如电话、电报、电子邮件等，以书面形式就程序性事项或拟在会议期间通过决定的事项作出决定。第二，根据履行和遵约委员会议事规则第9条第8款的规定，具体是由共同主席在三周内分发一份拟定好的决定，如若

---

❶ 参见与《京都议定书》规定的遵约有关的程序和机制第2节第9段。

没有收到反对意见，则视为获得通过；如若收到反对意见，则共同主席根据具体情况，与提出反对意见的成员或候补成员一起处理这一反对意见。最终，如果提出反对意见的成员或候补成员仍坚持反对意见，则委员会在下次会议上审议拟定的决定；如果反对意见的成员或候补成员撤回反对意见，或在不改变文本情况下得到解决，则被视为获得通过。第三，秘书处将所有书面评论和反对意见分发给委员会。如上，通过这种程序性安排既保证了决定的高效通过，又保证了决定通过的透明度。

（6）会议决定记录的程序性安排。《巴黎协定》履行和遵约委员会议事规则第 9 条第 9—10 款规定了此项内容。一方面，要求委员会将通过的决定列入会议报告，如是投票通过的，则还应包括计票结果和不同意见的评论。会议之间通过的决定应列入委员会下次会议报告中。另一方面，委员会的决定应说明理由。关于这一点，早在《巴黎协定》实施细则遵约机制部分谈判时，就成为谈判代表议论的焦点。从其第三次会议的谈判文本来看，就体现出要求委员会作出决定应给予理由。而履行和遵约委员会议事规则在此处的规定正是对这一问题的回应。

九、履行和遵约委员会的议事规则的通过

【《巴黎协定》实施细则遵约机制部分的条文】17. 委员会应制定议事规则，顾及透明、促进性、非对抗和非惩罚性原则，特别关心缔约方各自的国家能力和情况，以期建议《协定》/《公约》缔约方会议第三届会议（2020 年 11 月）审议和通过。

【评注】（1）议事规则在遵约机制中占有非常重要的地位，在一定程度上可以说是遵约机制中比决定通过更重要的程序规则。但由于《蒙特利尔议定书》遵约机制是以提供建议或事实为旨趣的，因此，没有在其遵约机制文本中规定议事规则。同样，鉴于《联合国气候变化框架公约》多边协商程序的搁置，也没有进一步设定其多边协商程序中的议事规则。而遵约机制中关于议事规则的规定最早是体现在《京都议定书》中，其强调任何议事规则均

须缔约方会议一致通过。❶ 同样，《巴黎协定》履行和遵约委员会的议事规则亦是此种要求。但有所不同的是，《巴黎协定》遵约机制强调通过的议事规则应符合两个要求：一是必须顾及透明、促进性、非对抗和非惩罚性原则；二是要特别关心缔约方各自的国家能力和情况。显然，缔约方在制定《巴黎协定》遵约机制时，对于任何可能改变《巴黎协定》遵约性质的规则都非常谨慎。

（2）根据该段的规定，《巴黎协定》履行和遵约委员会的议事规则应于2020年11月第三届会议上通过。然而，现实是由于2019年年底暴发的新冠病毒感染疫情，造成2020年《巴黎协定》缔约方第三届会议没有如期召开，而直到2021年才在英国格拉斯哥正式召开了缔约方第三届会议，并在此会议上通过了《巴黎协定》履行和遵约委员会的议事规则。

（3）从通过议事规则的第24/CMA.3号的决定来看，通过的议事规则并不是完整的。一方面，议事规则的"第2条：定义"仍没有形成相关案文；另一方面，仍存在议事规则没有作出规定的其他方面，故而，第24/CMA.3号决定要求委员会应于2022年11月完成剩余议事规则的工作。

十、有关利益冲突和联合主席作用的规定

【《巴黎协定》实施细则遵约机制部分的条文】18. 第17段所述的议事规则将处理委员会适当和有效运作所需的所有事项，包括委员会联合主席的作用、利益冲突、与委员会工作有关的任何补充时限、委员会工作的程序阶段和时限以及委员会决定的论证过程。

【《巴黎协定》履行和遵约委员会议事规则的条文】第3.4条：利益冲突

1. 成员和候补成员必须及时披露并回避可能使其个人或财务利益受到影响的任何审议或决策，以避免利益冲突或出现利益冲突。

第4条：共同主席的选举、作用和职能

---

❶ 参见与《京都议定书》规定的遵约有关的程序和机制第3节第2段（d）。2006年《京都议定书》缔约方在内罗毕会议上通过《京都议定书》遵约委员会的议事规则。UNFCCC, "Decision 4/CMP. 2 Compliance Committee, Annex, Rules of Procedure of the Compliance Committee of the Kyoto Protocol," in *Report of the Comference of the Parties Serving as the Meeting of the Parties to the Kyoto Protocol on Its Second Session*, held at Nairobi from 6 to 17 November 2006, FCCC/KP/CMP/2006/10/Add. 1, 2 March 2007, pp. 17-27.

3. 共同主席应在会议期间和会间协调委员会商定的工作。

4. 如果一名共同主席不再有能力履行职责，或不再担任成员，应为剩余的任期选举一名新的共同主席。

5. 共同主席应在两人之间分担和分配主持委员会会议的责任。

6. 如果一名当选的共同主席不能担任某次会议或某一特定事项的共同主席，则另一名共同主席应担任主席。如两名共同主席均不能以各自的身份履行职务，则委员会应从与会成员中选出一名成员，担任该会议或该特定事项（视情况）的主席。

7. 根据模式和程序第 11 段，共同主席在履行职责时应遵循委员会的最大利益。

8. 根据模式和程序第 15~16 段和本议事规则，共同主席应负责委员会会议的开幕、举行、暂停、休会和闭幕，并负责处理所有程序事项。

9. 共同主席负责确保本议事规则和委员会每次会议通过的议程得到遵守。

10. 共同主席应就程序问题作出决定，除非委员会成员反对，否则任何此类决定均为最终决定。如果有成员提出反对意见，委员会应考虑采取何种行动方案。

11. 共同主席应提交每次会议的报告草稿，其中除其他外，应载入会议作出的决定，供委员会审议和批准。

12. 共同主席可代表委员会参加外部会议并向委员会汇报这些会议的情况。他们可以商定将这一职责委托给其他成员或候补成员。

13. 共同主席应履行通过本议事规则或委员会的决定指派给他们的任何其他职责。

【评注】（1）根据《巴黎协定》实施细则遵约机制部分第 18 段，可以看出《巴黎协定》履行和遵约委员会的议事规则中包括但不限于如下五个方面：①委员会联合主席的作用；❶ ②利益冲突时的解决规则；③与委员会工作和程

---

❶ 从《京都议定书》遵约机制的实践来看，主席和副主席在整个遵约委员会的各项工作中，特别是在有关决定和报告的撰写和指导上具有非常重要的关键性作用。René Lefeber & Sebastian Oberthür, "Key Features of the Kyoto Protocol's Compliance System," in Jutta Brunnée, Meinhard Doelle & Lavanya Rajamani eds., *Promoting Compliance in an Evolving Climate Regime*, Cambridge: Cambridge University Press, 2012, p.79.

序阶段的有关任何补充时限；④委员会工作的程序阶段和时限；⑤委员会决定的论证过程。

（2）履行和遵约委员会议事规则第3.4条规定了当出现利益冲突时，成员或候补成员应披露并回避。这种利益是指财务利益或其他个人利益。此外，利益冲突只要存在可能性就应适用该规则，而不必等利益冲突发生时，才适用该条。其适用的范围是履行和遵约委员会的任何审议和决定。（中文版表述为决策，建议修改为决定。因其是专有名称，特指履行和遵约委员会作出的决定。）

（3）履行和遵约委员会议事规则第4条第3—13款规定了共同主席的作用和职能。从其规定来看，除第13款是委员会指定的其他职责外，共同主席的工作主要是处理协调委员会的工作、主持会议等程序性事项。

十一、有关委员会工作的程序规则

【《巴黎协定》履行和遵约委员会议事规则的条文】 第6条：编写、发送和通过会议议程

1. 共同主席应在秘书处的协助下起草委员会每次会议的临时议程，并在会议开幕至少五周前将其送交委员会。

2. 每次会议的临时议程应酌情包括：

（a）根据《巴黎协定》第十五条规定的委员会的职能、模式和程序以及本议事规则产生的项目；

（b）根据委员会上次会议商定的结果产生的项目；

（c）根据本条规则第6款产生的项目；

（d）根据委员会工作计划和委员会的后续会议安排产生的项目；

（e）任何成员或候补成员根据本条规则第3款提出的项目；

（f）关于预算和资金的一个常设议程项目；

（g）一个常设议程项目，说明秘书处根据模式和程序第20、22（a-b）段和32～34段，就指导委员会行使职能从缔约方收到的报告和资料的信息。

3. 任何成员或候补成员可向共同主席和秘书处提出对会议临时议程的补

充或修改，补充和修改将列入临时议程，但前提是该成员或候补成员在临时议程发布后一周内向共同主席和秘书处提交相关通知。

4. 议程应在每次会议开始时提出，供委员会通过。

5. 在某次会议通过议程之前，委员会可通过协商一致方式，酌情决定在该次会议的临时议程或下一次会议的临时议程中增加、删除、推迟审议或修订项目。

6. 会议期间若未能完成议程内某项目的审议，该项目应列入下次会议的临时议程，除非委员会另作决定。

【《巴黎协定》履行和遵约委员会议事规则的条文】第 11 条：语文

1. 委员会的工作语文为英文。

2. 关于委员会会议与某缔约方尤为相关并对该缔约方开放的部分，如果该缔约方提出请求，秘书处应视可用专门资源的情况，将会议这些部分的内容翻译成联合国其他五种正式语文之一。

3. 有关缔约方的代表可以采用其选择的语言与委员会交流，前提是该缔约方安排将交流的内容（书面或口头）翻译成英文。

4. 各缔约方应以英文提交材料。可以使用联合国其他五种正式语文之一提交材料，但缔约方必须提供英文译本。

【评注】（1）履行和遵约委员会议事规则第 6 条第 1—6 款具体规定了编写、发送和通过会议议程的相关事项。其中第 6 条第 2 款具体规定了会议临时议程应包括的内容，其中有关预算、资金以及从缔约方处收到的报告和资料的信息是常设议程。

（2）履行和遵约委员会议事规则第 11 条规定了委员会的工作语言。中文将其表述为语文，略为不妥，用"语言"可能更符合中文习惯。

（3）就语言方面的规定，第一，履行和遵约委员会议事规则没有将联合国的六种正式语言都列为工作语言，而是选择了更为常用的英语作为工作语言。但强调如果委员会会议所涉内容与相关缔约方有关，且有关缔约方有请求，秘书处可根据其资源情况，将这些内容翻译为联合国其他五种正式语言中的一种。第二，相关缔约方代表在与委员会进行交流或提交相应材料时，可用其选择的语言，但须将该语言翻译成英文或提供英文译本。

十二、本章小结

第六章主要评述了《巴黎协定》遵约机制的体制安排。体制安排是遵约机制中的核心部分。例如，《联合国气候变化框架公约》多边协商程序之所以最终没有建立起来，在很大程度上与缔约方之间在遵约机制体制安排上存在严重分歧有着不可分割的关联性。因此，缔约方在《巴黎协定》遵约机制体制安排能达成共识，是《巴黎协定》遵约机制得以正式开展运作的关键所在。

这一章主要在《巴黎协定》遵约机制体制安排的十一个方面进行了评析，它们包括履行和遵约委员会的组成，委员会成员的选择程序，成员的任期，成员的身份属性，履行和遵约委员会每年举行会议的相关规则，召开会议的保密规定，会议召开的法定人数规定，通过会议决定的表决程序，对履行和遵约委员会议事规则的规定，有关利益冲突和联合主席作用的规定，以及有关履行和遵约委员会工作的程序规则等方面。

第七章 《巴黎协定》遵约机制的启动和进程

从实体和程序角度来看，气候变化《巴黎协定》遵约机制启动和进程部分的规定属于程序性事项；然而，这一程序性事项不仅在气候变化《巴黎协定》遵约机制的程序性事项内居于核心地位，而且亦会对实体部分造成隐性影响。故而，这一部分的规定在整个遵约机制中占据重要地位。《巴黎协定》第十五条的规定中没有涉及遵约程序方面的具体规定，而只是通过授权的方式，将遵约机制的程序交由《巴黎协定》实施细则来加以规定。因此，启动和进程被规定在《巴黎协定》实施细则遵约机制的第三部分第 19~27 段，这九个条款分别涉及委员会审议时遵循的原则、审议材料范围及其判定、遵约机制具体的启动事项、对缔约方权利的尊重等方面。

一、履行和遵约委员会审议时遵循的原则

【《巴黎协定》实施细则遵约机制部分的条文】19. 委员会在履行《巴黎协定》实施细则遵约机制的第 20 段和第 22 段所述职能时，在遵守这些模式和程序的前提下，应适用将根据该规则的第 17 段和第 18 段制定的相关议事规则，并应遵循以下五个原则：

（a）委员会工作中的任何内容都不能改变《巴黎协定》规定的法律性质；

（b）在审议如何促进履行和遵守时，委员会应努力在进程的所有阶段与有关缔约方进行建设性接触和磋商，包括请它们提交书面材料并为它们提供发表意见的机会；

（c）委员会应根据《巴黎协定》的规定，在这一进程的所有阶段特别注意缔约方各自的国家能力和情况，同时认识到最不发达国家和小岛屿发展中国家的特殊情况，包括确定如何与有关缔约方协商、可向有关缔约方提供哪

些援助来支持其与委员会的接触，以及在各种情况下采取哪些适当措施来促进履行和遵守；

（d）委员会应考虑到其他机构开展的工作和其他安排下的工作，以及通过服务于《巴黎协定》的论坛或《巴黎协定》下设论坛正在开展的工作，以避免重复开展授权的工作；

（e）委员会应考虑到与应对措施的影响有关的因素。

【评注】（1）委员会审议时遵循的原则被规定在第 19 段。但需要强调的是，第 19 段所规定的原则与《巴黎协定》实施细则遵约机制的原则是不同的。具言之，《巴黎协定》实施细则遵约机制的原则是适用于整个遵约机制的规定，这其中也包括第 19 段规定。换言之，《巴黎协定》实施细则遵约机制的第 1~4 段所阐述的内容同样适用于第 19 段规定。

（2）委员会在履行第 20 段和第 22 段职能时，适用的限制性规定。这两条规定，一个是规定委员会审议缔约方提交的遵约材料，另一个是关于启动遵约程序的规定。气候变化《巴黎协定》实施细则中的遵约机制在这两个方面作出了两个限制性规定：第一，无论是审议缔约方提交的材料，还是遵约程序的启动，都必须按照第 17 段和第 18 段的议事规则进行。超出这一议事规则作出的审议和决定都将不被认可。第二，无论是审议缔约方提交的材料，还是启动遵约程序，都必须遵守第 19 段规定的 5 个原则。未按这 5 个原则开展的审议和通过的决定亦是不被认可的。

（3）第 19（a）段规定，委员会工作中的任何内容都不能改变《巴黎协定》规定的法律性质。这一规定表明：第一，委员会的工作是建立在《巴黎协定》基础上的，后者是委员会开展工作的法律依据；第二，委员会没有创设新的法律事实的权力，只能根据《巴黎协定》中的法律规定开展工作。此处需要强调的是，尽管《巴黎协定》在性质上是一份具有法律拘束力的多边公约，但其在行为规则上包括具有法律拘束力的规定和不具法律拘束力的规定。❶ 例如，《巴黎协定》第四条第二款规定，各缔约方应编制、通报并保持它计划实现的连续国家自主贡献。缔约方应采取国内减缓措施，以实现这种

---

❶ Lavanya Rajamani, "The 2015 Paris Agreement: Interplay between Hard, Soft and Non-Obligations," *Journal of Environmental Law*, Vol. 28, 2016, pp. 337-358.

贡献的目标。这一条款的规定是被认为具有法律拘束力的。国家必须提交本国的国家自主贡献,未连续提交国家自主贡献的缔约方将被认为违反了《巴黎协定》的法律义务。而第三款规定,各缔约方的连续国家自主贡献将比当前的国家自主贡献有所进步,并反映其尽可能大的力度。这一条款的规定则被认为不具法律拘束力,而是由各缔约方自愿决定的事项。❶ 故而,委员会在开展审议缔约方是否遵约时,只能建立在《巴黎协定》中那些具有法律属性的条款基础上,对于要求缔约方履行的不具法律拘束力的行为规则,则没有为其创设新的法律拘束力的权力。

(4)第 19(b)段规定,在审议如何促进履行和遵守时,委员会应努力在进程的所有阶段与有关缔约方进行建设性接触和磋商,包括请它们提交书面材料并为它们提供发表意见的机会。这是在履行第 20 段和第 22 段职能时应遵循的第 2 项原则。这一原则的规定体现在三个方面,一是,从时间维度来看,只要遵约程序一旦启动,而不管是哪一种启动类型,委员会就须履行一项重要的法律义务,即必须与有关缔约方进行接触和磋商。这一行为是持续性的,涵盖在整个遵约程序的过程中,并不局限在审议这一个阶段。只有完成了对有关缔约方遵约的审议报告,整个遵约程序全部结束之时,接触与磋商才告一段落。正如有学者所言,这样的规定旨在确保相关缔约方能充分了解委员会正在进行的遵约程序。❷ 二是,从适用人员来看,这里的"有关缔约方"应是指存遵约问题的缔约方,而不是指所有可能与缔约方遵约有关的其他缔约方。这样,就将接触和磋商的适用范围进行了限制,也避免相关缔约方滥用这一权力。❸ 三是,从形式来看,接触和磋商应最少包括两个方面

---

❶ Daniel Bodansky, "The Legal Character of the Paris Agreement," *Review of European Community & International Environmental Law*, Vol. 25, No. 2, 2016, pp. 142–150.

❷ Lisa Benjamin, Rueanna Haynes & Bryce Rudyk, "Article 15 Compliance Mechanism," in Geert van Calster & Leonie Reins eds., *The Paris Agreement on Climate Change: A Commentary*, Cheltenham, UK: Edward Elgar, 2021, p. 355.

❸ 值得注意的是,此处"有关缔约方"是有歧义的。在英文版中此处使用的是"the party",是一个单数人称。而在中文版中,通过上下文可发现,有关缔约方不仅包括存在遵约问题的缔约方,也包括其他与其相关的缔约方。对于这一点,应根据联合国气候变化卡托维兹会议在实施细则遵约机制部分的决议作出进一步明确规定。或言之,应按卡托维兹会议第 20/CMA.1 号决定,即在《巴黎协定》缔约方会议的《联合国气候变化框架公约》缔约方会议第七届会议(2024 年)对其进行审议,解决这一分歧。

的内容，一个是请有关缔约方提交书面材料，另一个是为其提供发表意见的机会。

（5）第 19（c）段规定，委员会应根据《巴黎协定》的规定，在这一进程的所有阶段特别注意缔约方各自的国家能力和情况，同时认识到最不发达国家和小岛屿发展中国家的特殊情况，包括确定如何与有关缔约方协商、可向有关缔约方提供哪些援助来支持其与委员会的接触，以及在各种情况下采取哪些适当措施来促进履行和遵守。这是在履行第 20 段和第 22 段职能时应遵循的第 3 项原则。对这一原则可从三个方面加以认识：第一，从时间维度来看，注意缔约方各自的国家能力和情况，应是在整个遵约程序的进程中，这与之前的第 2 项原则是一致的，即要求在建设性接触和磋商时，必须关注缔约方各自的国家能力和情况。第二，从适用人员来看，是全体缔约方，但特别强调了最不发达国家和小岛屿发展中国家。也就是说，当涉及最不发达国家或小岛屿发展中国家时，委员会不仅要考虑它们各自的国家能力和情况，而且要关注这些缔约方的特殊性。第三，从采取的方法来看，主要包括三种措施。一是，在磋商方面，要考虑缔约方的国家能力和情况，涉及最不发达国家或小岛屿发展中国家时，还要考虑其特殊性，确立与之相适应的磋商形式；二是，要向缔约方提供援助来促成接触。至于这种援助是采取资金的方式，还是采取网络的方式等则不问。三是，委员会要在分析缔约方各自的国家能力和情况之后，根据有关缔约方的国家能力和情况，采取与之相符的措施，来促使其履行和遵守《巴黎协定》的相关规则。第四，此段中没有具体规定委员会在采取相关措施时的时间限制，也就是说，在给予一定灵活性的基础上，时间上的考虑也是遵约程序能进行下去的关键。

（6）第 19（d）段规定，委员会应考虑到其他机构开展的工作和其他安排下的工作，以及通过服务于《巴黎协定》的论坛或《巴黎协定》下设论坛正在开展的工作，以避免重复开展授权的工作。这是在履行第 20 段和第 22 段职能时应遵循的第 4 项原则。关于这一条款，实际上是协调委员会在开展遵约机制时与其他机构之间的关系。

这一条款延续了遵约机制在此方面的规定，即在相关体制安排下，根据具体情况进行协调活动。例如，《蒙特利尔议定书》不遵守情事程序规定，履行委员会可"特别为拟订建议的目的，在向按照议定书第 5 条第 1 款行事的

缔约方提供财务和技术合作包括技术转让方面，与多边基金执行委员会经常交换情况"。❶

从第 19（d）段的条文来看，首先，只是规定了委员会考虑其他机构，包括论坛所开展或安排的工作，但并没有强调，当其他机构或论坛开展工作后，委员会就不从事此方面的遵约审议，也就是说委员会与其他机构或论坛之间是并行、同级的关系，并不存在严格意义上的回避。其次，对委员会来说，在与其他机构或论坛进行协调时，最大的问题就是要避免重复开展授权工作。如果就同一事项开展工作，但处理的是同一事项的不同方面，则可认为不是在重复同样的授权工作。这一条的规定尽管看似限制了委员会的权限，但实际上委员会可通过解释的方法，获得更大的自主决定权。

此外，第 19（d）段的规定与第 4 段提出的"避免重复劳动"的规定不同，具体表现在，一方面，第 19（d）段主要指的是避免重复"授权"，而不是重复"劳动"。另一方面，第 4 段中避免重复劳动的范围要远大于第 19（d）段中的规定；换言之，第 4 段中避免重复劳动是涵盖了整个《巴黎协定》遵约机制的，而第 19（d）段避免的重复授权仅在机构或其他安排下，以及服务于《巴黎协定》的论坛或《巴黎协定》下设论坛范围内。

（7）第 19（e）段规定，委员会应考虑到与应对措施的影响有关的因素。这是在履行第 20 段和第 22 段职能时应遵循的第 5 项原则。这一条款带有兜底性质。从应对气候变化的实践来看，缔约方采取的应对措施不仅会直接影响气候变化，而且亦会对其他领域造成间接影响，如应对措施对经济、社会产生的消极影响等。因此，该条文要求委员会在考虑缔约方应对措施对气候变化产生影响的同时，亦应考虑其对经济社会的全面影响，不能单纯因应对措施对减排有益就是遵约；亦不能因应对措施对减排程度低，就否认该应对措施所产生的综合效果。

二、《巴黎协定》遵约机制中的第一类启动

【《巴黎协定》实施细则遵约机制部分的条文】20. 委员会应根据缔约方

---

❶ 参见《蒙特利尔议定书》不遵守情事程序第 7（f）段。其中所指的"议定书第 5 条第 1 款"的规定是针对发展中国家在控制消耗臭氧层的物质方面给予的特殊权利。

提交的关于其履行和/或遵守《巴黎协定》任何规定的书面材料，酌情审议与该缔约方履行或遵守《巴黎协定》规定有关的问题。

21. 委员会将在上文第 17 段和第 18 段所述议事规则规定的时限内对该提交材料进行初步审查，以确认该材料是否包含充分的信息，包括所涉事项是否与该缔约方自身履行或遵守《巴黎协定》某项规定有关。

【评注】（1）在气候遵约方面，启动（initiation/trigger/referral）是一个关键而微妙的问题，需要谨慎设计和处理。这是因为：一方面，如若启动类型的设计过宽，极有可能会变成一个为政治目的而滥用的工具，或在一定程度上改变原有遵约规则的法律属性；另一方面，如若启动类型的设计过严，则又可能会造成遵约委员会无案可审的尴尬境地。因此，既要实现遵约的宗旨和目标，又要防范政治介入过多，这就成为《巴黎协定》遵约机制在启动方面必须考虑的重要事项。

（2）《巴黎协定》实施细则遵约机制部分的第 20 段规定了履行和遵约委员会的第一类启动。这一类启动是由缔约方自行发起启动的。此处需要强调的是，除针对自身履行和/或遵守《巴黎协定》，缔约方可启动遵约机制外，一缔约方是不能针对《巴黎协定》的另一缔约方是否遵约而启动机制的。有关缔约方自身启动而言，遵约机制经历了一个较为曲折的演变过程。

作为最早规定遵约机制的《蒙特利尔议定书》，在谈判之初授权了缔约方作为唯一有权启动遵约程序的主体。在 1990 年《蒙特利尔议定书》第二次缔约方会议上，全体缔约方"临时"通过了《蒙特利尔议定书》遵约机制，其正式名称为《不遵守情事程序》（non-compliance procedure），被放在第二次缔约方会议报告的附件三部分。❶ 其第 1 条规定，若一个或一个以上缔约国对另一缔约国履行其议定书下的义务持保留意见，可将意见以书面形式提交秘书处。意见书应以证实资料为主。第 2 条规定，应将保留意见书转交其履行情况有争议的缔约国，并给予进行答复的合理机会。答复和为其答复佐证的资料应提交秘书处和有关缔约国。秘书处应将提交的意见书、答复和缔约国提供的资料转交以下第 3 条所指的履行委员会，该委员会应在可行范围内尽早

---

❶ Annex III, in *Report of the Second Meeting of the Parties to the Montreal Protocol on Substances that Deplete the Ozone Layer*, Doc. UNEP/OzL. Pro. 2/3, 29 June 1990, pp. 46−47.

审议该事项。

由是观之，最初《蒙特利尔议定书》遵约机制的启动权是赋予缔约方的，而且是唯一可以启动遵约机制的主体。此外，存在可能未遵约的缔约方应将"回复及其佐证材料提交有关缔约方"的表述也是存在问题的，因为一旦某一缔约方违反议定书的法律义务，那么所有缔约方都将是利益攸关方，而不能仅是指提出保留意见的缔约方。更为重要的是，依赖这种双边的解决方式显然更多的是对抗，而达不到其文本中提到的"友好解决"目标。

从实践来看，《保护臭氧层维也纳公约》规定了缔约方的报告制度。然而，除了 1986 年，大多数缔约方都提交了报告以外，接下来的几年时间，缔约方不提交报告的情况开始逐渐变得普遍。❶ 但是，没有任何缔约方适用 1990 年临时通过的不遵守情事程序来提出保留意见书。此外，履行委员会亦没有针对这种不提交报告情况开展任何活动。1991 年 4 月，制定不遵守情事程序的法律工作组按缔约方第二次会议的要求审议不遵守情事程序时，听取了履行委员会的建议；同时，欧盟也向法律工作组提出应加强秘书处和履行委员会在遵约方面的作用，考虑不遵约行为列表和采取核查制度，来决定暂停不遵约缔约方在《蒙特利尔议定书》下第 4 条和第 5 条的权利和利益。❷ 为此，在经过一系列谈判之后，1992 年正式出台的《蒙特利尔议定书》不遵守情事程序增加了两个新的启动主体，即秘书处❸和未能履行义务的缔约方。❹

无疑，《蒙特利尔议定书》不遵守情事程序有关启动主体的规定在遵约机制方面迈出了重要的一步，即将传统上由非违约缔约方启动，增加了秘书处

---

❶ Martti Koskenniemi, "Breach of Treaty or Non-Compliance? Reflections on the Enforcement of the Montreal Protocol," *Yearbook of International Environmental Law*, Vol. 3, No. 1, 1993, p. 130.

❷ *Report of the Second Meeting of the Ad Hoc Working Group of Legal Experts on Non-Compliance with the Montreal Protocol*, Doc. UNEP/OzLPro/WG. 3/2/3, 9 November 1992, Annex I, para. 5.

❸ 1998 年，缔约方会议修改的《蒙特利尔议定书》不遵守情事程序对秘书处作为启动主体略做了补充，其最终第 3 段规定，秘书处在编写其报告的过程中如了解到任何缔约方可能未遵守议定书规定的义务，秘书处即可请有关缔约方就此事项提供必要的资料。如三个月内或该事项情况需要的更长期限内有关缔约方无回应，或该事项未能通过行政办法或外交接触得到解决，则秘书处应将此事项列入按《蒙特利尔议定书》第 12 条（c）款向缔约方会议提交的报告中，并通知履行委员会。履行委员会应在可行范围内尽早对此事项加以审议。

❹《蒙特利尔议定书》不遵守情事程序第 4 段规定，如一缔约方认定，虽经最大的善意努力仍不能完全履行议定书规定的义务，则可以用书面形式向秘书处提交呈文，着重解释其认为造成不能履行的具体情况。秘书处应将此种呈文转交给履行委员会，该委员会则应在可行范围内尽早予以审议。

和违约方自愿启动。● 这一启动主体的变化也预示着遵约机制开始与争端解决机制在性质上出现分离，从而为确立遵约机制的独立性奠定了重要的制度基础。在实践中，根据该程序的违约方自愿启动，俄罗斯正式启动了不遵约情事程序，成为遵约机制中最早也是最为重要的遵约实践，为后续遵约机制的完善提供了有益的经验分享。❷

《联合国气候变化框架公约》多边协商程序延续了这一做法，但有所变化。首先，尽管其缔约方启动也分为自愿启动和非自愿启动，但在启动缔约方的数量上由一个缔约方扩展到一些缔约方。其次，它取消了《蒙特利尔议定书》不遵守情事程序中秘书处启动的权力。❸ 最后，增加了缔约方会议作为启动多边协商程序的主体。相比《蒙特利尔议定书》不遵守情事程序，总体而言，《联合国气候变化框架公约》启动难度有所增加，因为其秘书处启动被取消，而增加的缔约方会议启动显然更为困难。❹ 此外，对抗性有所增强，从一个缔约方启动转为一些缔约方启动，为后期形成集体对抗准备了条件。

而之后的《京都议定书》遵约机制则延续了《蒙特利尔议定书》不遵守情事程序中的规定，授予缔约方自身和一缔约方针对另一缔约方是否遵约而启动遵约程序的权利。❺ 但从实践来看，缔约方启动程序并不是一个好的方式和选择。这是因为：第一，这种启动过于消极，不能很好地实现遵约机制的目标。由于国际社会是由平等主权国家构成的，国家之间的关系不仅仅体现在遵约机制方面，因此如果遵约问题不是特别严重，或者国与国之间的国际

● 值得注意的是，缔约方彼此之间受各种因素的影响，不愿启动争端解决程序的事例早已有之。See Robert O. Keohane, Andrew Moravcsik & Anne-Marie Slaughter, "Legalized Dispute Resolution: Interstate and Transnational," *International Organization*, Vol. 43, No. 3, 2000, pp. 473-476.

❷ Jacob Werksman, "Compliance and Transition: Russia's Non-Compliance Tests the Ozone Regime," *Heidelberg Journal of International Law*, Vol. 56, 1996, pp. 750-773.

❸ 在一定意义上，取消秘书处的启动权与《联合国气候变化框架公约》第十三条的规定有关，因为其在条文中强调设立多边协商程序是为了"供缔约方有此要求时予以利用"。可见第十三条的受益主体是缔约方，而排除了其他启动主体的可能性。参见《联合国气候变化框架公约》第十三条规定。

❹ 当然，关于《联合国气候变化框架公约》将秘书处的启动权取消是不是一个理想的选择，是存在争议的。也有学者指出，赋予秘书处启动权，不利于其中立地开展工作，将其启动权取消有一定积极意义。Jane Bulmer, "Compliance Regimes in Multilateral Environmental Agreement," in Jutta Brunnée, Meinhard Doelle & Lavanya Rajamani eds., *Promoting Compliance in an Evolving Climate Regime*, Cambridge: Cambridge University Press, 2012, pp. 68-69.

❺ 参见与《京都议定书》规定的遵约有关的程序和机制第 6 节 (1)。

关系有所交恶，是不会采取这种方式的。第二，这种启动带有深深的对抗意味，不符合遵约机制所提倡的合作和促进的方式，从而与遵约机制的理念是相悖的。第三，就那种自愿启动来说，从实践来看，尽管是一种创新模式，但对于国家而言，其实质也是在受到外部压力的情况下而采取的一种不得已的方式。第四，缔约方启动也有可能形成新的政治对抗的场所，❶ 从而降低了遵约机制本身的"准司法性"。第五，对于大多数发展中国家缔约方而言，授予缔约方启动几乎不可能被实现。从实践来看，在《京都议定书》遵约机制便利化方面，发展中国家曾试图就发达国家遵约启动遵约机制，但最终失败了。❷ 这表明依赖于缔约方启动对于发展中国家更为不利，或者说，《京都议定书》遵约委员会的促进分支机构对于附件一国家的减排根本没有起到应有的促进作用。❸

如上所述，有两个方面值得强调。一方面，缔约方启动中，一缔约方针对另一缔约方是否遵约，而启动遵约机制的对抗性太强，明显与《巴黎协定》遵约机制中促进和便利的主旨和原则相悖，故而，这一启动方式没有体现在《巴黎协定》实施细则中的遵约机制部分。而就缔约方自身启动而言，尽管也

---

❶ Alessandro Fodella, "Structural and Institutional Aspects of Non-Compliance Mechanisms," in Tullio Treves, Laura Pineschi, Attila Tanzi, et al. eds., *Non-Compliance Procedures and Mechanisms and the Effectiveness of International Environmental Agreements*, The Hague: T. M. C. Asser Press, 2009, p. 368.

❷ 2006 年，南非曾代表"77 国集团+中国"向《京都议定书》遵约委员会提交了一份申请，认为奥地利、加拿大、法国、德国等 15 个国家可能存在未遵约的可能性，建议遵约委员会促进分支机构开展行动。但最终，遵约委员会以不能以集体方式提交，而必须是单个缔约方提起遵约启动程序为理由，拒绝了这一申请。然而，如按遵约委员会的要求，由单个缔约方提交启动申请，则这些发展中国家均不愿这样做，因为担心可能来自发达国家的报复，最终这一启动意愿不了了之。Letter Submitted by South Africa: CC-2006-1-1/FB, https://unfccc. int/files/kyoto_mechanisms/compliance/application/pdf/cc-2006-1-1-fb. pdf(last visited on 2022-9-17). See also Report to the Compliance Committee on the Deliberations in the Facilitative Branch Relating to the Submission Entitled "Compliance with Article 3. 1 of the Kyoto Protocol" (CC-2006-1/FB to CC-2006-15/FB), CC-2006-1-2/FB, https://unfccc. int/files/kyoto_mechanisms/compliance/application/pdf/cc-2006-1-2-fb. pdf(last visted on 2022-9-17). Meinhard Doelle, "Experience with the Facilitative and Enforcement Branches of the Kyoto Compliance System," in Jutta Brunnee, Meinhard Doelle & Lyvanya Rajamani eds., *Promoting Compliance in an Evolving Climate Regime*, Cambridge: Cambridge University Press, 2012, p. 104, note 5.

❸ 对于促进分支机构事实上未能履行其相应职能、开展相关活动，可参见欧洲研究机构（The Institute for European Studies）学术主任奥伯瑟（Sebastian Oberthür）的论述。Sebastian Oberthür, "Compliance under the Evolving Climate Change Regime," in Kevin R. Gray, Richard Tarasofsky & Cinnamon Carlarne eds., *The Oxford Handbook of International Climate Change Law*, Oxford: Oxford University Press, 2016, pp. 124-125.

存在着不足之处，但这样一种方式，既有前期的实践，❶ 又赋予了缔约方一定的灵活性。甚至在《巴黎协定》实施细则遵约机制部分谈判之初，有的缔约方认为，缔约方自身启动应是唯一的遵约机制启动类型；因为唯有如此，才能真正反映缔约方的情况，且其他启动都存在着不符合非对抗、非惩罚的遵约机制性质的嫌疑。❷ 因此，在《巴黎协定》遵约机制的启动中保留了这种方式。至于其是否能达到真正的遵约效果仍有待实践的检验。另一方面，此条规定仍存在着在一定程度上改进的可能性。比如，该条规定极可能使履行和遵约委员会面临重复劳动的可能，如何避免出现这种状况。此外，"酌情"二字赋予了委员会自由裁量权，缔约方自行启动能否真正开启遵约机制程序仍将取决于委员会的决定。

从第 20 段的表述来看，在缔约方自行启动的事由上没有任何限制，也就是说，缔约方可就《巴黎协定》的任何规定启动遵约程序，而不论其是"促进的"（没有法律拘束力），还是"遵约的"（具有法律拘束力）。

（3）《巴黎协定》实施细则中遵约机制部分的第 20 段规定了履行和遵约委员会的审议职能。《巴黎协定》实施细则中遵约机制将履行和遵约委员会的职能分为三种类型，即审议职能、作出决定职能和报告职能。❸ 从文本来看，《巴黎协定》实施细则中遵约机制没有将三种职能放在一起规定，而是分别放在了体系安排、启动和进程、措施和产出以及与缔约方会议关系四个不同的部分。审议职能主要放在了启动进程部分。从第 20 段的文本来看，其在审议

---

❶ 除了文中提及的《蒙特利尔议定书》不遵守情事程序、《京都议定书》遵约机制以外，当前在其他多边环境协定的遵约机制中也有采用缔约方自身启动的模式，如 1989 年的《控制危险废物越境转移及其处置巴塞尔公约》、1979 年《长距离跨界大气污染公约》和 2000 年的《卡塔赫纳生物安全议定书》。

❷ 当然，也有缔约方反对这种观点，认为是否是非对抗性、非惩罚性的，要依赖遵约机制的具体程序和措施，不能一概而论。而且《巴黎协定》中规定的国家自主贡献是由缔约方自身决定的，但遵约则是所有缔约方共同关注的事项，因此，只有缔约方自身启动这唯一类型，恐难以承担这一重任。UNFCCC, Informal Note by the Co-Facilitators on Agenda Item7-Modalities and Procedures for the Effective Operation of the Committee to Facilitate Implementation and Promote Compliance Referred to in Article 15. 2 of the Paris Agreement, in *Ad-Hoc Working Group on the Paris Agreement（APA）Second Part of the First Session*, *Marrakech*, 7-14 *November* 2016, 14 November 2016, p. 3.

❸ 外交官及维也纳大学国际关系与国际法教授兰（Winfried Lang）在总结遵约机制所应具备的职能时指出，一个遵约控制机制应有五项职能，即数据收集、审议、调查、建议和采取行动。而此处《巴黎协定》实施细则遵约机制部分的这三项职能，在一定意义上无疑涵盖了以上五项职能。Winfried Lang, "Compliance Control in International Environmental Law: Institutional Necessities," *Heidelberg Journal of International Law*, Vol. 56, 1996, pp. 687-689.

过程中，应以缔约方提交的履行和/或遵守的书面材料为准。但根据下面的条文来看，第 20 段并不是履行和遵约委员会唯一可审议的材料，第 25 （c） 段和第 35 段均表明履行和遵约委员会可以考虑其他第三方信息。这实际在一定程度上弥补了没有给予第三方启动遵约机制的不足。

（4）《巴黎协定》实施细则中遵约机制部分的第 21 段是有关履行和遵约委员会的审查规定。它强调了以下三点：第一，对缔约方提交的材料进行审查应在一时限内，即第 17 段和第 18 段规定的议事规则的时限内；第二，所进行的审查是初步审查，这就表明更多是针对材料的形式审查；第三，审查内容主要是关于所涉事项是否与该缔约方自身履行或遵守《巴黎协定》某项规定有关，以确保提供信息的充分性。这表明履行和遵约委员会仅对"促进和遵约"问题进行审议，而其他的则不在其审议范围。

三、《巴黎协定》遵约机制中的第二类启动

【《巴黎协定》实施细则遵约机制部分的条文】22. 委员会：

（a） 在下列情况下将启动对有关问题的审议：

（i） 据《巴黎协定》第四条第十二款所述公共登记册中的最新通报状态，缔约方未通报或未持续通报《巴黎协定》第四条规定的国家自主贡献；

（ii） 缔约方未提交《巴黎协定》第十三条第七款和第九款或第九条第七款规定的强制性报告或信息通报；

（iii） 据秘书处提供的信息，缔约方未参与有关进展情况的促进性多边审议；

（iv） 缔约方未提交《巴黎协定》第九条第五款规定的强制性信息通报。

23. 第 22 （a） 段所述的有关审议将不会对第 22 （a） 段 （i） 至 （iv） 所述的国家自主贡献、通报、信息和报告的具体内容进行审议。

【评注】（1）《巴黎协定》遵约机制的启动事项有别于《蒙特利尔议定书》和《京都议定书》的规定，这虽是由《巴黎协定》应对气候变化的具体事项的不同造成的，但更多的是吸收了前期《蒙特利尔议定书》和《京都议定书》遵

约机制在启动事项方面的经验教训所作出的创新性规定。❶ 具体而言：

第一，《巴黎协定》开创了气候变化的遵约委员会启动类型。

在《巴黎协定》之前，所有气候变化遵约机制的启动中都不存在由遵约委员会启动这一类别。一般情况下，只有缔约方自身启动、缔约他方或他方集团启动，以及秘书处启动三种方式，这在《蒙特利尔议定书》《联合国气候变化框架公约》和《京都议定书》的遵约机制中一脉相承。而有关规定遵约委员会可启动的，是多边环境协定晚近以来刚刚发生的情况，例如，在 2000 年的《卡塔赫纳生物安全议定书》和 2001 年的《在环境问题上获得信息、公众参与决策和诉诸法律的公约》（以下简称《奥尔胡斯公约》）的遵约机制规定中，均设计了遵约委员会可启动遵约审议程序的规则。❷

是以，由《巴黎协定》实施细则遵约机制部分的条文可以看出，当出现启动事由时，《巴黎协定》履行和遵约委员会将负有启动遵约机制的职责义务，而且成为除缔约方自身启动以外的唯一启动《巴黎协定》遵约机制的主体。然而，在《巴黎协定》实施细则遵约机制部分谈判之初，除了前述的两种启动类型，缔约方也提出了其他启动方式，包括缔约方会议启动、秘书处启动、一缔约方针对另一缔约方不遵约的启动、技术专家审评（Technological Expert Review，TER）启动以及非政府组织的启动。但是这些启动类型都被摒弃掉了，因为缔约方会议启动主要被放在系统问题上（《巴黎协定》实施细则遵约机制部分第 33 段）；秘书处启动则面临一个中立性问题；一缔约方针对另一缔约方不遵约的启动，则与《巴黎协定》遵约机制"非对抗"的性质相悖；技术专家审评启动则与其技术性相悖；非政府组织启动则存在政治风险。故而在讨论中，有缔约方指出，无论是哪一种启动方式或类型，最终均须避

---

❶ 在国际环境协定下，有关遵约机制启动问题的概述，Francesca Romanin Jacur, "Triggering Non-Compliance Procedures," in Tullio Treves, Laura Pineschi, Attila Tanzi, et al. eds., *Non-Compliance Procedures and Mechanisms and the Effectiveness of International Environmental Agreements*, The Hague: T. M. C. Asser Press, 2009, pp. 373-387.

❷ CBD, BS-V/1. Report of Compliance Committee, 1 (b), in *Decisions Adopted by the Conference of the Parties to the Convention on Biological Diversity Serving as the Meeting of the Parties to the Cartagena Protocol on Biosafety at Its Fifth Meeting*, UNEP/CBD/BS/COP-MOP/5/17, 15 October 2010, p. 30. See also UN-ECE, Decision I/7 Review of Compliance, Annex para. 14, in *Report of the First Meeting of the Parties*, ECE/MP. PP/2/Add. 8, 2 April 2004, p. 3.

免被政治化或滥用。❶ 因此，从最终的文本来看，一方面，《巴黎协定》履行和遵约委员会被赋予了更大的遵约权力；另一方面，这也改变了多边环境协定中，有关遵约启动颇受政治影响的现实，❷ 从而使法律的意义更为凸显，或言之遵约启动的公正性得到了更大程度的保证。

第二，《巴黎协定》遵约机制第二类启动事项以行为，而非内容作为启动标准。

从本质上而言，遵约机制被启动，一定是由于违反条约义务而产生的。而因违反条约义务启动遵约程序又分为两类，一类是因违反实质内容义务而启动（如违反排放量限制的规定等），另一类则是因为违反程序义务而启动（如违反提交报告、评估等行为）。❸ 因此，什么是条约义务、哪些行为属于不遵守事项就成为遵约程序启动的关键节点。《巴黎协定》遵约机制在第一类启动事项上是以行为而非内容作为启动标准，在很大程度上也是受前期《蒙特利尔议定书》和《京都议定书》遵约机制的影响而形成的。

首先，《蒙特利尔议定书》不遵守情事程序中没有规定以内容作为启动标准，而是以启动主体的方式开展启动的，换言之，当缔约方自身、相关缔约方或秘书处认为存在不遵约情况时，即可按程序启动遵约机制。❹ 造成这种文本安排的原因，是在谈判不遵守情事程序时，缔约方不能就什么属于违反《蒙特利尔议定书》事项达成一致，因而最终没有能将哪些属于不遵约事项纳入《蒙特利尔议定书》不遵守情事程序中。❺ 其次，《联合国气候变化框架公

---

❶ UNFCCC, Informal Note by the Co-Facilitators on Agenda Item7-Modalities and Procedures for the Effective Operation of the Committee to Facilitate Implementation and Promote Compliance Referred to in Article 15. 2 of the Paris Agreement, in *Ad-Hoc Working Group on the Paris Agreement (APA) Second Part of the First Session*, Marrakech, 7-14 November 2016, 14 November 2016, p. 3.

❷ Francesca Romanin Jacur, "Triggering Non-Compliance Procedures," in Tullio Treves, Laura Pineschi, Attila Tanzi, et al. eds., *Non-Compliance Procedures and Mechanisms and the Effectiveness of International Environmental Agreements*, The Hague: T. M. C. Asser Press, 2009, p. 374.

❸ Farhana Yamin & Joanna Depledge, *The International Climate Change Regime: A Guide to Rules, Institutions and Procedures*, Cambridge: Cambridge University Press, 2004, pp. 380-381.

❹ 须注意到一个例外，即《蒙特利尔议定书》第5条第7款，即如果发展中国家没有得到相应支持，而未完成其项下义务时，这一发展中国家缔约方将其通知秘书处后，在缔约方会议作出决定之前，是不能启动不遵守情事程序的。

❺ 例如，缔约方对于未能向《蒙特利尔议定书》下的多边基金提供捐赠是否属于不遵约存在较大争议。*Report of the Third Meeting of the Ad Hoc Working Group of Legal Experts on Non-Compliance with the Montreal Protocol*, Annex II, UNEP/OzL. Pro/WG. 3/3/3, 1991, p. 5-6.

约》和《京都议定书》遵约机制中都没有以行为作为启动事项，而是以内容作为启动标准。无疑，以行为作为启动标准要比以内容作为启动标准更准确简洁，便于操作。❶ 更重要的是，由于《京都议定书》采用的是事后评估方法，这种方式无法提前对缔约方不遵约进行有效的治理，而只能等一个承诺期结束后，才能通过评估的方式确定缔约方是否遵约。而实践充分表明，一方面，《京都议定书》自身的减排延续性恐要被《巴黎协定》所取代；另一方面，加拿大的退出让人们看到《京都议定书》遵约机制在预防缔约方不遵约方面存在巨大漏洞。❷ 因而，在一定意义上，《巴黎协定》以行为作为启动项是一种较好的改进措施。

第三，《巴黎协定》履行和遵约委员会在第二类启动中的自由裁量权仍有待其议事规则加以完善。

在 2018 年《巴黎协定》特设工作组最终向缔约方会议提交的草案文本中，有关第二类启动中是否给予履行和遵约委员会自由裁量权是存在较大争议的。在草案文本中，有一选项的规定是，"根据秘书处汇编的《巴黎协定》下的进程和安排或为其服务的公开来源提供的事实信息，委员会可启动审议与一个缔约方［或一组缔约方］实施和遵守《巴黎协定》强制性条款有关的问题"。❸ 由此可知，这个备选项赋予了履行和遵约委员会更大的自由裁量权，但缔约方会议最终将这一选项摒弃掉了，而采用了具体规定启动事由来限制委员会的自由裁量权。

值得探讨的是，当缔约方出现第 22（a）段所规定的四种情形中的任何一种时，履行和遵约委员会是否必须启动遵约机制，其是否有自由裁量权来决定这一类的启动。或言之，当出现这四种情形之一时，履行和遵约委员会

---

❶ 德国学者奈尔（Jürgen Neyer）和沃尔夫（Dieter Wolf）分析指出，以内容为主的实质遵约在识别时，存在诸多操作层面所不能解决的问题。Jürgen Neyer & Dieter Wolf, "The Analysis of Compliance with International Rules: Definitions, Variables, and Methodology," in Michael Zürn & Christian Joerges eds., *Law and Governance in Postnational Europe: Compliance beyond the Nation-State*, Cambridge: Cambridge University Press, 2005, pp. 42–45.

❷ Meinhard Doelle, "Compliance and Enforcement in the Climate Change Regime," in Erkki J. Hollo, Kati Kulovesi & Michael Mehling eds., *Climate Change and the Law*, Dordrecht: Springer, 2013, p. 184.

❸ UNFCCC, *Draft Text on APA 1.7 Agenda Item 7. Modalities and Procedures for the Effective Operation of the Committee to Facilitate Implementation and Promote Compliance Referred to in Article 15.2 of the Paris Agreement*, APA1–7. DT. i7v3, 8 December 2018, p. 3.

是否被要求强制启动该程序，还是可以不启动该程序，而采取其他促进和便利措施。对此，曾作为《巴黎协定》实施细则遵约机制部分文本起草的联合召集人、国际气候法专家福格特（Christina Voigt）女士认为，这一启动是自动的（automatic），委员会是没有自由裁量权的。❶

第四，相关启动条款内容上发生了变化。

由第 22（a）段的规定可知，《巴黎协定》实施细则遵约机制部分有关履行和遵约委员会可启动的行为只规定了四个事项。而对于这四个事项，一直到《巴黎协定》特设工作组向第二十四次缔约方会议提交的谈判草案文本中仍存在着争议。例如，有关《巴黎协定》第九条第七款规定的行为是否应是启动的事项，缔约方之间是存在争议的，但最终缔约方会议通过的文本中仍将此条纳入启动事项内了。又如，在谈判草案文本中，《巴黎协定》第六条规定的强制性行为亦是履行和遵约委员会可启动的行为事项，但最终缔约方会议没有就此达成一致，从而这一条未被纳入到履行和遵约委员会可启动的行为事项中。由此可知，第二类启动没有涵盖《巴黎协定》中所有具有法律拘束力的条款。根据参与谈判缔约方成员的观点，这可能与当时的谈判政治性质有关。❷

第五，第二类启动与透明度框架之间的关系。

从第 22（ii）和（iv）段可以看出，此类启动与《巴黎协定》强化透明度框架（the Enhanced Transparency Framework）的规定有密切联系。根据后者的规定，其技术专家审评将审议缔约方提交的信息，特别是根据《巴黎协定》第十三条第七、九款或第九条第七款，要求强制提交的那些信息进行审查。如若缔约方提交了其两年期透明度报告（biennial transparency report），但却没有包括那些强制报告和信息通报，技术专家审评将在其报告中给出相关建议（recommendations）。

但此处要强调的是，不仅如此，缔约方的这种行为同时也激起了遵约机制的启动程序。其实，早在《巴黎协定》出台之前，已有学者在论及《巴黎

---

❶ Christina Voigt & Xiang Gao, "Accountability in the Paris Agreement: The Interplay between Transparency and Compliance," *Nordic Environmental Law Journal*, Vol. 1, 2020, p. 48.

❷ Gu Zihua, Christina Voigt & Jacob Werksman, "Facilitating Implementation and Promoting Compliance with the Paris Agreement Under Article 15: Conceptual Challenges and Pragmatic Choices," *Climate Law*, Vol. 9, 2019, p. 87.

协定》遵约机制设计时，就提出在《京都议定书》遵约机制中，强制执行分支机构的专家审评小组（Expert Review Team）在一定程度上僭越了促进分支机构的工作，造成后者难以发挥其功效，因此建议未来《巴黎协定》应在此方面吸取教训。[1] 而此条规定，即同时启动遵约机制正是旨在一定程度上弥补《京都议定书》在此方面的不足。特别是也有学者指出，即使在目前《巴黎协定》实施细则出台的透明度框架部分的规则下仍不能单独实现遵约，这就决定了遵约机制存在的必然性。[2]

当然，履行和遵约委员会与技术专家审评如何协调它们之间的"措施和产出"与"建议"，不产生重复劳动，将是遵约机制发挥作用的关键所在。[3] 此外，在谈判此条时，一些缔约方有所担心：一方面，一旦透明度框架与遵约机制直接联系，那么缔约方在其行动上不会更富有雄心，在其报告中也会有所保留；[4] 另一方面，也可能会因依据技术专家审评报告，遵约机制启动存在对主权的侵犯问题。[5] 可见，这两个担心有无必要仍需要具体实践来证明。

当然，如果缔约方根本就没有提交其两年期透明度报告，那么就不存在技术专家审评，此时，则只有履行和遵约委员会的启动了。除了上述的两段外，第 22（i）和（iii）段的内容不是技术专家审评负责的内容，则完全需要履行和遵约委员会自行根据遵约程序加以决定。其中，第 22（i）段提及的"持续"（maintained）是一个履行和遵约委员会可以行使自由裁量权的话语，换言之，如缔约方没有"持续"通报，即是不遵约；但何为持续是需要履行和遵约委员会给予解释的。从之前的实践来看，确实存在缔约方没有按时提交相应

---

[1] Anna Huggins, "The Desirability of Depoliticization: Compliance in the International Climate Regime," *Transnational Environmental Law*, Vol. 4, No. 1, 2015, pp. 101-124.

[2] Myele Rouxel, "The Paris Rulebook's Rules on Transparency: A Compliance Pull," *Carbon & Climate Law Review*, Vol. 14, No. 1, 2020, pp. 18-39.

[3] Susan Biniaz, *Elaborating Article 15 of the Paris Agreement: Facilitating Implementation and Promoting Compliance*, Paris: IDDRI Policy Brief, 2017, pp. 2-4.

[4] See Christopher Campbell-Duruflé, "Accountability or Accounting? Elaboration of the Paris Agreement's Implementation and Compliance Committee at COP 23," *Climate Law*, Vol. 8, 2018, p. 20.

[5] Christina Voigt & Xiang Gao, "Accountability in the Paris Agreement: The Interplay between Transparency and Compliance," *Nordic Environmental Law Journal*, Vol. 1, 2020, p. 50.

报告的情况，❶ 因此，此条的规定有助于缔约方履行在此方面的行为义务。

（2）第 23 段的规定很明显是为了防止履行和遵约委员会采取重复劳动。因为就贡献、通报、信息和报告的内容而言，这应属于《巴黎协定》透明度框架部分的技术专家审议这一领域管辖的事项。此外，亦是防范履行和遵约委员会对缔约方为履行《巴黎协定》，而提交内容的审查。值得指出的是，在《巴黎协定》特设工作组提交的遵约机制部分的谈判草案文本中并没有规定这一条，❷ 而最终是缔约方会议将该条纳入到《巴黎协定》实施细则遵约机制部分中。

四、《巴黎协定》遵约机制中的第三类启动

【《巴黎协定》实施细则遵约机制部分的条文】 22. 委员会：

（b）如果一个缔约方按照《巴黎协定》第十三条第七款和第九款提交的信息与《巴黎协定》第十三条第十三款所述模式、程序和指南之间持续存在重大矛盾，经有关缔约方同意，可对相关问题进行促进性审议。审议将依据按照《巴黎协定》第十三条第十一款和第十二款编写的技术专家审评最后报告中提出的建议，以及缔约方在审评过程中提供的书面意见。在审议此类事项时，委员会将考虑到《巴黎协定》第十三条第十四款和第十五款，以及《巴黎协定》第十三条为由于能力问题而有需要的发展中国家缔约方规定的灵活性。

【评注】（1）第 22（b）段与（a）段的区别在于，（a）段属于行为启动，（b）段则属于事实启动。在一定意义上，事实启动要比行为启动更为困难，主要在于其判断标准是以内容为主。故此，有学者认为这一类启动事项是《巴黎协定》遵约机制中，有关履行和遵约委员会启动事项中最不成熟、最不明确的启动程序。❸

---

❶ 2014 年《京都议定书》遵约委员会促进分支机构因附件一国家摩纳哥没有提交国家交流通报，而写信询问其是否需要帮助。Compliance Committee of Kyoto Protocol, *Report on Facilitative Branch Sixteenth Meeting*, 4 September 2014, Bonn, Germany, CC/FB/16/2014/2, 12 September 2014, p. 2.

❷ UNFCCC, *Draft Text on APA 1. 7 Agenda Item 7. Modalities and Procedures for the Effective Operation of the Committee to Facilitate Implementation and Promote Compliance Referred to in Article 15. 2 of the Paris Agreement*, APA1-7. DT. i7v3, 8 December 2018, p. 3.

❸ Lisa Benjamin, Rueanna Haynes & Bryce Rudyk, "Article 15 Compliance Mechanism," in Geert van Calster & Leonie Reins eds., *The Paris Agreement on Climate Change: A Commentary*, Cheltenham, UK: Edward Elgar, 2021, p. 356.

（2）第22（b）段事实启动的要件包括两个方面：第一，须缔约方提交的信息与《巴黎协定》的规定持续存在重大矛盾。具体而言，①缔约方提交的信息应是 a. 一份温室气体源的人为排放和汇的清除的国家清单报告；b. 国家自主贡献目标实施的进展情况。②《巴黎协定》的规定应是第十三条确立的透明度框架下的模式、程序和指南。③持续存在重大矛盾。这里的重大矛盾应是持续存在，换言之，必须是在前两个条件的基础上，存在两次以上重大矛盾才可启动。④矛盾需要是"重大"的。但何为"重大"，仍需要履行和遵约委员会在实践中予以明确。

第二，有关缔约方的同意。对此，会出现两种情况。一种情况是，履行和遵约委员会只有在缔约方同意的前提下，当出现上述缔约方提交的信息与《巴黎协定》规定持续存在重大矛盾时，才可启动审议。另一种情况是，即使缔约方同意，也有持续存在的重大矛盾，履行和遵约委员会亦可不启动遵约程序。这种情况是否交由履行和遵约委员会来决定，仍有待于议事规则来加以明确，以及委员会与相关缔约方之间如何沟通也需要额外的规则加以规定。

此外，从文本对"有关缔约方的同意"的表述设计可以看出，主要是为了防范对主权的侵犯。然而，根据后文第24段要求审议时缔约方提供信息的规定，仍可对"有关缔约方的同意"作出某种事实限制。因为，当履行和遵约委员会在审议时，如果是公开地询问缔约方是否同意时，则已给缔约方带来某种政治压力。当然，这种公开方式恐与遵约机制的便利特性相悖。但即使是不公开地询问缔约方是否同意，也因履行和遵约委员会必须向缔约方会议提交报告，而在报告中会显现出来。

（3）22（b）段启动遵约程序后审议的依据：①按照《巴黎协定》第十三条第十一至十二款编写的技术专家审评最后报告中提出的建议；②缔约方在审评过程中提供的书面意见。由此可知，第一，履行和遵约委员会审议只能针对技术专家审评报告的建议，而不包括不具有拘束力的"鼓励"（encouragements）；❶

---

❶ 技术专家审评报告中会做出两种措施，即建议和鼓励。其中"建议"是具有拘束力的。UNFCCC, Decision 18/CMA. 1. Modalities, Procedures and Guidelines for the Transparency Framework for Action and Support Referred to in Article 13 of the Paris Agreement, in *Report of the Conference of the Parties serving as the Meeting of the Parties to the Paris Agreement on the Third Part of Its First Session*, held in Katowice from 2 to 15 December 2018. Addendum. Part Two: *Action Taken by the Conference of the Parties Serving as the Meeting of the Parties to the Paris Agreement*, FCCC/PA/CMA/2018/3/Add. 2, 19 March 2019, p. 48.

第二，履行和遵约委员会只考虑缔约方的书面意见，而不能以第三方的任何报告、建议作为判断依据。因此，这也表明强化透明度框架规则对技术专家审评的规定在一定程度上限制了履行和遵约委员会可启动遵约机制的范围。

（4）第 22（b）段为发展中国家遵约审议提供了灵活性权利。这包括①透明度框架应为依能力需要灵活性的发展中国家缔约方提供灵活性；②为发展中国家履行《巴黎协定》第十三条提供支助；③为发展中国家缔约方建立透明度相关能力提供持续支助。有关这些灵活性权利，在之前《巴黎协定》特设工作组提交的谈判草案文本中是没有的，最终是由缔约方会议将其纳入其中的。❶

（5）从第 22（b）段的表述来看，这在一定程度上支持了技术专家审评的监督工作，或是对强化透明度框架的有力补充。

五、《巴黎协定》遵约机制启动时赋予相关缔约方的一般权利

【《巴黎协定》实施细则遵约机制部分的条文】24. 如果委员会决定启动上文第 22 段所述审议，它应通知有关缔约方，并请其就此事提供必要的信息。

25. 关于委员会对根据上文第 20 或 22 段的规定以及上文第 17 和 18 段所述议事规则提出的事项的审议：

（a）有关缔约方可参加委员会的讨论，但不能参加委员会关于拟订和通过一项决定的讨论；

（b）如果有关缔约方提出书面要求，委员会应在审议该缔约方相关事项的会议期间进行协商；

（c）在审议过程中，委员会可获得第 35 段所述的补充资料，或与有关缔约方协商，酌情邀请《巴黎协定》下设或服务于《巴黎协定》的相关机构和安排的代表参加其相关会议；

（d）委员会应向有关缔约方发送其结果草案、措施草案和任何建议草案的副本，并在最终确定这些结果、措施和建议时考虑该缔约方提出的任何意见。

【评注】（1）《巴黎协定》实施细则遵约机制部分的第 24 段是关于通知

---

❶ UNFCCC, *Draft Text on APA 1. 7 Agenda Item 7. Modalities and Procedures for the Effective Operation of the Committee to Facilitate Implementation and Promote Compliance Referred to in Article 15. 2 of the Paris Agreement*, APA1-7. DT. i7v3, 8 December 2018, p. 3.

义务的规定。具体而言，当履行和遵约委员会按第 22 段决定启动遵约程序时，第一，负有通知有关缔约方的义务；第二，可要求有关缔约方提供与此相关的必要信息。从遵约机制的发展来看，《蒙特利尔议定书》不遵守情事程序中，没有规定履行委员会负有通知义务。从其条文来看，没有规定通知义务是合理的。因为在其三个启动主体方面，当有关缔约方主动启动时，是不需要进行通知的。而当一缔约方针对另一缔约方提出保留意见书时，程序上秘书处会将该保留意见书送交另一缔约方，因而也不需要通知。此外，由秘书处启动时，秘书处可请有关缔约方提供必要资料，按其条文表述来看，使用的是"可"（may），因此，秘书处也可不需要缔约方提供必要资料，从而回避了通知义务。

然而，《巴黎协定》遵约程序中启动主体的通知义务是必然涉及的内容。而且，要求有关缔约方就启动的不遵约事项提供必要信息，也是强制性义务。《联合国气候变化框架公约》多边协商程序中没有涉及通知义务，这是因为其第 6 段规定"委员会应在收到根据第 5 段提出请求后与所涉缔约方协商审议有关履行公约的问题"。可见，只要提出请求，多边程序委员会就会与所涉缔约方协商审议，从而承担了通知的义务。而《京都议定书》遵约机制中规定了通知义务，❶ 但这种通知义务是因为存在一个分配问题和内容初步分析的阶段，因此有必要通知有关缔约方。

（2）第 25（a）段规定了缔约方除不能参加委员会关于拟订和通过一项决定的讨论以外，有参加履行和遵约委员会讨论的权利。这一条款规定延续了《蒙特利尔议定书》不遵守情事程序、《联合国气候变化框架公约》多边协商程序和《京都议定书》遵约机制的规定，❷ 保障了有关缔约方就自身遵约问题的充分发言权，同时也从另一个侧面极大地体现了遵约机制合作促进

---

❶ 与《京都议定书》规定的遵约有关的程序和机制第 7 节第 4~5 段规定，对履行问题进行初步分析以后，应通过秘书处以书面形式将决定告知有关缔约……在审评附件一所列缔约方是否符合《京都议定书》第六条、第十二条和第十七条规定的资格要求时，强制执行分支机构如决定不处理与这些条款规定的资格要求有关的任何履行问题，应通过秘书处以书面形式将此决定通知有关缔约方。

❷ 《蒙特利尔议定书》不遵守情事程序第 10 段规定，不是履行委员会成员的缔约方，凡是被按第 1 段提交的呈文点名或自己提交这类呈文的，应有权参与委员会对该呈文的审议。与《京都议定书》规定的遵约有关的程序和机制第 8 节第 2 段规定，有关缔约方应有权在相关分支机构审议履行问题期间指派一人或多人作为其代表。该缔约方不得出席分支机构审议和通过决定的会议。

的本质特征。但《蒙特利尔议定书》不遵守情事程序没有将秘书处启动遵约程序事项纳入有关缔约方参加讨论的权利范围，而且规定，任何缔约方，不管是不是履行委员会成员，凡涉及履行委员会审议事项的，均不应参加制订和通过将载入委员会报告的有关该事项的建议。❶ 由此可知，因为《蒙特利尔议定书》不遵守情事程序中履行委员会成员是以缔约方代表身份出现的，因此，强调其不得参加制订和通过履行委员会提出的有关建议。

《联合国气候变化框架公约》多边协商程序也作出了"所涉缔约方有权全面参与这一程序"的规定，❷ 但是没有在文本中体现不得参与委员会议事的规定，故只能通过其谈判文件发现也是不允许缔约方参与委员会议事的。❸ 但自《联合国气候变化框架公约》多边协商程序起，因为专家是以个人身份参加的，因此，后期包括《巴黎协定》履行和遵约委员会的规定中都没有涉及回避问题。

（3）第25（c）段的规定授予了履行和遵约委员会进一步调查的权力。换言之，在审议第20段缔约方提交的书面材料，或第22段启动事项时，如履行和遵约委员会认为需要，可采取两项职能权力：第一，履行和遵约委员会可获取第三方提供的补充资料。这些补充资料的范围规定在第35段，即①专家咨询意见。履行和遵约委员会可向委员会以外的专家寻求咨询意见。②《巴黎协定》下设或服务于《巴黎协定》的进程、机构、安排和论坛提供的信息。第二，履行和遵约委员会可邀请代表参加相关审议。即在与有关缔约方协商后，可酌情邀请《巴黎协定》下设或服务于《巴黎协定》的相关机构和安排的代表参加其相关会议。

显然，《巴黎协定》遵约机制对履行和遵约委员会的职权进行了更为详细的规定。《蒙特利尔议定书》不遵守情事程序对于履行委员会在此方面的职权规定得较为笼统，只是规定履行委员会"凡认为必要时，通过秘书处请求就

---

❶ 参见《蒙特利尔议定书》不遵守情事程序第11段。
❷ 参见《联合国气候变化框架公约》多边协商程序第3段。
❸ 在《联合国气候变化框架公约》第13条特设小组第六次会议报告中，有关多边协商程序的职能和过程的议事纪要的第10（a）段提到，多边协商程序案文第3段"透明"一词是指必须做到所涉缔约方在任何时候都能充分参与这个程序以及确保这种程序的结果对其他缔约方和公众是公开的、可以理解的和可以知晓的，但并不意味着多边协商程序的议事过程对所有各方都开放。Ⅲ Functions and Procedures of the Multilateral Consultative Procee 10（a），in *Report on the Ad Hoc Group on Article 13 on Its Sixth Session*, *Bonn*, 5–11 *June* 1998, FCCC/AG13/1998/2, 9 July 1998, p.4.

审议中的事项提供进一步资料"。❶ 至于资料的范围没有进一步规定，而履行委员会所获得的资料将会局限于秘书处本身的资料以及秘书处权限范围内所能获取的资料。到《联合国气候变化框架公约》多边协商程序时，则没有规定向第三方获取相关信息的规定。但从《京都议定书》遵约机制起，向第三方获取信息的规定开始出现。例如，其规定"有关的政府间组织和非政府间组织可向有关分支机构提交相关的事实信息和技术信息"，"每一分支机构均可征求专家的咨询意见"。❷

相比之下，《巴黎协定》遵约机制对履行和遵约委员会在此方面的职权规定更为全面。但需要注意的是，《蒙特利尔议定书》不遵守情事程序中规定了"在有关缔约方邀请下，为执行本委员会的职能而在该缔约方领土进行收集资料"的权力，❸ 但《巴黎协定》遵约机制明显排除了这一条，即规定经"与有关缔约方协商"后，只能酌情邀请"《巴黎协定》下设或服务于《巴黎协定》的相关机构和安排的代表参加其相关会议"，而不能去缔约方领土收集资料。此外，甚至包括《联合国气候变化框架公约》下设的相关机构也不是可邀请的机构。❹

（4）第25（d）段规定了履行和遵约委员会向有关缔约方呈送结果、措施和建议的义务。对此，首先，在没有向有关缔约方呈送结果、措施和建议草案副本前，履行和遵约委员会做出的这些结果、措施和建议是不应向外公布的。其次，针对这些草案副本，倘若缔约方提出意见，履行和遵约委员会必须针对这些意见给予考虑。而这些考虑必须有一定的形式载体，或者在最终结果、措施和建议中有所体现，或者通过书面形式向有关缔约方作出相应解释。该条的规定，实际上进一步促进了这种非对抗性的协商意蕴。就此而言，《蒙特利尔议定书》不遵守情事程序没有提出最终报告仍须征询有关缔约

---

❶ 参见《蒙特利尔议定书》不遵守情事程序第7（c）段。

❷ 参见与《京都议定书》规定的遵约有关的程序和机制第8节第4~5段。

❸ 参见《蒙特利尔议定书》不遵守情事程序第7（e）段。

❹ 值得注意的是，在《巴黎协定》实施细则遵约机制部分最初谈判时，缔约方对此是有异议的。UNFCCC, Informal Note by the Co-Facilitators on Agenda Item7-Modalities and Procedures for the Effective Operation of the Committee to Facilitate Implementation and Promote Compliance Referred to in Article 15. 2 of the Paris Agreement, in *Ad-Hoc Working Group on the Paris Agreement* (APA) *Second Part of the First Session*, *Marrakech*, 7-14 *November* 2016, 14 November 2016, p. 3.

方意见的规定。《联合国气候变化框架公约》多边协商程序中则有所突破，在其第 12 段规定，委员会的结论和任何意见应转交所涉各缔约方供其考虑；第 13 段规定，所涉缔约方应有机会就结论和建议提出意见。然而，并没有规定这些意见需要多边协商委员会进行考虑，而是一并交由缔约方会议，由其来考量。《京都议定书》遵约机制根据其程序安排亦规定了向有关缔约方告知决定的义务，❶ 但与《巴黎协定》遵约机制相比，它没有要求在做出决定草案前，须考虑有关缔约方的任何意见，而是决定作出后，允许有关缔约方提出书面意见。❷

六、《巴黎协定》遵约机制启动时赋予发展中国家的特殊权利

【《巴黎协定》实施细则遵约机制部分的条文】26. 委员会将根据发展中国家缔约方的能力，在第十五条规定的程序时限方面给予它们灵活性。

27. 在资金允许的情况下，应根据相关发展中国家缔约方的请求向它们提供援助，使它们能够参加委员会的相关会议。

【评注】（1）关于在遵约机制方面，给予发展中国家以特殊权利，没有体现在《蒙特利尔议定书》不遵守情事程序和《联合国气候变化框架公约》多边协商程序中。《京都议定书》遵约机制中，由于针对的履约主体是附件一国家，即主要是发达国家，因此，也没有关于给予发展中国家以特殊权利的规定。但在附件一国家中仍存在着像俄罗斯等这些向市场经济过渡的国家，因此，《京都议定书》遵约机制中仍规定给予这些国家相应的灵活性。❸ 此外，在促进分支机构工作方面亦规定，"促进分支机构应根据《联合国气候变化框架公约》第三条第 1 款中所载共同但有区别的责任和各自能力的原则，负责向缔约方提供执行《京都议定书》的咨询和便利，并负责促进缔约方遵

---

❶ 参见与《京都议定书》规定的遵约有关的程序和机制第 7 节第 4~6 段、第 8 节 7~8 段。

❷ 参见与《京都议定书》规定的遵约有关的程序和机制第 8 节第 8 段。

❸ 与《京都议定书》规定的遵约有关的程序和机制第 2 节第 11 段规定，委员会应考虑到作为《京都议定书》缔约方会议的《联合国气候变化框架公约》缔约方会议按照《京都议定书》第三条第 6 款并参照《联合国气候变化框架公约》第四条第 6 款为向市场经济过渡的附件一所列缔约方规定的任何灵活性。

守其根据《京都议定书》作出的承诺"。❶

值得强调的是，此条规定的中文文本和其他文本是不一致的。其他文本的表述中没有写"发展中国家"，而是直接写的缔约方（parties）。从《巴黎协定》特设工作组提交的谈判草案文本来看，当时是写有"发展中国家"的。但缔约方会议最终通过的其他文本中都没有写"发展中国家"。是以，中文文本应在合适的机会下，修改为缔约方，而不是"发展中国家"缔约方。

（2）关于向发展中国家缔约方提供资金，以帮助其能参加履行和遵约委员会的相关会议，这在遵约机制当中是第一次明确规定，充分体现了《巴黎协定》第十五条及其实施细则遵约机制部分第3段的规定。

七、本章小结

这一章主要针对《巴黎协定》遵约机制的启动和进程开展了详细评述。有关遵约机制的启动和进程是所有涉及遵约机制规定中必然包含的内容，同时也是最能体现多边协定中遵约特色的地方。例如，多边环境协定中，不同的协定往往采取了不同的启动和进程规定，而这种规定是与协定的内容和政治环境密不可分的。《巴黎协定》遵约机制的启动和进程是对之前多边环境协定遵约机制启动和进程的借鉴，同时又考虑到《巴黎协定》自身制度创建的特殊性，而形成的一类具有自身特色的启动和进程模式。

在这一章，主要从六个方面对《巴黎协定》遵约机制的启动和进程规定进行了评述，它们包括履行和遵约委员会审议时遵循的原则，《巴黎协定》遵约机制的缔约方自身启动规则，《巴黎协定》履行和遵约委员会启动遵约机制的规则，以及在相关缔约方同意下，履行和遵约委员会可启动遵约机制的第三类启动规则。除此之外，这一章还对《巴黎协定》遵约机制启动后相关缔约方所具有的一般权利，以及赋予发展中国家的特殊权利的规则进行了详细评述。

---

❶ 参见与《京都议定书》规定的遵约有关的程序和机制第4节第4段。

第八章　《巴黎协定》履行和遵约委员会采取的措施

一、《巴黎协定》履行和遵约委员会作出的措施、结果及建议的限制性规定

【《巴黎协定》实施细则遵约机制部分的条文】 28. 在确定适当措施、结果或建议时，委员会应参考《巴黎协定》相关规定的法律性质，应考虑到有关缔约方提交的意见，并应特别注意有关缔约方的国家能力和情况。如若相关，也应承认小岛屿发展中国家和最不发达国家的特殊情况以及不可抗力情况。

29. 有关缔约方可向委员会提供信息说明特定能力限制、需求或所获支持的充分性，供委员会在确定适当措施、结果或建议时审议。

【评注】（1）《巴黎协定》实施细则遵约机制的第四部分是有关履行和遵约委员会措施职能的规定，这是委员会三个职能中可谓最重要的一项职能，赋予了其采取行动的权力。然而，在规定相关措施之前，《巴黎协定》实施细则遵约机制第四部分则首先强调了采取这些措施的限制性规定。这些限制性规定包括：①《巴黎协定》相关规定的法律性质。正如前文所言，《巴黎协定》中不同条文的法律性质是不同的，因此，在采取相应措施前，应明晰哪些是必须做的行为、哪些是鼓励做的行为，而不能将措施扩大到那些不具法律拘束力的规定上。②考虑有关缔约方提交的意见，并特别关注其国家能力和情况。尊重缔约方提交的意见要求，采取措施的说明中应着重阐释与缔约方提交意见相悖的举措，特别是要对其国家能力和情况进行阐释，如未对其进行阐释，该条措施、结果或建议，则存在着瑕疵，不具有正当性。③如若遵约举措与小岛屿国家和最不发达国家以及不可抗力相关联，则遵约举措须

适当考虑这些国家或因素。而此处遵约举措与前者之间的相关性，则有待于履行和遵约委员会作出正当解释。

（2）《巴黎协定》实施细则遵约部分的第 29 段表明，有关缔约方可就关于特定能力限制、需求和所获支持充分性向履行和遵约委员会提供信息，以供委员会在采取遵约举措时考虑。这一规定表明，缔约方可主动向履行和遵约委员会说明相关情况，这样将有助于委员会作出适当的决定。值得强调的是，第 29 段的中文规定与其他文本存在不一致，故而应在适当时候进行修改。❶

二、《巴黎协定》履行和遵约委员会作出适当措施的类型

【《巴黎协定》实施细则遵约机制部分的条文】30. 为了促进履行和遵守，委员会应采取适当措施。这些措施可包含以下五个方面：

（a）与有关缔约方进行对话，旨在确定挑战、提出建议和分享信息，包括与获得资金、技术和能力建设支持有关的挑战、建议和信息；

（b）协助有关缔约方与《巴黎协定》下设或服务于《巴黎协定》的适当资金、技术和能力建设机构或安排进行接触，以便查明潜在的挑战和解决办法；

（c）就第 30（b）段所述的挑战和解决办法向有关缔约方提出建议，经有关缔约方同意后酌情向有关机构或安排通报这些建议；

（d）建议制订一项行动计划，并应请求协助有关缔约方制订该计划；

（e）发布与第 22 段（a）段所述的履行和遵守事项有关的事实性结论。

31. 鼓励有关缔约方向委员会提供资料，说明在实施第 30 段（d）项所述行动计划方面取得的进展。

【评注】（1）《巴黎协定》履行和遵约委员会在采取适当措施方面的规定有了一个大的进步，即在采取的措施类型方面有所扩大，并形成了以有关缔

---

❶ 第 29 段的英文表述为：The Party concerned may provide to the Committee information on particular capacity constraints, needs or challenges, including in relation to support received, for the Committee's consideration in its identification of appropriate measures, findings or recommendations. 很显然，中文文本中丢掉了"挑战（challenges）"一词。

约方为主的措施设计。就此而言，《蒙特利尔议定书》不遵守情事程序中对履行委员会在采取适当措施方面，与《巴黎协定》遵约机制的不同表现在：

第一，前者是围绕缔约方会议开展的，主要措施类型是"进行报告，报告中须含有建议"。而且在 1990 年最初的草案版本中，甚至没有规定向缔约方会议报告什么内容以及提出建议，直到 1992 年正式通过不遵守情事程序时，才强调了应包括"其认为适当的建议"。❶

第二，在通过不遵守情事程序的同时，亦通过了《缔约方会议对不遵守议定书情事可能采取的措施指示性清单》。❷ 换言之，《蒙特利尔议定书》下的遵约机制没有将采取的措施放在《蒙特利尔议定书》不遵守情事程序中，而是单列了出来。从文本来看，在措施类型方面规定了三种类型，即协助、警告和中止权利。❸ 故如果仅从遵约机制的角度来看，一方面，《蒙特利尔议定书》下的遵约机制正式规定具有遵约机制特色的措施类型，即协助；这一措施类型被后来的《京都议定书》和现在的《巴黎协定》遵约机制所继承下来。另一方面，《蒙特利尔议定书》下的遵约机制仍处于制度安排设计的早期阶段，没有完全脱离传统争端解决机制的影响。例如，警告和中止权利都带有非常强烈的对抗色彩，❹ 而这两种类型在《联合国气候变化框架公约》多边协商程序中则没有再出现。但到了《京都议定书》遵约机制时，在促进分

---

❶ 关于《蒙特利尔议定书》不遵守情事程序中履行委员会提出建议的规定放在了三个不同的条文中，它们分别是第 7 (d) 段，履行委员会的职能包括"确定提交的不遵守情事的个案所涉的事实和可能原因，并向缔约方会议提出适当建议"；第 9 段，"履行委员应向缔约方会议提出报告，包括提出其认为适当的建议"；以及第 14 段，"缔约方会议可要求履行委员会提出建议，以协助缔约方会议审议可能的不遵守情事"。

❷ Indicative List of Measures that might be Taken by a Meeting of the Parties in Respect of Non-Compliance with the Protocol, in *Report of the Fourth Meeting of the Parties to the Montreal Protocol on Substances that Deplete the Ozone Layer*, Annex V. , UNEP/OzL. Pro. 4/15, 25 November 1992, p.46.

❸ 具体规定为：A. 适当的协助，包括协助收集和汇报数据、技术转让和资金援助、信息转让和培训；B. 发出警告；C. 根据关于中止条约实施的适用国际法规则，中止议定书规定的具体权利和特权，无论是否有时间限制，包括与下列事项有关的权利和特权：工业合理化、生产、消费、贸易、技术转让、财务机制和体制安排。

❹ "中止权利"这种措施是传统争端解决采用的主要措施。例如《维也纳条约法公约》第 60 条就规定了因违约可终止或中止条约。但这种方式显然在国际气候环境法领域是起不到促进作用的。相反，更多地体现了大国所拥有的特权。但必须强调的是，尽管中止权利具有很强的对抗性，但其性质上不属于处罚和制裁，而是一种对抗措施。"Draft Articles on Responsibility of States for Internationally Wrongful Acts, with Commentaries," in *Yearbook of the International Law Commission*, 2001, Vol. 2, p. 57, pp. 128-129.

支机构对不遵约实施的措施中规定了警告的措施，❶ 而在强制执行分支机构中则规定了，如果判定存在不遵约情况时，委员会可以作出中止该缔约方资格的措施。❷ 可见，《京都议定书》遵约机制又回归到《蒙特利尔议定书》的措施类型下。

《巴黎协定》遵约机制中没有规定警告和中止有关缔约方资格的措施。这是因为，就警告措施而言，《巴黎协定》遵约机制的启动是以有关缔约方行为作为判断标准，因此，警告这一举措的意义在该遵约机制下实无存在的必要。❸

而没有规定中止缔约方资格的措施，一方面，是因为《巴黎协定》所处的语境与《蒙特利尔议定书》《京都议定书》不同。在《蒙特利尔议定书》遵约机制时，中止缔约方资格，首先是希望通过禁止缔约方贸易的举措，迫使更多的国家加入臭氧条约体系。其次，也是为了防范破坏臭氧物质的生产转移到非缔约国，使后者获得不公平竞争优势。❹ 而这两个意图对《巴黎协定》遵约机制则意义不大，这不仅是因为禁止与气候变化相关的贸易所涉及领域太广，而且无论从理论还是实践上，禁止与气候变化相关的贸易都存在相当大的争议，因此，就当时谈判过程而言，缔约方显然不能就这一问题迅

---

❶ 与《京都议定书》规定的遵约有关的程序和机制第 4 节第 6 段规定，"为了促进遵约并为预先警报可能出现不遵约情况作出安排，促进分支机构还应负责指导并促进遵守：（a）根据《京都议定书》第三条第 1 款作出的有关承诺期开始之前和该承诺期内的承诺；（b）根据《京都议定书》第五条第 1 款和第 2 款作出的第一个承诺期开始之前的承诺；以及（c）根据《京都议定书》第七条第 1 款和第 4 款作出的第一个承诺期开始之前的承诺"。

❷ 与《京都议定书》规定的遵约有关的程序和机制第 14 节规定了促进分支机构对不遵约实施的措施类型。在第 15 节规定了强制执行分支机构的实施措施类型。其中第 15 节第 4 段规定，"如果强制执行分支机构确定附件一所列某个缔约方未能符合《京都议定书》第六条、第十二条或第十七条之下的某项资格要求，应根据这些条款的有关规定，中止该缔约方的资格"。第 5（c）段规定，"如果强制执行分支机构确定，某一缔约方的排放量超过了配量，强制执行分支机构应宣布该缔约方未遵守《京都议定书》第三条第 1 款下的承诺，将实施下列后果：……（c）中止按《京都议定书》第十七条作出的转让资格直至按照第十节第 3 段或第 4 段予以恢复"。

❸ 在《巴黎协定》实施细则遵约机制谈判之初时，也有缔约方提出措施中应包括早期警告（early warning）。UNFCCC, Informal Note by the Co-Facilitators on Agenda Item7-Modalities and Procedures for the Effective Operation of the Committee to Facilitate Implementation and Promote Compliance Referred to in Article 15. 2 of the Paris Agreement, in *Ad-Hoc Working Group on the Paris Agreement* (APA) *Second Part of the First Session*, *Marrakech*, 7-14 *November* 2016, 14 November 2016, p. 2.

❹ Duncan Brack Michael Grubb & Craig Windram, *International Trade and Climate Change Policies*, London: Royal Institute of International Affairs, 2000, pp. 130-131.

速达成共识。此外，通过实践亦可看出，大多数国家都表达了批准该公约的意愿，故而，迫使更多国家加入条约的这一意图缺乏《蒙特利尔议定书》的语境。

此外，《京都议定书》中止缔约方资格的措施可行，是因为其是针对清洁发展机制等这些《京都议定书》灵活机制展开的，是中止缔约方参与这些灵活机制的资格。● 而《巴黎协定》中显然在灵活机制方面已不同于《京都议定书》，是以，因缺乏《京都议定书》的遵约语境，而不适合采用中止缔约方资格的措施。当然，更重要的理由是，中止缔约方资格是一种惩罚性措施。中止这一措施与《巴黎协定》第十五条设立遵约机制的"非惩罚性"规定相悖，因此，在《巴黎协定》实施细则遵约机制部分也就相应地没有规定这种举措。当然，也有学者提出建立一个共同管理基金储备方案（the Commons Management Fund Deposit Scheme, CMF），如果缔约方遵约，则缔约方交存的储备基金可如数退还；但如果违约则没收缔约方交存的基金，并将其用于弥补违约缔约方在气候变化领域造成的损害。● 尽管这一建议具有相当大的独特性，但这种方式仍存在着惩罚的性质，因此，并不符合《巴黎协定》"非惩罚性"的遵约性质。

第三，《蒙特利尔议定书》遵约机制实施措施的主体是缔约方会议。尽管《蒙特利尔议定书》不遵守情事程序设立了履行委员会，但并没有取得实施措施的权力，而是将这一权力交由缔约方会议决定来实施。《巴黎协定》遵约机制在实施措施的主体方面已然交由履行和遵约委员会，相比前者而言，这是一次大的进步。● 《联合国气候变化框架公约》多边协商程序中，多边协商委

● 值得注意的是，有学者认为，《京都议定书》遵约机制中规定的这种中止缔约方资格的措施不属于严格意义上的贸易措施（一般认为，针对不遵约而采取的贸易措施中应包括中止贸易这一措施），因为这指的是不允许不遵约缔约方参与灵活机制，而不是一缔约方针对不遵约缔约方进行的贸易对抗措施。Jacob Werksman, "Compliance and the Use of Trade Measures," in Jutta Brunnée, Meinhard Doelle & Lavanya Rajamani eds., *Promoting Compliance in an Evolving Climate Regime*, Cambridge: Cambridge University Press, 2012, p. 266.

● Byran H. Druzin, "A Plan to Strengthen the Paris Climate Agreement," *Fordham Law Review Res Gestate*, Vol. 84, 2015-2016, pp. 18-23.

● 在一定意义上，这表明受国家政治影响被减弱，而技术化的特征更为明显。Tullio Treves, "Introduction," in Tullio Treves, Laura Pineschi, Attila Tanzi, et al. eds., *Non-Compliance Procedures and Mechanisms and the Effectiveness of International Environmental Agreements*, The Hague: T. M. C. Asser Press, 2009, p. 5.

员会也仅有作出建议权，并将"委员会的结论和任何建议转交所涉各缔约方，以及缔约方会议"，❶ 而没有实施这些建议的权力。《京都议定书》遵约机制则首次将采取措施的决定权赋予了遵约委员会。❷ 尽管《京都议定书》遵约机制中规定了上诉程序，但该程序仅是针对"程序"进行的制度安排，而不考虑遵约委员会作出决定的实质内容。❸ 或言之，只进行程序审，而不考虑事实审。到《巴黎协定》遵约机制时，继承了《京都议定书》遵约机制中有关委员会作出决定的规定，但却没有涉及上诉问题。关于这一点也可理解为，由于《巴黎协定》遵约机制中没有涉及强制执行的问题，因此，不必像《京都议定书》遵约机制那样规定上诉程序，以防止出现程序不公问题。

由上可知，《巴黎协定》遵约机制对履行和遵约委员会采取的措施更为全面、更具操作性，而且与之前《蒙特利尔议定书》不遵守情事程序、《京都议定书》遵约机制一样；第一，这些措施并不是穷尽的，履行和遵约委员会可采取除列举的措施以外的措施；但需要谨慎防范的是，采取列举的措施以外的措施时，不能采取警告、宣布不遵约等措施，因为这些措施在谈判之时，已被缔约方所否定，且也不符合《巴黎协定》遵约机制的基本宗旨。第二，这些措施没有优先等级之分，只有针对不同情况，具体适用。第三，就《巴黎协定》履行和遵约委员会在作出决定时，这 5 项措施不是必须全部适用，也是针对不同情况，开展不同适用。此外，须提醒的是，《巴黎协定》遵约机制中没有规定可以在相关缔约方领土内直接获取信息的权力，这与《蒙特利尔议定书》不遵守情事程序的规定不同。❹ 未规定这一举措，或与发展中国家担忧主权被侵犯有着密切联系。甚至在《京都议定书》遵约机制中，这种到

---

❶　参见《联合国气候变化框架公约》多边协商程序第 12 段和第 13 段的规定。

❷　Tullio Treves, "Introduction," in Tullio Treves, Laura Pineschi, Attila Tanzi, et al. eds., *Non-Compliance Procedures and Mechanisms and the Effectiveness of International Environmental Agreements*, The Hague: T. M. C. Asser Press, 2009, p. 4.

❸　与《京都议定书》规定的遵约有关的程序和机制第 11 节第 1 段规定，"如果一缔约方认为强制执行分支机构对其作出的与第三条第 1 款有关的最终决定未经正当程序，可就该决定向作为《联合国气候变化框架公约》缔约方会议的《京都议定书》缔约方会议提出上诉"。

❹　《蒙特利尔议定书》不遵守情事程序第 7 (e) 段规定，在有关缔约方邀请下，为执行本委员会的职能而在该缔约方领土进行收集资料。

有关缔约方国家内进行调查的权力也没有规定其中。❶

（2）第 30（a）段规定了履行和遵约委员会采取的第一措施，即与有关缔约方开展对话，而对话的内容是有关缔约方在资金、技术和能力建设方面的挑战、建议和分享信息。首先，这是在遵约机制领域第一次明确设立对话模式。之前，《蒙特利尔议定书》不遵守情事程序中是没有这种模式的。到《联合国气候变化框架公约》多边协商程序时，出现了这种对话模式的征兆，其第 6 段规定，"委员会应在收到根据第 5 段提出的请求后与所涉缔约方协商审议有关履行公约的问题"。但《京都议定书》遵约机制在促进履约方面却没有继承《联合国气候变化框架公约》多边协商程序中的这种方式。直到《巴黎协定》遵约机制中才真正明确地肯定了将对话模式作为一种遵约举措。无疑，"开展对话"（Engage in a dialogue）这一用语，充分表明了平等协商在遵约机制中的意义，即通过对话的沟通方式极好地避免了对抗的弊端，能更好地了解事实、发现问题、解决争议，从而有利于未遵约的缔约方全面履行条约义务。❷ 在《蒙特利尔议定书》不遵守情事程序中这一点体现得不明显，只是强调"友好解决"，❸ 而没有直接涉及对话。《联合国气候变化框架公约》多边协商程序则前进了一大步，但没有明确提出对话进路。到《京都议定书》遵约机制时，采取了一种被动式的，即只有有关缔约方向遵约委员会提出关于履约事宜时，委员会才提供咨询意见和促进协助。❹

其次，《巴黎协定》遵约机制确立了对话的相关内容，即有关获得资金、技术和能力建设支持方面的挑战、建议和信息。从遵约机制的理论和实践发展来看，缔约方不遵守此类条约往往并不是故意为之，而更多的是存在资金、

---

❶ 其实，早在有关气候变化遵约机制设计之时，已有学者提出，"现场检查可以在事实发现中发挥重要作用。然而，由于政治考虑和国家敏感性，国内检查可能会遇到来自各国的阻力"。Xueman Wang, "Towards a System of Compliance: Designing a Mechanism for the Climate Change Convention," *Review of European Comparative & International Environmental Law*, Vol. 7, No. 2, 1998, p. 177.

❷ Steven R. Ratner, "Persuading to Comply: On the Deployment and Avoidance of Legal Argumentation," in Jeffrey L. Dunoff & Mark A. Pollack eds., *Interdisciplinary Perspectives on International Law and International Relations: The State of the Art*, Cambridge: Cambridge University Press, 2013, pp. 568-590.

❸ 参见《蒙特利尔议定书》不遵守情事程序第 8 段。

❹ 参见与《京都议定书》规定的遵约有关的程序和机制第 14 节第（a）段。

技术和能力限制，当这些问题得到解决后，缔约方才能严格履约。❶是故，《缔约方会议对不遵守议定书情事可能采取的措施指示性清单》中第一个措施就是在数据收集和汇报、资金援助、技术转让和信息转让与培训。《联合国气候变化框架公约》多边协商程序第 6（b）（c）段规定，"提供关于如何为解决这些困难而获取技术和资金的意见和建议"，"就汇编和交流信息提供咨询意见"。

（3）第 30（b）段的措施是协助缔约方与相关机构进行接触。这一措施是一个大的进步。《蒙特利尔议定书》不遵守情事程序没有规定协助接触，而仅是履行委员会与多边基金执行委员会之间"经常交换情况"，没有涉及有关缔约方参与。❷到《联合国气候变化框架公约》多边协商程序时，只是向有关缔约方提出"解决困难而获得资金和技术的意见和建议"，同样没有提到协助接触事项。与《京都议定书》规定的遵约有关的程序和机制在此方面，首先涉及了这一点，其规定，"促进向任何有关缔约方提供资金和技术援助，包括由来自《联合国气候变化框架公约》和《京都议定书》所确定者以外的来源为发展中国家提供技术转让和能力建设；促进资金和技术援助，包括技术转让和能力建设，同时考虑到《联合国气候变化框架公约》第四条第 3、4 和5 款"。❸但此规定仍较为笼统，没有具体阐明如何促进。而《巴黎协定》遵约机制提出要协助有关缔约方与"《巴黎协定》下设"或"服务于《巴黎协定》的适当资金、技术和能力建设机构或安排"进行"接触"。对此，在《巴黎协定》实施细则遵约机制部分谈判之初，缔约方就提出履行和遵约委员

---

❶ Harold K. Jacobson & Edith Brown Weiss，"Compliance with International Environmental Accords：Achievements and Strategies，" in Mats Rolen，Helen Sjoberg & Uno Svedin eds.，*International Governance on Environmental Issues*，Netherlands：Springer，1997，pp.78–110. 在实践方面，来自联合国环境署臭氧秘书处官员的报告也证明了这一点。K. Madhava Sarma，"Compliance with the Multilateral Environmental Agreements to Protect the Ozone Layer，" in Ulrich Beyerlin，Peter-Tobias Stoll & Rüdiger Wolfrum eds.，*Ensuring Compliance with Multilateral Environmental Agreements：A Dialogue between Practitioners and Academia*，Leiden：Martinus Nijhoff Publishers，2006，p.38.
❷ 参见《蒙特利尔议定书》不遵守情事程序第 7（f）段。
❸ 参见与《京都议定书》规定的遵约有关的程序和机制第 14 节第（b）和（c）段。

会的措施应是在促进遵约方面，帮助缔约方找到与其他制度安排之间的差距。● 不言而喻，这一规定将促进举措更细致地落实到了具体行动中。

（4）第30（c）段的措施向有关机构通报委员会的建议。此条款应关注两个方面：一是履行和遵约委员会要就挑战和解决办法向有关缔约方提出建议；二是在经有关缔约方同意后，向有关机构通报这些建议。这里的机构应限定为《巴黎协定》下设或服务于《巴黎协定》的相关机构和安排。不言而喻，履行和遵约委员会只有建议权，而不能向这些有关机构和安排作出援助决定，这就表明遵约问题的解决，不仅有待有关缔约方采取行动，同时也需要有关机构和安排的行动。当这些机构和安排不作为时，则仍无法实现促进有关缔约方履行和遵守《巴黎协定》的目标。就"通报"这一点而言，无论是《蒙特利尔议定书》不遵守情事程序，还是《联合国气候变化框架公约》多边协商程序和《京都议定书》遵约机制中都没有涉及。这一规定改变了原先遵约机制的被动建议模式，而转向了主动提供帮助。可想而知，尽管履行和遵约委员会作出的建议并不能代替其他机构和安排的决定，但在一定程度上，比有关缔约方向这些机构和安排提出建议更具合法性和可执行性。需要强调的是，在《巴黎协定》特设工作组提交的谈判草案文本中，并没有规定向有关机构通报这一条。● 显然，这一条文是缔约方会议在谈判最终时加上去的。此外，尽管《巴黎协定》实施细则遵约机制部分在谈判之初，有缔约方提出应先穷尽其他制度安排后，才应由履行和遵约委员会提出建议，● 但从最终文本来看，这一观点没有被接受，充分体现了委员会的主动性。

（5）第30（d）段的措施是建议制订一项行动计划。从遵约机制的角度

● UNFCCC, Informal Note by the Co-Facilitators on Agenda Item7-Modalities and Procedures for the Effective Operation of the Committee to Facilitate Implementation and Promote Compliance Referred to in Article 15. 2 of the Paris Agreement, in *Ad-Hoc Working Group on the Paris Agreement* (*APA*) *Second Part of the First Session*, *Marrakech*, 7-14 *November* 2016, 14 November 2016, p. 4.

● UNFCCC, *Draft Text on APA 1. 7 Agenda Item 7. Modalities and Procedures for the Effective Operation of the Committee to Facilitate Implementation and Promote Compliance Referred to in Article* 15. 2 *of the Paris Agreement*, APA1-7. DT. i7v3, 8 December 2018, p. 4.

● UNFCCC, Informal Note by the Co-Facilitators on Agenda Item7-Modalities and Procedures for the Effective Operation of the Committee to Facilitate Implementation and Promote Compliance Referred to in Article 15. 2 of the Paris Agreement, in *Ad-Hoc Working Group on the Paris Agreement* (*APA*) *Second Part of the First Session*, *Marrakech*, 7-14 *November* 2016, 14 November 2016, p. 4.

讲，最终实现的目标是缔约方重新严格履约，因此，缔约方采取履约行动是关键所在。当然，此条是建议性的，并不表示强制缔约方这样做。但从前期实践来看，一般缔约方会遵循这一建议。此外，关于缔约方如何行动，不同的遵约机制在不同情况下做的规定亦有所不同。例如，《蒙特利尔议定书》不遵守情事程序第9段规定，缔约方收到委员会报告后，可在考虑到事项所涉情况的前提下决定和要求采取步骤以求充分遵守议定书，其中包括协助缔约方遵守议定书的措施和促进实现议定书目标的措施。《联合国气候变化框架公约》多边协商程序和《京都议定书》遵约机制中均没有提及"拟订一份计划"。但从《京都议定书》遵约机制对强制执行分支机构采取的措施来看，其中有关于拟订计划的要求，❶ 这说明，在一定程度上，《巴黎协定》遵约机制不仅吸纳了之前其他公约在促进遵约方面的规定，而且只要是有益于完成其目标和宗旨，那么亦可吸纳那些在其他相关领域成熟的经验。

此外，《巴黎协定》实施细则遵约机制部分在谈判到此处时，曾列出计划应包括履行的挑战、不遵约的原因、缔约方倾向于采取的措施、措施的时间表等。但最终这些没有体现在最后的文本中。这些可能需要在议事规则中体现出来。

（6）第30（e）段的措施是发布事实性结论。此部分需注意两点：一是，履行和遵约委员会只能就第22（a）段的履行和遵守发布事实性结论。换言之，它既不能针对第22（b）段履行和遵守发布事实性结论，也不能针对第22（a）段所涉内容，只能针对行为发布事实性结论。二是，履行和遵约委员会只能发布"事实性结论"。换言之，不能在发布的结论中涉及非事实性内容，例如就是否违反《巴黎协定》法律义务等具体内容作出断言等。这一规定在前期其他遵约机制中都有所体现，例如《蒙特利尔议定书》不遵守情事程序第7（d）段规定，"确定提交给委员会的不遵守情事的个案所涉的事实和可能原因"；《联合国气候变化框架公约》多边协商程序第6（a）段规定的

---

❶　与《京都议定书》规定的遵约有关的程序和机制第15节第1条（b）款规定，如果强制执行分支机构确定一个缔约方未遵守《京都议定书》第五条第1款或第2款或第七条第1款或第2款，应考虑到该缔约方不遵约的原因、类型、程度和频率，就实施下列后果作出决定：（b）根据以下第2段和第3段拟订一项计划。第15节第5条（b）款规定，如果强制执行分支机构确定，某一缔约方的排放量超过了配量，强制执行分支机构应宣布该缔约方未遵守《京都议定书》第三条第1款下的承诺，并实施下列后果：（b）按照以下第6段和第7段拟订一份遵约行动计划。

"澄清和解决问题";《京都议定书》遵约机制在促进分支机构采取的措施方面，没有明确提到这一点，而仅是在强制执行分支机构采取的措施方面，提出要"宣布不遵约情况"。❶但要强调的是，"宣布不遵约情况"本身是带有判断性质的，这与《巴黎协定》遵约机制中要求的事实性结论是存在区别的，在一定意义上前者对有关缔约方会产生更强的约束力，❷但这种约束力仍不具有法律属性。❸

在《巴黎协定》特设工作组提交的谈判草案文本中，关于此条的规定较为细致，还包括将此条作为最后手段向相关缔约方发表关切声明，向缔约方会议报告不遵约情况等。❹但最终缔约方会议只简单地写明了发布事实性结论，没有包括其他内容。至于哪些属于事实性结论则仍需要进一步明确。此外，该条不是只适用于履行和遵约委员会启动的类型，倘若缔约方自行启动，关于其遵约也涉及第 22（a）段时，那么履行和遵约委员会也可就此做出事实性结论。

值得注意的是，该条中没有指明发布事实性结论的承受者是谁，因此可能是一项公开的声明，亦可能是一封给相关缔约方的信件，或者是写在给缔约方会议的报告中。无疑，这有待于后续规则的继续明晰化。

（7）第 31 段规定了缔约方就行动计划进展提供资料的建议。此条款的规定是针对第 30（d）段行动计划而言的，从措辞来看，有关缔约方就行动计划进展提供资料不是强制性的，而是鼓励性的。换言之，缔约方可就其行动计划是否向履行和遵约委员会提供进展资料进行选择。如上文所言，建议作出后，缔约方采取履约行动是实现遵约目标的关键所在。《蒙特利尔议定书》

---

❶ 参见与《京都议定书》规定的遵约有关的程序和机制第 15 节第 1（a）段款和第 5 段的规定。

❷ 这种约束力来自对国家声誉的考量。Rüdiger Wolfrum & Jürgen Friedrich, "The Framework Convention on Climate Change and the Kyoto Protocol," in Ulrich Beyerlin, Peter-Tobias Stoll & Rüdiger Wolfrum eds., *Ensuring Compliance with Multilateral Environmental Agreements: A Dialogue between Practitioners and Academia*, Leiden: Martinus Nijhoff Publishers, 2006, p. 60.

❸ Malgosia Fitzmaurice, "Non-Compliance Procedures and the Law of Treaties," in Tullio Treves, Laura Pineschi, Attila Tanzi, et al. eds., *Non-Compliance Procedures and Mechanisms and the Effectiveness of International Environmental Agreements*, The Hague: T. M. C. Asser Press, 2009, pp. 453-481.

❹ UNFCCC, *Draft Text on APA 1. 7 Agenda Item 7. Modalities and Procedures for the Effective Operation of the Committee to Facilitate Implementation and Promote Compliance Referred to in Article 15. 2 of the Paris Agreement*, APA1-7. DT. i7v3, 8 December 2018, p. 4.

不遵守情事程序第 12 段，要求有关缔约方向缔约方会议通报其按第 9 段通过的决定的执行情况。可见，有关缔约方是向缔约方会议通报，而不像本条规定是向履行和遵约委员会提供资料，此外，这种通报也是强制性的。但到《联合国气候变化框架公约》多边协商程序时，这一强制性变弱了，在其第 13 段仅规定，所涉各缔约方应有机会就结论和建议提出意见。委员会应在缔约方会议常会之前及时将结论和建议以及所涉各缔约方的任何书面意见转交缔约方会议。《京都议定书》遵约机制中在促进分支机构方面没有关于缔约方行动的规定，但在强制执行分支机构方面则要求 "不遵约缔约方应定期向强制执行分支机构提交计划情况的进度报告"，以及 "不遵约缔约方应每年向强制执行分支机构提交一份关于遵约行动情况的进度报告"。❶ 可见，《巴黎协定》遵约机制继承了这一方式，但与《京都议定书》遵约机制相比，却没有将其列为强制性义务。因此，未来如何完善对缔约方做出措施的跟进，仍有待进一步细化。

三、本章小结

这一章主要介绍和评析了《巴黎协定》履行和遵约委员会采取的措施。不同措施的规定是最能体现遵约机制性质的部分。正如之前《蒙特利尔议定书》《京都议定书》等规定了中止缔约方资格、贸易制裁等相关措施，体现出二者的惩罚性质。《巴黎协定》履行和遵约委员会则没有采取惩罚性措施，更多是从促进和便利方面对缔约方履行和遵约进行的考量。

这一章的评述分为两个部分，第一部分主要评析了对《巴黎协定》履行和遵约委员会在做出措施、结果及建议时的限制性规定。这些规定在很大程度上与发展中国家的履约能力相衔接。第二部分则主要评析了履行和遵约委员会做出措施、结果和建议的类型，主要包括与相关缔约方的对话措施、协助措施、建议措施、制订行动计划的建议，以及发布与履行和遵守相关的事实性结论的措施。

---

❶　参见与《京都议定书》规定的遵约有关的程序和机制第 15 节第 3 段和第 7 段的规定。

第九章 《巴黎协定》遵约机制的系统性问题、信息、报告及与秘书处的关系

一、《巴黎协定》遵约机制的系统性问题

【《巴黎协定》实施细则遵约机制部分的条文】32. 委员会可确定一些缔约方在履行和遵守《巴黎协定》规定方面面临的系统性问题，提请《协定》/《公约》缔约方会议注意这些问题，并酌情提出建议供其审议。

33. 《协定》/《公约》缔约方会议可随时要求委员会审查系统性问题。在审议该问题后，委员会应向《协定》/《公约》缔约方会议报告，并酌情提出建议。

34. 在处理系统性问题时，委员会不得处理与个别缔约方履行和遵守《巴黎协定》规定有关的事项。

【评注】（1）《巴黎协定》遵约机制的系统性问题，一般应指缔约方为履行和遵守《巴黎协定》时，当这一问题没有得到解决之前，缔约方采取的其他措施都无法完成缔约方相应的法律义务。或更一般的是指，若干当事方所经历的关于遵守或执行《巴黎协定》规定的一般性问题。[1] 在国际环境领域，这一系统问题主要表现在发展中国家没有得到相应的资金或技术支持时，难以完成其下的法律义务。当然，随着国际应对气候变化的深入，系统性问题可能会远远超越资金和技术这两个领域，涌现出更多与之相关的新系统性问题。例如，或可从《蒙特利尔议定书》不遵守情事程序运行实践得到一些启

---

[1] Sebastian Oberthür & Eliza Northrop, "Towards an Effective Mechanism to Facilitate Implementation and Promote Compliance under the Paris Agreement," *Climate Law*, Vol. 8, 2018, p. 52.

示。2020 年 11 月,《蒙特利尔议定书》不遵守情事程序下设履行委员会第六十五次会议上讨论了朝鲜未履行含氢氯氟烃生产和消费消减义务问题。从其内容来看,是联合国安理会对朝鲜制裁,使联合国工业发展组织提供设备的资金无法按时到位,造成朝鲜事实上的不遵约情势。❶ 因此,未来履行和遵守《巴黎协定》所面临的系统问题将是一个值得关注的重要方面。

(2)《巴黎协定》遵约机制是所有气候变化遵约机制安排中第一次以文本形式明确提出系统性问题的遵约安排。❷ 但《巴黎协定》中没有直接规定有关系统性问题,这与《蒙特利尔议定书》《京都议定书》存在着差别。1987 年《蒙特利尔议定书》出台之时,确实并没有意识到这一点,之后在修正中增加了关于系统性问题,其具体条文体现在第五条第七款中,第七款规定:在递送通知到缔约国开会对以上第六款所指的适当行动作出决定之前这段时间,或在缔约国会议决定的更长一段时间内,不应对发出通知的缔约国引用第八条所指的不遵守情事程序。❸ 从其具体条文来看,《蒙特利尔议定书》第五条是专门涉及发展中国家特殊权利的;第七款主要是当发达国家没有向某一发展中国家提供相应资金或技术支持时,该发展中国家存在无法完成其在《蒙特利尔议定书》下的义务时,只要其通知秘书处,在缔约方会议没有解决这一问题时,《蒙特利尔议定书》不遵守情事程序是不能启动的。

但可以看出,《蒙特利尔议定书》关系遵约的系统问题涉及的较为单一,只是从资金和技术两个角度开展。《联合国气候变化框架公约》多边协商程序

---

❶ Implementation Committee under the Non-Compliance Procedure for Montreal Protocol, *Report of the Implementation Committee under the Non-Compliance Procedure for the Montreal Protocol on the Work of Its Sixty-Fifth Meeting*, UNEP/OzL. Pro/ImpCom/65/4, 19 November 2020, p. 6.

❷ 在其他多边环境协定中已有相关公约规定了遵约的系统性问题,例如 2013 年通过的《关于汞的水俣公约》第十五条第二款规定,委员会应促进本公约所有条款的履行,并审议所有条款的遵守。委员会应审查履行和遵约方面的个体性问题和系统性问题,并酌情向缔约方大会提出建议。

❸ 与第 7 款相关的第 6 款的规定为,按照本条第 1 款行事的任何缔约国可在任何时候以书面形式通知秘书处:虽已采取一切实际可行的步骤,但由于第 10A 条没有充分执行,无法履行第 2A 至 2E 条所规定的任何或全部义务。秘书处应立即将该项通知的副本转送各缔约国,缔约国应充分考虑到本条第 5 款。在其下一次会议时审议此事并决定采取何种适当行动。

中没有涉及这一问题。❶ 而《京都议定书》没有在文本中体现系统性问题，但在与《京都议定书》规定的遵约有关的程序和机制中规定了系统性问题，即第 4 节第 5 段（a）规定，"促进分支机构还应负责处理以下履行问题：（a）关于《京都议定书》第三条第十四款的问题，包括审议附件一所列缔约方如何大力设法履行《京都议定书》第三条第十四款的信息时发现的履行问题"。❷ 第 14 节第（d）段规定，"拟订对有关缔约方的建议，同时考虑到《联合国气候变化框架公约》第四条第七款"。❸ 然而，从这也可看出，其所列文字无法完全反映《京都议定书》对遵约系统性问题的详细认识，而直到《巴黎协定》遵约机制时，这一问题才得到进一步重视。因为系统性问题的解决从本质上看，是发展中国家能否执行《巴黎协定》的关键，同时也是发展中国家与发达国家在应对气候变化方面的焦点问题。无疑，系统性问题的解决将有助于遵约，但其实现很大程度仍取决于发达国家能否积极对待系统性问题。此外，正如前文在遵约机制与争端解决机制关系方面所提及的，有关二者的管辖权冲突问题亦可纳入系统性问题来加以考虑，这样可在一定程度上避免国际法律秩序的混乱。

（3）有关系统性问题的范围。《巴黎协定》实施细则部分只是提出了系统性问题，但没有具体指出哪些才是系统性问题。有学者认为，系统性问题应包括两类，一类是与履行与遵约议题存在交叉的问题；另一类是缔约方存

---

❶ 尽管《联合国气候变化框架公约》第四条第 7 款谈到了系统性问题，其规定："发展中国家缔约方能在多大程度上有效履行其在本公约下的承诺，将取决于发达国家缔约方对其在本公约下所承担的有关资金和技术转让的承诺的有效履行，并将充分考虑到经济和社会发展及消除贫困是发展中国家缔约方的首要和压倒一切的优先事项"。

❷《京都议定书》第三条第十四款规定，"附件一所列每一缔约方应以下述方式努力履行上述第一款的承诺，即最大限度地减少对发展中国家缔约方，尤其是《联合国气候变化框架公约》第四条第 8 款和第 9 款所特别指明的那些缔约方不利的社会、环境和经济影响。依照《联合国气候变化框架公约》缔约方会议关于履行这些条款的相关决定，作为本议定书缔约方会议的《联合国气候变化框架公约》缔约方会议，应在第一届会议上审议可采取何种必要行动以尽量减少气候变化的不利后果和/或对应措施对上述条款中所指缔约方的影响。须予审议的问题应包括资金筹措、保险和技术转让"。

❸《联合国气候变化框架公约》第四条第 7 款规定，"发展中国家缔约方能在多大程度上有效履行其在本公约下的承诺，将取决于发达国家缔约方对其在本公约下所承担的有关资金和技术转让的承诺的有效履行，并将充分考虑到经济和社会发展及消除贫困是发展中国家缔约方的首要和压倒一切的优先事项"。

在的具有整体性的集体问题，但不应包括重复劳动这类问题。❶从目前情况来看，对这一系统性问题的范围仍存在争议，例如在履行和遵约委员会采取相应措施后，缔约方认为其是不适当的，是否可将其纳入系统性问题中等，这些都有待于后续规则的进一步明确。

（4）有关系统性问题的启动，《巴黎协定》实施细则遵约机制部分仅赋予了履行和遵约委员会以及缔约方会议有这一权力。第 32 段规定了履行和遵约委员会在系统性问题上的权力，而第 33 段则规定了缔约方会议在此方面的权力。可见，有关缔约方是无法直接提请系统性问题的。这很大程度上限制了有关缔约方的权能，而赋予了履行和遵约委员会更大的权限。或言之，履行和遵约委员会被缔约方会议赋予了一种就《巴黎协定》总体执行情况进行监督的权力。❷

（5）第 34 段要求当处理系统性问题时，履行和遵约委员会不得处理缔约方的遵约问题。这一条的规定实质上是对履行和遵约委员会权力的例外限制，在此种情况下，倘若履行和遵约委员会已启动遵约程序则应中止；倘若缔约方会议在处理这一问题，履行和遵约委员会亦不得启动遵约程序，而所能做的仅是为缔约方会议提供报告并提出相应建议。当然，也存在着未来系统问题会与《巴黎协定》的全球盘点联系在一起。❸

二、《巴黎协定》履行和遵约委员会的其他信息获取权

【《巴黎协定》实施细则遵约机制部分的条文】35.　在工作过程中，委员会可寻求专家咨询意见，并寻求和接收《巴黎协定》下设或服务于《巴黎协定》的进程、机构、安排和论坛提供的信息。

【《巴黎协定》履行和遵约委员会议事规则的条文】第 10 条：模式和程序

---

❶ Sebastian Oberthür & Eliza Northrop, "Towards an Effective Mechanism to Facilitate Implementation and Promote Compliance under the Paris Agreement," *Climate Law*, Vol. 8, 2018, p. 52.

❷ Lisa Benjamin, Rueanna Haynes & Bryce Rudyk, "Article 15 Compliance Mechanism," in Geert van Calster & Leonie Reins eds., *The Paris Agreement on Climate Change：A Commentary*, Cheltenham, UK：Edward Elgar, 2021, p. 357.

❸ Lisa Benjamin, Rueanna Haynes & Bryce Rudyk, "Article 15 Compliance Mechanism," in Geert van Calster & Leonie Reins eds., *The Paris Agreement on Climate Change：A Commentary*, Cheltenham, UK：Edward Elgar, 2021, p. 362.

第25（c）段和第35段所述专家意见和信息

1. 根据模式和程序第35段，共同主席可应委员会的请求，在委员会工作过程中代表委员会征求专家意见和信息，还可向《巴黎协定》之下和服务于《巴黎协定》的进程、机构、安排和论坛寻求和接收信息，包括酌情与有关缔约方协商，邀请这些相关机构的代表并安排他们参加相关会议。

2. 委员会在征求此类专家意见和信息时，应酌情考虑有关缔约方所在地区的专门知识和经验，还可邀请有关缔约方提供专家意见。

3. 委员会可适时酌情根据专家意见制定工作安排。

【评注】（1）《巴黎协定》实施细则遵约机制部分的第35段主要规定了履行和遵约委员会的其他信息获取权。从第21段、22段和24段来看，履行和遵约委员会在审议时，主要考虑的信息是由相关缔约方提供的必要信息。但现实中，缔约方有意或无意间的遗漏，或自身对某些信息缺乏掌握，就可能造成这些信息不能全面反映缔约方遵约情况。因此，在第25（c）段中，赋予了履行和遵约委员会获取第35段补充资料的职权。

第35段规定了两种信息来源，一是专家咨询意见。履行和遵约委员会可向其他相关专家寻求咨询意见，这实际上是扩大了履行和遵约委员会利用第三方信息的权力。在之前的《蒙特利尔议定书》不遵守情事程序中不曾有这一规定，《联合国气候变化框架公约》多边协商程序中也没涉及这一点，而直到《京都议定书》遵约机制时，纳入了这一规定。❶ 就《巴黎协定》而言，在其谈判之时，已有缔约方提出应加强非政府组织的参与度。❷ 而且，从最后通过的文本来看，尽管遵约机制在这一方面没有将非政府组织及个人作为遵约机制的启动主体来考虑，但仍延续了气候条约体系在遵约方面的相关实践。这既是一个进步，又是一个挑战。所谓进步，是促进了履行和遵约委员会审议的公正性；所谓挑战，更多的是指像环境类非政府组织、个人等有可能参与到缔约方遵约审议活动中。❸ 对发展中国家而言，一旦遵约机制启动，由于

---

❶ 与《京都议定书》规定的遵约有关的程序和机制第8节第5段规定，每一分支机构均可征求专家的咨询意见。

❷ UNFCCC, *Summary of the Roundtable under Workstream 1 ADP 1, Part 2, Doha, Qatar, November-December* 2012, ADP. 2012. 6. InformalSummary, 7 February 2013, p. 6.

❸ 有关非政府组织与个人在国际环境法中的地位和作用，Asher Alkoby, "Non-State Actors and the Legitimacy of International Law," *Non-State Actors and International Law*, Vol. 3, 2003, pp. 23-98.

自身条件的限制，很可能受到这类第三方提供的信息的掣肘。❶ 这在一定程度上打破了自《蒙特利尔议定书》以来，只有主权国家参与审议的唯一性。二是《巴黎协定》下设或服务于《巴黎协定》的进程、机构、安排和论坛提供的信息。对于这类信息的获取，无须相关缔约方同意，履行和遵约委员会即可自行决定，但如果是要其中的机构和安排的代表参加相关会议，则必须经相关缔约方同意。

（2）从第 35 段的条文来看，尽管可以接收第三方的信息，但需要注意的是，这种信息必须是履行和遵约委员会寻求的；换言之，它排除了第三方主动向履行和遵约委员会提供信息，特别是在专家咨询意见方面。而只有《巴黎协定》下设或服务于《巴黎协定》的进程、机构、安排和论坛提供的信息可被接收。是以，这种其他信息获取权是有限制的，与《蒙特利尔议定书》不遵守情事程序是有区别的，后者在第 7（b）段赋予了履行委员会可以收取"秘书处就议定书条款遵守情况收到和转交的任何其他资料"。这里的"任何其他资料"表明可以是非政府组织、个人等提供的信息。❷《京都议定书》对此方面的规定，要比《巴黎协定》遵约机制更为开放，可以接收政府间组织和非政府组织的信息。❸

然而，在《巴黎协定》遵约机制的实践出现了有趣的现象，一些第三方

---

❶ 在国际环境协定的遵约机制方面，有关非政府组织和个人参与遵约机制方面，早在《蒙特利尔议定书》不遵约情事程序制定时，已有学者论及其重要性。Elizabeth P. Barratt-Brown，"Building a Monitoring and Compliance Regime under The Montreal Protocol," *Yale Journal of International Law*，Vol. 16，1991，pp. 519-570. 但直到《在环境问题上获取信息、公众参与决策和诉诸法律的公约》（简称《奥尔胡斯公约》，英文全称为：*Convention on Access to Information*，*Public Participation in Decision-making and Access to Justice in Environmental Matters*）中才实现了这一目标。该公约赋予了非政府组织和个人在遵约方面与国家相同的权力。有关对该公约在遵约方面的评价，Svitlana Kravchenko，"The Aarhus Convention and Innovations in Compliance with Multilateral Environmental Agreements," *Colorado Journal of International Environmental Law and Policy*，Vol. 18，2007，pp. 1-50.

❷ 从条文来看，《蒙特利尔议定书》不遵守情事程序是可以获取从非政府组织或个人主动提交给秘书处的信息，但实践中并未出现这类情况。

❸ 与《京都议定书》规定的遵约有关的程序和机制第 8 节第 4 段规定，有关的政府间组织和非政府间组织可向有关分支机构提交相关的事实信息和技术信息。实际上，尽管早些时候的《蒙特利尔议定书》不遵守情事程序中没有规定非政府组织的地位，但从其文本来看，非政府组织仍可通过秘书处提供相应信息。David G. Victor，"The Operation and Effectiveness of the Montreal Protocol's Non-Compliance Procedure," in David G. Victor，Kal Raustiala & Eugene B. Skolnikoff eds.，*The Implementation and Effectiveness of International Environmental Commitments：Theory and Practice*，Cambridge，Mass.：The MIT Press，1998，p. 142.

主动向履行和遵约委员会提交相关遵约信息。对此，履行和遵约委员会在其第 7 次会议上，要求秘书处将这些放在委员会内部的文件分享平台上，以供成员和候补成员使用。❶ 是以，这种方式会不会在实质上破坏《巴黎协定》实施细则遵约机制部分对此的规定，仍有待于进一步观察。

（3）《巴黎协定》履行和遵约委员会议事规则第 10 条的规定，实际上是有关接收专家信息的程序性安排。从其条文可见，第一，应履行和遵约委员会的请求，共同主席可向专家寻求意见和信息。第二，要考虑专家的代表性，即专家须对相关缔约方地区的专业知识和经验有一定认识和了解。第三，或者直接让相关缔约方邀请专家出具专家意见。第四，可根据专家意见安排相应委员会工作议程。

三、履行和遵约委员会的报告职能

【《巴黎协定》条文】第十五条第三款规定，……每年向作为本协定缔约方会议的《联合国气候变化框架公约》缔约方会议提交报告。

【《巴黎协定》实施细则遵约机制部分的条文】36. 按照《巴黎协定》第十五条，委员会应每年向《协定》/《公约》缔约方会议报告。

【《巴黎协定》履行和遵约委员会议事规则的条文】第 14 条：作为《巴黎协定》缔约方会议的《联合国气候变化框架公约》缔约方会议

1. 按照《巴黎协定》第十五条，委员会应每年向《协定》/《公约》缔约方会议提交报告，并接受《协定》/《公约》缔约方会议的指导。

2. 委员会提交给《协定》/《公约》缔约方会议的年度报告应公开发布，并应纳入信息，说明委员会通过的任何决定（除非根据本议事规则另有决定），以及委员会酌情查明的与实施和遵守《巴黎协定》规定相关的系统性问题。

3. 委员会可对本议事规则提出修正，供《协定》/《公约》缔约方会议审议和通过。

---

❶ UNFCCC, *Report of the 7th Meeting of the Committee referred to in Article 15, Paragraph 2, of the Paris Agreement*, PAICC/2022/M7/3, 2022, p. 4.

【评注】（1）这三个分列在《巴黎协定》及其实施细则、议事规则的条款规定了履行和遵约委员会的第三个职能，即报告职能。《巴黎协定》第十五条第三款规定，该委员会应在作为本协定缔约方会议的《联合国气候变化框架公约》缔约方会议第一届会议通过的模式和程序下运作，每年向作为本协定缔约方会议的《联合国气候变化框架公约》缔约方会议提交报告。该条款是履行和遵约委员会开展报告职能的法律依据。从遵约机制的发展演变来看，报告职能是履行机构职能的重要方面。在《蒙特利尔议定书》时，报告职能是其最主要的一个方面，或言之，《蒙特利尔议定书》不遵守情事程序中只赋予了履行委员会收到、审议和报告职能，其提出的适当建议，也只能通过报告的形式向缔约方会议提出。相比《巴黎协定》遵约机制而言，《蒙特利尔议定书》履行委员会可采取的措施是有限的。

到《联合国气候变化框架公约》多边协商程序时，不再将多边协商委员会做出的结论和建议纳入报告，而是直接与有关缔约方和缔约方会议相联系。但仍规定了多边协商委员会"应就其工作的所有方面向缔约方会议的每一届常会提出报告"。● 《京都议定书》遵约机制有关报告职能是规定在第3节委员会全体会议部分，其第2段规定，"全体会议的职能是：（a）向作为《京都议定书》缔约方会议的《联合国气候变化框架公约》缔约方会议每届常会报告委员会活动，包括各分支机构通过的决定的清单"。

（2）关于每年向《协定》/《公约》缔约方会议报告。第一，履行和遵约委员会提交年度报告，并且要接受缔约方会议的指导。当然，此处的指导应以缔约方会议通过的决定为准。这在一定程度上也表明尽管《巴黎协定》遵约机制的政治属性已有所下降，但却仍是存在的。第二，会议报告应公开，除了议事规则限定不能公开的信息或决定外，但至少应包括会议决定和系统性问题的信息。第三，议事规则的任何修改都需要经缔约方会议审议和通过。该条规定进一步限制了履行和遵约委员会的权力。

此外，关于履行和遵约委员会报告的性质仍有待进一步厘清，包括但不限于履行和遵约委员会是否可在报告中向缔约方会议提出相应建议等。

● 《联合国气候变化框架公约》多边协商程序第11段规定，委员会应就其工作的所有方面向缔约方会议的每一届常会提出报告，以便缔约方会议作出其认为必要的任何决定。

四、秘书处

【《巴黎协定》实施细则遵约机制部分的条文】37.《巴黎协定》第十七条提到的秘书处担任委员会的秘书处。

【《巴黎协定》履行和遵约委员会议事规则的条文】第 13 条：秘书处

1. 秘书处应视可用资源的情况，支持和促进委员会的工作。

2. 根据本条第 1 款，秘书处应：

（a）为委员会的会议做必要安排，包括经与共同主席协商，编写临时议程、宣布会议、发出邀请和提供相关会议文件；

（b）保留会议记录，并安排会议文件的保管和保存；

（c）按照上文第 7 条以及模式和程序第 14 段向公众提供文件，除非委员会另有决定；

（d）按照《协定》/《公约》缔约方会议的任何相关决定，履行委员会要求的任何其他职能；

（e）根据上文第 11 条第 2 款的要求，安排会议口译。

【评注】（1）《巴黎协定》实施细则遵约机制部分的第 37 段是关于秘书处的规定。首先，履行和遵约委员会的秘书处，根据《巴黎协定》第十七条的规定，是由《联合国气候变化框架公约》的秘书处担当的。❶ 其次，秘书处的职能，一是适用《联合国气候变化框架公约》第八条第二款和第三款的规定，二是适用《巴黎协定》和缔约方会议赋予的其他职能。❷

（2）《巴黎协定》遵约机制中关于秘书处的规定与之前《蒙特利尔议定书》《京都议定书》的规定是一致的。而《联合国气候变化框架公约》多边协商程序中没有对此进行规定。

（3）秘书处在气候变化遵约机制中具有一个非常重要的地位和作用。之

---

❶《巴黎协定》第十七条第一款规定：一、依《联合国气候变化框架公约》第八条设立的秘书处，应作为本协定的秘书处。

❷《巴黎协定》第十七条第二款规定：二、关于秘书处职能的《联合国气候变化框架公约》第八条第 2 款和关于就秘书处行使职能作出的安排的《联合国气候变化框架公约》第八条第 3 款，应比照适用于本协定。秘书处还应行使本协定和作为本协定缔约方会议的《联合国气候变化框架公约》缔约方会议所赋予它的职能。

所以这样认为，首先，是由秘书处的性质所决定的。在一定意义上，《联合国气候变化框架公约》秘书处是一"行政机关"，主要负责有关气候变化条约项下的所有行政活动和安排。离开秘书处的合作，其他气候变化条约的辅助机构是无法有效完成相应工作的，这对于《巴黎协定》遵约机构亦是如此。例如，《巴黎协定》实施细则中遵约机制部分的第 13 段、第 22（a）段都强调了秘书处在履行和遵约委员会开展工作时的辅助性作用。其次，在现实中，往往秘书处是最早感知遵约情况的机构（因为其在一定程度上是相关信息的汇集地），故而通过秘书处不仅可以从正面获取相关缔约方的遵约情况，同时亦可通过私下方式与缔约方先行接触，将一些遵约问题消解在萌芽阶段，从而避免了公开冲突和负面影响。最后，秘书处有助于在遵约机构与其他气候变化辅助性机构以及非气候变化议题范围内的机构之间架起合作的桥梁。❶ 不言而喻，随着应对气候变化问题的深入，与气候变化相关的领域会越来越多，如人权、海洋、空间等，这就需要秘书处起到桥梁作用，以便更好地解决气候变化遵约问题。

（4）根据履行和遵约委员会议事规则第 13 条的规定，除了其第 2 款规定的 5 内容是秘书处必须开展的工作外，其第 1 款的规定实际上赋予了秘书处提供其他资源的可能性，只要该资源是符合促进和便利履行和遵约委员会开展工作的即可。

五、本章小结

本章是针对《巴黎协定》遵约机制的系统性问题、信息、报告以及与秘书处关系等相关规则进行的评述。其中有关系统性问题的规定也被认为是《巴黎协定》履行和遵约委员会的第四项启动，或言之，除《巴黎协定》缔

---

❶ Alessandro Fodella, "Structural and Institutional Aspects of Non-Compliance Mechanisms," in Tullio Treves, Laura Pineschi, Attila Tanzi, et al. eds., *Non-Compliance Procedures and Mechanisms and the Effectiveness of International Environmental Agreements*, The Hague: T. M. C. Asser Press, 2009, pp. 370-372. See also Cesare Pitea, "Multiplication and Overlap of Non-Compliance Procedures and Mechanisms: Towards Better Coordination," in Tullio Treves, Laura Pineschi, Attila Tanzi, et al. eds., *Non-Compliance Procedures and Mechanisms and the Effectiveness of International Environmental Agreements*, The Hague: T. M. C. Asser Press, 2009, pp. 444-445.

约方会议以外,《巴黎协定》的履行和遵约委员会也有启动系统性问题的权限,并具有针对系统性问题作出实质性评价的职能。此外,履行和遵约委员会对信息的获取,向缔约方会议提交年度报告,以及对《巴黎协定》秘书处作为履行和遵约委员会开展工作的行政机构的规定都是遵约机制中不可缺少的机制建构部分。

如上所述,这一章主要针对《巴黎协定》遵约机制的四个方面进行了评述。从总体而言,尽管这一部分是《巴黎协定》遵约机制规则的最后部分,但其中对系统性问题的启动、秘书处功能的发挥、对信息获取的来源都存在着许多不确定性,仍有待履行和遵约委员会在议事规则构建中继续完善相关内容。

第十章 应对气候变化《巴黎协定》
遵约机制的国际法意义

在一定意义上，应对气候变化《巴黎协定》遵约机制不仅反映了全球应对气候变化制度安排的现实需要，而且也是对国际法遵约理论的新的创新。当然，从应然角度而言，应对气候变化《巴黎协定》遵约机制毕竟是缔约方协商的结果，与国际法的价值追求和目标实现仍存在着一定差距，而这正是未来国际法遵约机制应努力的方向和须克服的关键所在。本章旨在从制度层面，剖析应对气候变化《巴黎协定》遵约机制的意义，并在此基础上，阐释后者对国际法遵约理论的创新突破，最后落脚到未来国际法遵约机制应当关注的重点上。

一、应对气候变化《巴黎协定》遵约机制的制度释义

作为一种制度安排，应对气候变化《巴黎协定》遵约机制充分体现了在制度语境下凸显出来的一系列内在逻辑。

（一）应对气候变化《巴黎协定》遵约机制的制定彰显了不完全契约理论的基本要义

不完全契约理论是晚近法学研究和经济学研究共同作用的结果，根据其要义，在一定意义上，应对气候变化《巴黎协定》遵约机制的制定本身就是一个不完全契约的缔结过程。

1. 不完全契约理论的概念及其生成过程

所谓不完全契约理论（Incomplete Contracting Theory），是指基于缔约双方

难以完全预见履约期内所发生的重要事件，且当重要事件发生争议时，第三方亦无法强制执行的事实，而进行的理论分析和治理机制的设计。因这一理论主要来自美国经济学家哈特（Oliver Hart）与格罗斯曼（Sanford Grossman）、莫尔（John Moore）分别合作完成的两篇经济学论文，对此学界又将其称为格罗斯曼-哈特-莫尔模型或 GHM 模型。

对于这种无法预见并难以强制执行的事实，格罗斯曼和哈特在其文章中阐述道，由于生产配置对于"世界的状态"的依赖关系在事前是难以预测并描述清楚的，且某些事前投资可能因为它们过于复杂以至于难以描述，或是因为它们所代表的一方的努力决策（对于第三方，譬如法院）是无法证实的，从而难以写入合同中。❶ 同样，在另一篇文章中哈特和莫尔也认为，对于缔约者而言，缔结一份包含每一个不可预测事件的当前和未来可能行动的长期合同，其成本将是高昂的。因此作为结果，书面合同往往是不完全的。❷

正是基于以上事实，哈特等将不完全契约与产权理论联系起来，提出相应的治理机制。他们认为，契约的不完全性，必然产生特定权利和剩余权利，前者是指能在契约中明确规定的权利，而后者则是指那种事前不能明确界定的权力。❸ 当存在交易成本或不对称信息而有碍于事后重新谈判时，掌握剩余控制权就是至关重要的，因为它将影响到事后剩余控制权的规模和分配。❹ 所以，从一定意义上而言，剩余控制权就是所有权，只有将其交给契约中不可或缺的行为人才是最有效率的。❺

毋庸讳言，不完全契约理论是建立在新制度主义关于契约不完全性的理论前提之下的，而对于契约不完全性的发现，则无疑是当代契约理论发展的

---

❶ Sanford J. Grossman & Oliver D. Hart, "The Costs and Benefits of Ownership: A Theory of Vertical and Lateral Integration", *Journal of Political Economy*, Vol. 94, No. 4, 1986, p. 698.

❷ Oliver Hart & John Moore, "Property Rights and the Nature of the Firm", *Journal of Political Economy*, Vol. 98, No. 6, 1990, p. 1122.

❸ Oliver Hart, "Incomplete Contracts and the Theory of the Firm", *Journal of Law, Economics, & Organization*, Vol. 4, No. 1, 1988, pp. 121-125.

❹ Oliver Hart & John Moore, "Incomplete Contracts and Renegotiation", *Econometrica*, Vol. 56, No. 4, 1988, pp. 755-785.

❺ 参见［美］哈特著：《企业、合同与财务结构》，费方域译，上海人民出版社 2006 年版，第 34-68 页。also Oliver Hart & John Moore, "Incomplete Contracts and Ownership: Some New Thoughts", *American Economic Review*, Vol. 97, No. 2, 2007, pp. 182-186.

一次根本转变。从契约理论发展的历程来看，在古典契约理论下，契约是以缔约自由为基础的一种"合意—允诺"机制，它承袭了罗马法中的契约规则和18、19世纪资本主义的自由精神，强调契约是基于当事方的合意，是自由选择的结果，从而反对任何外部强加的干预。因此，它更多地关注对合意的保护，即允诺所具有的义务性。这正如斯密在谈及契约时所指出的，"由于契约而产生的办理某事的义务，是基于由于诺言而产生的合理期望。……因此，诺言产生履行的义务，而违反诺言就构成损害行为"。❶毫无疑问，古典契约理论下的契约乃是完全性的，因为它预设了缔约当事人具有相同的议价能力，且可以在合约中明确规定他们想要的内容。❷

　　然而，随着资本主义由自由经济向垄断经济的发展，古典契约理论的缺陷日益显露出来。首先，古典契约理论是一种理想化的契约。现实中缔约当事人不可能完全具有相等的缔约能力❸，用经济学术语表述则是当事人存在着缔约信息的不对称。其次，古典契约理论是建立在个别或一次交易之上的，即缔约双方完全是"陌生人"，一旦根据契约完成交易，双方又将引退到自我之下。然而，随着市场经济的进一步发展，这种一次性契约已远远不能满足社会需要。这正如美国法史学家霍维茨在论及古典向新古典契约理论转变时所言，"只有在待履行的买卖合同开始作为'期货'合约的工具时，它们才在经济体制中获得中心地位"，换言之，只有"合同被理解为创造预期的回报，而不再是转移特定财产的所有权的工具"，它才能成为"一种在市场经济中避免商品供应与价格变化的保护手段"。❹可见，资本主义经济的发展使契约的

---

　　❶　参见［英］坎南编：《亚当·斯密关于法律、警察、岁入及军备的演讲》，陈福生、陈振骅译，商务印书馆1962年版，第149页。

　　❷　对此，英国契约法学家阿狄亚深刻地指出，"合同自由意思是你能选择你想要缔约的对方当事人，并且能通过双方协议达到你想要的条件。甚至在19世纪，在狭义上，也就是说，如果假设所有合同当事人的议价能力是平等的，并且这是在假设古典法被大量接受的情况下，这是唯一正确的"。参见［英］阿狄亚著：《合同法导论》，赵旭东、何帅领、邓晓霞译，法律出版社2002年版，第13页。

　　❸　注意此处的不同缔约能力是指具有完全缔约能力之人的不同，而不是法律上缔约能力的不同。毫无疑问，在19世纪，即使契约自由的前提下，法律上缔约能力的不同仍受到契约法的保护。这正如德国契约法专家梅因·克茨所指出的，"合同自由自然要受到某些限制。尤其是，合同对于在订立合同时没有法律行为能力的当事方或其同意是在受欺诈或胁迫下表达的人不具有拘束力"。参见［德］梅因·克茨著：《欧洲合同法：上卷》，周忠海、李居迁、宫立云译，法律出版社2001年版，第6页。

　　❹　参见［美］莫顿·J.霍维茨著：《美国法的变迁：1780—1860》，谢鸿飞译，中国政法大学出版社2004年版，第265-266页。

性质和功能发生了重大转变，长期合同的缔结成为经济生活的必需和主流。最后，古典契约理论中契约的履行不需要第三方的辅助，这与必需的外部干预发生了抵牾。由于古典契约理论强调契约的完全性，即所有内容都可清楚、明晰地在契约中规定，因此第三方（法院等）只是起到形式上的保护，而不涉及合约内容。但市场经济进入垄断阶段之后，第三方（以法院为代表的国家）对契约内容就不再是安之若素了，国家干预成为一种需要。

正是由于古典契约理论难以适应经济社会的发展需要，以边际革命为代表的新古典契约理论逐渐形成。19世纪70年代，英国经济学家杰文斯开创性地提出边际分析之后，契约理论走向了数理分析。首先，法国数理经济学家瓦尔拉斯提出了一般均衡理论，指出"经济中的任何变化都会引起进一步的变化，而这些变化又会以逐渐递减的力量向外扩散，这个反馈的过程会在整个体系中一直持续，直到在所有的市场上同时实现均衡"。❶ 这一理论开创了用数学公式表达在市场中经济体的任何行为都存在着相互依赖和相互影响的思想。❷ 之后，英国学者埃奇沃思创立了无差异曲线思想，认为契约曲线上的任何一点都可能是一个均衡点，其最终的结果将是通过讨价还价而产生的。❸ 埃奇沃思因此成为最早提出契约不确定性的经济学家。20世纪70年代希克斯、萨缪尔森、阿罗和德布鲁等诺贝尔奖获得者对一般均衡理论进行了完善，其中阿罗和德布鲁利用数学模型逻辑地证成了一般均衡理论。❹

毫无疑问，一般均衡理论成为新古典契约理论的主要基础。它不再把契约理解为孤立的、一次性交易，而是开始强调长期契约在社会经济中的现实性。此外，它也肯定了契约不确定性的存在，认识到不确定事件对合同内容

---

❶ 参见［美］斯坦利·L.布鲁等著：《经济思想史（第7版）》，邸晓燕等译，北京大学出版社2008年版，第277页。

❷ 就瓦尔拉斯一般均衡理论的数学演算可参见［法］莱昂·瓦尔拉斯著：《纯粹经济学要义》，蔡受百译，商务印书馆1989年版，第68-210页。当然，瓦尔拉斯并没有彻底完成这一工作，而仅仅是提出了一般均衡理论的数学证明，但这并不妨碍瓦尔拉斯的开创性意义。正如经济学家熊彼特所言，"虽然他掌握的数学知识无疑是不足的，但他却天才地看到或意识到了所有或几乎所有与此有关的其他问题，而且事实上总是得出正确结论。虽然他未能令人满意地回答所有问题，但仅仅提出这些问题便立下了不朽的功绩。虽然他的研究成果不是这类分析的顶峰，却肯定是这类分析的基础"。参见［美］约瑟夫·熊彼特著：《经济分析史（第三卷）》，朱泱等译，商务印书馆1996年版，第371页。

❸ 参见朱富强著：《经济学说史：思想发展与流派渊源》，清华大学出版社2013年版，第286页。

❹ Kenneth J. Arrow & Gerard Debreu, "Existence of an Equilibrium for a Competitive Economy", *Econometrica*, Vol. 22, No. 3, 1954, pp. 265-290.

的影响。❶ 然而尽管如此，新古典契约理论仍坚守完全契约的信念，认为即使存在契约的不确定性，缔约双方依然可以在契约中规定不可预测的事件，而且也可通过事后第三方（仲裁或法院）的调整使契约得到充分履行。

20 世纪 80 年代，新制度主义经济学开始引领潮头，契约理论在其影响之下，开始转向不完全契约理论。其实，早在 1937 年科斯就已关注到契约的不完全性，他在《企业的性质》一文中就曾谈到，"由于预测方面的困难，有关物品或劳务供给的契约期越长，实现的可能性就越小，从而买方也越不愿意明确规定出要求缔约对方干些什么"。❷ 但是，对不完全契约的探讨却首先发轫于法学界，1963 年美国威斯康星大学法学院教授麦考莱在《企业中的非契约性关系的初步研究》一文中指出，通过实践调查发现，美国 20 世纪 50 年代 59%～75% 的商事活动都是基于非契约性关系，契约中的规划和法律制裁往往对经济活动不产生实质性影响。❸ 1974 年美国俄亥俄州立大学法学院吉尔莫教授更是出版了《契约的死亡》一书，开篇即写道："我们被告知，契约如上帝一般死了。且事实如此。"❹

是什么原因促使契约发生了如此大的变化？为何契约无法实现其原有的价值功能？对此，美国契约法专家麦克尼尔提出了自己的观点，他认为"所谓契约，不过是有关规划将来交换的过程的当事人之间的各种关系"，"从根本上来说，能够得到关于未来的信息量总是不全面的，所以承诺无论多么完满，都只有根据它的背景才能理解"，"一旦承诺不被认为是绝对的，其他的交换规划者就必然要发生作用。因此，在全部契约领域里，我们发现承诺总是由重要的非承诺性交换规划者相伴随，虽然在程度上各有不同"。❺ 在此基

---

❶ 参见［美］德布鲁著：《价值理论及数理经济学的 20 篇论文》，杨大勇等译，首都经济贸易大学出版社 2002 年版，第 130-136 页。

❷ R. H. Coase, "The Nature of the Firm", *Economica*, Vol. 4, No. 16, 1937, p. 391.

❸ Stewart Macaulay, "Non-Contractual Relations in Business: A Preliminary Study", *American Sociological Review*, Vol. 28, No. 1, 1963, pp. 55-67.

❹ Grant Gilmore, *The Death of Contract*, Columbus: Ohio State University Press, 1974, p. 1.

❺ 参见［美］麦克尼尔著：《新社会契约论》，雷喜宁、潘勤译，中国政法大学出版社 1994 年版，第 4，8-9 页。

础上，麦克尼尔吸收法社会学的知识创立了关系契约理论。❶ 尽管这一理论受到波斯纳等学者的诘责❷，但却启发了新制度经济学代表人威廉姆森对契约不完全成因的经济分析。❸

毋庸讳言，包括威廉姆森在内的新制度经济学家们的研究认为，契约并不像新古典契约理论所说的那样是完全的，相反，契约从本质上来说是不完全的。这是因为：第一，人类有限理性的存在。诺贝尔奖获得者、美国经济学家西蒙教授曾提出"有限理性说"。他认为，"理性，意味着对每个抉择的确切后果都有完完全全的和无法获知的了解。事实上，一个人对自己的行动条件的了解，从来都只能是零碎的；至于使他得以从对当前状况的了解去推理未来后果的那些规律和法则，他也是所知甚微的"，因此，"理性的限度是从这样一个事实中看出来的，即人脑不可能考虑一项决策的价值、知识及有关行为的所有方面"。❹ 这就表明，新古典契约理论得以建立的完全理性是不符合现实的，因为认知的局限性，人类无论如何努力，都不可能在缔结契约时将未来所有事项规划好。因此，契约从本质上说是不完全。第二，交易成本的存在。新古典契约理论认为，缔结契约是零成本。而科斯发现，倘若市场运行是零成本的，那么为什么还需要企业？❺ 显然，市场上存在着

---

❶ 关系嵌入性是理解关系契约理论的关键，它将契约放入复杂的社会关系中进行分析，通过中间性规范来理解契约，并在此基础上开展治理机制安排。Ian R. Macneil, "Contracts: Adjustment of Long-Term Economic Relations under Classical, Neoclassical, and Relational Contract Law", *Northwestern University Law Review*, Vol. 72, No. 6, 1978, pp. 854–905. See also Ian R. Macneil, "Relational Contract Theory: Challenges and Queries", *Northwestern University Law Review*, Vol. 94, 2000, pp. 877–907.

❷ 例如，波斯纳认为，"麦克尼尔的合约理论并没有什么实质内容"。参见［美］波斯纳著：《超越法律》，苏力译，中国政法大学出版社2001年版，第504页。美国加利福尼亚大学伯克利法学院教授艾森伯格也认为，"契约关系理论没有做的，以及不能做的，是创立关系契约法。因为在作为一门课程的契约和关系契约之间没有显著的差异，关系契约必须接受契约法的一般原则，而无论它们应当是什么"。Melvin A. Eisenberg, "Why There is No Law of Relational Contracts", *Northwestern University Law Review*, Vol. 94, 2000, p. 821.

❸ 参见［美］威廉姆森著：《资本主义经济制度》，段毅才、王伟译，商务印书馆2002年版，第99–104页。

❹ 参见［美］赫伯特·西蒙著：《管理行为》，杨砾等译，北京经济学院出版社1988年版，第79，106页。

❺ 参见［美］罗纳德·哈里·科斯著：《企业、市场与法律》，盛洪等译，三联书店上海分店1990年版，第1–23页。

交易成本,❶ 这正如威廉姆森所形容的, 它就像物理学中的 "摩擦力" 一样,
无处不在。❷ 无疑, 当缔约双方以一种没有争议的语言详尽规定契约内容的成
本过高时, 他们势必会选择一份不完全的契约以降低缔约成本。第三, 契约
第三方的可观察但不可证实性。如果说缔约时的有限理性和缔约成本可以通
过第三方 (法院或仲裁) 得以解决的话, 那么契约仍是完全的。然而, 契约
履行中却存在着缔约方事前投资却无法被证实的可能性, 从而造成预期回报
难以实现的状况。因此, 从这一点来看, 契约也存在着不完全性。❸

2. 应对气候变化《巴黎协定》遵约机制的不完全契约属性

从不完全契约理论来看, 联合国气候变化谈判的本质就是一个不完全契
约的缔结过程。这是因为: 一方面, 联合国气候变化谈判是一个长期契约,
而非个别契约的缔结过程。国际法学家凯尔森在谈及国际法具有契约的特性
时, 曾指出, "国内法律秩序以及国际法律秩序对两个或两个以上的人表现出
来的意志一致附以法律效果。如果使这种意志一致发生效力的是国内法律秩
序, 我们说是契约; 如果是国际法律秩序, 我们则说是条约。……条约像契
约一样, 是缔约各方意在确立相互义务和权利的一种法律相互行为"。❹ 可见,
从国际法的视角来看, 联合国气候变化谈判乃是国家在气候变化方面缔结契
约的一个过程。

更值得强调的是, 联合国气候变化谈判不仅是一个缔结契约的过程, 而
且是一个缔结长期契约的过程。这一缔结长期契约过程最早可以追溯到 1990
年联合国大会通过的第 45/212 号决议。根据该决议, 联合国成立了气候变化

---

❶ 就交易成本, 哈特举出了一些事例: " (1) 每个当事人预期在关系延续期间可能发生的各种
事情的成本; (2) 对怎样处理这些可能发生的事情作出决策并达成有关协议的成本; (3) 以充分清晰
明确的方法签订合约, 以便合约的条款能够被履行的成本; (4) 履行合约的法律成本。"参见 [美]
奥立弗·哈特, 本特·霍姆斯特龙:《合约理论》, 罗仲伟译, 载 [美] 奥利弗·哈特等著:《现代合
约理论》, 易宪容等译, 中国社会科学出版社 2011 年版, 第 62 页。

❷ 参见 [美] 威廉姆森著:《资本主义经济制度》, 段毅才、王伟译, 商务印书馆 2002 年版,
第 31-32 页。

❸ 值得注意的是, 现代契约中的代理委托契约理论是建立在信息不对称基础上的治理机制设计
之上。尽管从形式上看, 由于信息不对称, 也存在着契约不完全性的问题, 但信息不对称的问题仍可
通过机制的安排实现契约的完全履行, 因此, 从严格意义上讲, 代理委托契约理论不应归属于不完全
契约理论的范畴。

❹ 参见 [美] 汉斯·凯尔森著:《国际法原理》, 王铁崖译, 华夏出版社 1989 年版, 第
266-267 页。

公约政府间谈判委员会，具体负责《联合国气候变化框架公约》的谈判和制定工作。❶ 尽管 1992 年《联合国气候变化框架公约》被正式通过，但这并没有意味着气候变化谈判的结束；相反，前者却以缔约方会议这种框架形式将气候变化谈判制度化了。无疑，1997 年的《京都议定书》、2007 年的 "巴厘路线图"、2009 年的《哥本哈根协议》，一直到今天的《巴黎协定》遵约机制，都是在联合国气候变化缔约方会议推动下达成的议定成果。因此可以说，联合国气候变化谈判是一个长期契约的缔结过程，而不是某种可一次性完成缔约意向的个别契约。

无疑，这种长期契约的判断，使得不完全契约理论的解释力及预判力就可充分运用到气候变化谈判的制度分析中。换言之，正是由于长期契约的存在，才产生了契约的不完全性，也才需要通过理论来解析和预判其可能带来的诸多结果。倘若气候变化谈判一次性就可完成，那么不完全契约理论显然无法适用于前者。是以，从这一角度来看，应对气候变化谈判是一个不完全契约的缔结过程。基于此，作为联合国气候变化谈判的一个重要部分，应对气候变化《巴黎协定》遵约机制亦是如此。它也将是一个长期制度安排的节点，而不是终点。

另一方面，应对气候变化《巴黎协定》遵约机制的制定亦是一次对剩余权力控制的过程。具体而言：在契约与权力的关系方面，麦克尼尔曾指出，"契约关系经常产生大量的依赖和相互依赖性，它们反过来产生大量的权力，双方通过交换过程运用这些权力"。"在契约关系中，类似的双方和单方的权力也经常有，但是现实状况是动态的，权力关系处于变动之中，如果出现了连续不断的命令和等级结构及与之相关联的持续的依赖情形，权力就变成了一种更加复杂的现象。这种权力是现代契约关系的一个支配性的特征"。❷ 而哈特等人则在此基础上进一步提出，由于契约的不完全性，对剩余权力的掌控就具有决定性意义，亦即 "一项资产的所有者一旦拥有对于该资产的剩余控制权：就可以按任何不与先前合同、惯例或法律相违背的方式决定资产所

---

❶ Bert Bolin, *A History of the Science and Politics of Climate Change*, Cambridge：Cambridge University Press，2007，pp. 68-69.

❷ 参见 [美] 麦克尼尔著：《新社会契约论》，雷喜宁、潘勤译，中国政法大学出版社 1994 年版，第 31-32 页。

有用法的权力"。❶

当然，在不完全契约理论的早期文献中，哈特等人将剩余控制权仅仅局限在对所有权或物质产权方面的控制。然而，随着不完全契约理论研究的深入，学者们逐渐认识到剩余控制权的范围远远超出产权范畴。例如，芝加哥大学经济学家拉詹和津加莱斯就认为，关键资源的控制是权力的源泉，关键资源或是机器，或是思想，抑或是人力，对这些资源的准入能提供比所有权更有效的激励。因此，准入权就更具有决定性的意义。❷

毋庸置疑，从不完全契约理论的角度来看，气候变化谈判就是对剩余控制权的一个争夺过程。这种争夺可以体现在对作为产权的碳排放权的争夺，亦可体现在对气候变化准入权，亦即对气候变化信息、资金、技术等领域的争夺。而争夺的形式则表现在对气候变化协议的制度安排上。显而易见，应对气候变化《巴黎协定》遵约机制的制定过程本身就是对《巴黎协定》剩余权力的争夺过程，只有将剩余权力牢牢把握在自己手中，才能实现维护自身的国家核心利益。

（二）应对气候变化《巴黎协定》遵约机制是联合国气候变化法律机制的再次形式回归

到目前为止，联合国气候变化机制是由《联合国气候变化框架公约》《京都议定书》和《巴黎协定》所构成。从其演变历程来看，1992 年《联合国气候变化框架公约》对缔约方的减排几乎不构成任何实质性拘束力；如果说有，也仅是框架性地要求缔约方开展应对工作（如提供排放数据清单、不受法律拘束的自愿减排等），因此其拘束力在一定意义上是过程性的，或言之是形式的。❸ 也正是由于其没有对减排作出实质性规定，因此，1997 年《京都议定

---

❶ 参见［美］哈特著：《企业、合同与财务结构》，费方域译，上海三联书店 2006 年版，第 35 页。

❷ Raghuram G. Rajan & Luigi Zingales, "Power in a Theory of the Firm," *The Quarterly Journal of Economics*, Vol. 113, No. 2, 1998, pp. 387-432.

❸ Daniel Bodansky, "The United Nations Framework Convention on Climate Change: A Commentary," *Yale Journal of International Law*, Vol. 18, 1993, pp. 493-496.

书》第一次对发达国家缔约方提出具有法律拘束力的减排要求。❶

然而，这种从形式发展到内容的减排并没有达到理想的效果。一方面，作为当时全球最大的温室气体排放国，美国没有参与到京都减排当中；❷ 另一方面，其他发达国家缔约方在减排上也多表现出消极态度。❸ 更令人遗憾的是，在 2009 年联合国气候变化会议上，仅达成不具法律拘束力的《哥本哈根协议》。❹ 由此可见，那种意欲从减排内容上建立统一标准的想法是不现实的。对此，美国麻省理工学院能源与环境政策研究中心副主任梅林（Michael Mehling）就曾指出，"如果说目前的趋势是某种迹象，那么 2012 年后全球应对气候变化的重点将从具有约束力的义务转移到一个基于自愿承诺的松散组织合作和促进中"。❺ 最终，2015 年的《巴黎协定》不得不再次回归到形式减排下。

但值得强调的是，《巴黎协定》遵约机制的形式回归与《联合国气候变化框架公约》的形式减排存在着不同。首先，《巴黎协定》遵约机制将全体缔约方都纳入到减排行列；其次，《巴黎协定》确立的国家自主贡献是具有法律拘束力的；再次，《巴黎协定》遵约机制亦是全球应对气候变化机制的形式提升。❻ 这种提升，一方面体现在由原来《京都议定书》下那种带有强制执行

---

❶ Clare Breidenich, Daniel Magraw & Anne Rowley, "The Kyoto Protocol to the United Nations Framework Convention on Climate Change," *American Journal of International Law*, Vol. 92, 1998, pp. 315-331.

❷ Greg Kahn, "The Fate of the Kyoto Protocol under the Bush Administration," *Berkeley Journal of International Law*, Vol. 21, 2003, p. 548.

❸ 例如，加拿大直接退出了《京都议定书》第一承诺期的减排。而日本、新西兰和俄罗斯则明确表示不参加第二承诺期的减排。Ian Austen, "Canada Announces Exit from Kyoto Climate Treaty," *The New York Times*, 2011-12-13, A10. 参见裴广江，苑基荣：《德班气候大会艰难通过决议》，载《人民日报》2011 年 12 月 12 日第 003 版。张陨璧，刘叶丹：《外交部：新西兰不参加〈京都协议书〉第二承诺期令人遗憾》，中国日报网，2012 年 12 月 3 日，http://www.chinadaily.cn/hqzx/2012-12/03/content_15981730.htm（访问日期：2022-9-17）。

❹ Lavanya Rajamani, "The Making and Unmaking of the Copenhagen Accord," *International & Comparative Law Quarterly*, Vol. 59, No. 3, 2010, pp. 824-843.

❺ Michael Mehling, "Enforcing Compliance in an Evolving Climate Regime," in Jutta Brunnée, Meinhard Doelle & Lavanya Rajamani eds. , *Promoting Compliance in an Evolving Climate Regime*, Cambridge：Cambridge University Press, 2012, p. 195.

❻ 这种形式提升不同于《京都议定书》下强制减排的法律义务，也不同于《联合国气候变化框架公约》和《哥本哈根协议》下自愿减排的声誉义务，而是一种将二者结合在一起的一种义务范式，亦即"承诺+审评"模式。David Held & charles Roger, "Three Models of Global Climate Governance：from Kyoto to Paris and Beyond," *Global Policy*, Vol. 9, No. 4, 2018, pp. 527-537.

的法律属性向更具利益与强制相结合的政治属性转移；另一方面，《巴黎协定》并没有完全丢掉强执行，而是将原先体现在《京都议定书》条约遵约文本中的强制执行转向由各国在其国内开展法律和制度上的强制执行安排。最后，从细节上而言，《巴黎协定》遵约机制将其重点放在了"促进"，而不是"执行"，这既是对气候变化遵约领域前期经验的总结，又是对遵约机制的一次新的创新。❶

（三）应对气候变化《巴黎协定》遵约机制进一步强化了《巴黎协定》的法律拘束力

《巴黎协定》实施细则对《巴黎协定》法律拘束力的强化主要体现在国家自主贡献、透明度框架以及遵约机制等方面。例如，在国家自主贡献方面，《促进国家自主贡献清晰、透明和可理解的信息的进一步指南》的第 1（c）条明确规定，如果缔约方在其提交的国家自主贡献中没有提供相应的量化等信息，则必须提供其他相关信息。又如《国家自主贡献核算指南》第 4 条亦规定，当没有将所有类别的人为排放或清除纳入国家自主贡献核算时，缔约方要作出相应解释。可见，实施细则强化了缔约方的行为义务。

而在《透明度框架模式、程序和指南》中则更为严格。例如其第 30 段规定，倘若国家没有按 IPCC 的指南操作，缔约方必须作出相应理由说明。此外，透明度框架中建立起了详细的技术专家审评规则，创立了集中审评（centralized review）、国内审评（in-country review）、案头审评（desk review）和简化审评（simplified review）四种审评模式。根据第二十一次缔约方会议的决议，透明度框架的模式、程序和指南将取代之前的衡量、报告和核实制度。无疑，透明度框架将成为未来全球温室气体减排最主要的法律准则。

但更具意义的是在遵约机制方面，通过的《巴黎协定》实施细则遵约机制部分的第 22 段规定，当缔约方未通报或未持续通报国家自主贡献、未提交《巴黎协定》第十三条第七、九款或第九条第七款规定的强制性报告或信息通

---

❶ Meinhard Doelle, "Compliance in Transition: Facilitative Compliance Finding Its Place in the Paris Climate Regime," *Carbon & Climate Law Review*, Vol. 12, 2018, pp. 229-239.

报、未参与促进性多边审议时，委员会有权启动遵约机制，审议缔约方是否存在不履行或不遵守《巴黎协定》的规定。此外，当出现缔约方提交的信息与《透明度框架相关模式、程序和指南》的规定相悖的情况下，经缔约方同意，亦可对相关问题进行审议。审议的依据将以透明度框架中技术专家审评最后报告中提出的建议以及缔约方在审评过程提供的书面意见为准。尽管根据该遵约规定，委员会工作将不作为执法和争端解决机制，但仍有权出具缔约方是否遵约的事实性结论。

可以说，应对气候变化《巴黎协定》遵约机制起到了最后的屏障效应。无论其在国家自主贡献和透明度框架方面的规定如何，最终判断缔约方是否遵守了《巴黎协定》关于全球温室气体减排的规定仍应回到遵约机制上。

二、应对气候变化《巴黎协定》遵约机制对国际法遵约理论的贡献

早在 1993 年之际，著名国际法学家科斯肯涅米（Martti Koskenniemi）教授就曾撰文指出，"现在需要的不是通过新的协议（instruments），而是更有效地执行现有的协议"。❶ 也有学者指出，"在此种更广泛的安全语境下，各国对其环境义务的遵守已成为国际事务中比任何时候都更为重要的问题"。❷ 尽管这些话是针对国际环境法领域所言的，但却深刻揭示出当前国际法演进过程中暴露出的严重弊端。❸ 或言之，国际法的遵约问题已成为当前国际社会关注的重点领域。❹ 故而，构建起相应的遵约机制，❺ 实现国际法的切实履行就成为气候变化领域诸多国际条约对国际法的重要创新，而应对气候变化《巴

❶ Martti Koskenniemi, "Breach of Treaty or Non-Compliance? Reflections on the Enforcement of the Montreal Protocol," *Yearbook of International Environmental Law*, Vol. 3, No. 1, 1993, p. 123.

❷ Philippe Sands, "Enforcing Environmental Security: The Challenges of Compliance with International Obligations," *Journal of International Affairs*, Vol. 46, No. 2, 1993, p. 368.

❸ 仅从国际环境领域来看，尽管出台了 500 多项多边环境条约或协定，但现实是全球环境并没有得到改善，相反环境恶化持续发生。学者们认为，这在很大程度上与缔约方是否积极有效履约存在密切关联性。Teall Crossen, "Multilateral Environmental Agreements and the Compliance Continuum," *Georgetown International Environmental Law Review*, Vol. 16, 2004, p. 474.

❹ 参见［美］奥兰·扬著:《世界事务中的治理》，陈玉刚、薄燕译，上海人民出版社 2007 年版，第 96 页。

❺ Peter H. Sand, "Institution-Building to Assist Compliance with International Environmental Law: Perspectives," *Heidelberg Journal of International Law*, Vol. 56, 1996, pp. 774-795.

黎协定》在遵约方面做出的创新性规则，是对国际法遵约理论的进一步推动。

（一）应对气候变化《巴黎协定》在遵约设计方面的一些新变化

回顾整个气候变化领域遵约机制的发展可以发现，尽管在国际实践中，遵约机制在人权、劳工待遇、武器控制等领域都有所体现，[1] 但从设计角度而言，气候变化的遵约机制在很大程度上受到早期国际环境法领域遵约机制的影响。[2] 其中，《蒙特利尔议定书》有关遵约机制的规定对后来气候变化遵约机制的设计理念具有重要影响。[3] 例如，前者在遵约机制中确立的非对抗性、非司法性的合作理念被普遍接受。[4] 然而，尽管1992年的《联合国气候变化框架公约》接受了这一合作原则理念，但在"多边协商程序"的具体设计时，并没有全盘吸纳《蒙特利尔议定书》的规则，甚至有所倒退。[5] 究其原因可能是多方面，但这无不与《联合国气候变化框架公约》前期谈判的复杂性、

---

[1] J. Donnelly，"International Human Rights: A Regime Analysis," *International Organization*，Vol. 40，No. 3，1986，pp. 599-642. See also Lars Thomann，*Steps to Compliance with International Labour Standards: The International Labour Organization (ILO) and the Abolition of Forced Labour*，Heidelberg: VS Research，2011，pp. 65-183. David Fischer，*History of the International Atomic Energy Agency: The First Forty Year*，Vienna: IAEA，1997，pp. 243-324.

[2] 对制度主义（也有学者将称其为理性主义）和建构主义观点兼容并蓄的特征是多边环境协定遵约机制秉持的基本理念，时至今日依然如此。Elizabeth P. Barratt-Brown，"Building A Monitoring and Compliance Regime under the Montreal Protocol," *Yale Journal of International Law*，Vol. 16，1991，pp. 519-570. See also Jutta Brunnée，"Promoting Compliance with Multilateral Environmental Agreement," in Jutta Brunnée，Meinhard Doelle & Lavanya Rajamani eds.，*Promoting Compliance in An Evolving Climate Regime*，Cambridge: Cambridge University Press，2012，p. 45.

[3] 1973年的《濒危野生动植物种国际贸易公约》是最早开始发展"特别程序"来处理缔约方遵约问题的，可以说它是遵约机制的萌芽。但从体系构建来看，要从《蒙特利尔议定书》开始。在多边环境协定制定历史上，其第8条第一次明确规定了"不遵约条款"。1992年其第四次缔约方会议上正式通过了"不遵约程序"（Non-Compliance Procedures）。1998年第十次缔约方会议上又进行了少许修改，形成了现在的文本。

[4] Report of the First Meeting of the Ad Hoc Working Group of Legal Experts on Non-Compliance with the Montreal Protocol，U. N. Environment Programme，Annex，para. 9，U. N. Doc. UNEP/OzL. Pro. LG1/3 (1989). See also Markus Ehrmann，"Procedures of Compliance Control in International Environmental Treaties," *Colorado Journal of International Environmental Law and Policy*，Vol. 13，2002，p. 395.

[5] 例如，在遵约机制启动方面，《联合国气候变化框架公约》排除了秘书处启动程序的权力。而且也未规定，当确定不遵约后，缔约方会议应采取的具体措施。这无疑会使"多边协商程序"的遵约效果大打折扣。

文本义务规定的模糊性以及《京都议定书》的出台有着必然的因果联系。❶

到《京都议定书》时，可以说它是多边环境协定遵约机制中设计较全面、规定较为详尽的，在一定程度上，它弥补了《联合国气候变化框架公约》在遵约机制设计上的不足。❷ 此外，从其实施现状来看也取得了良好的效果。❸ 然而，必须指出的是，鉴于《京都议定书》的遵约机制主要是针对发达国家减排义务设计的，其在"硬性要求"和"惩戒"上都是多边环境协定中最为突出的。❹ 倘若将这种遵约安排直接运用到发展中国家身上，显然违反了"共同但有区别的责任"原则的基本理念，这从自 2007 年重启气候变化谈判以来，发达国家要求发展中国家执行同样的"可测量、可报告、可核实"（MRV）的减排承诺受到强烈抵制即可见一斑。因此，这正如遵约机制专家奥兰·R.扬（Oran R. Young）所言之，"将机制安排打造成具有法律约束力的公约或条约的形式并不能确保行为体更高程度的遵从"。❺

无疑，《巴黎协定》相关遵约规则的构建实现了气候变化遵约机制的一种"软着陆"。一方面，它构建起一个自上而下的监督体系，要求包括发展中国家在内的所有缔约方都要履行国家自主贡献的信息通报、履约报告和技术专家审评等强制性义务。❻ 这在一定程度上满足了发达国家要求发展中国家减排的要求。另一方面，建立的新规则透明度框架又不同于"可测量、可报告、

❶ Xueman Wang & Glenn Wiser, "The Implementation and Compliance Regimes under the Climate Change Convention and Its Kyoto Protocol," *Review of European Community & International Environmental Law*, Vol. 11, No. 2, pp. 181−198.

❷ Rudiger Wolfrum & Jurgen Friedrich, "The Framework Convention on Climate Change and the Kyoto Protocol," in Ulrich Beyerlin, Peter-Tobias Stoll & Rudiger Wolfrum eds., *Ensuring Compliance with Multilateral Environmental Agreements: A Dialogue between Practitioners and Academia*, Leiden: Martinus Nijhoff Publishers, 2006, pp. 66−68. See also Jan Klabbers, "Compliance Procedures," in Daniel Bodansky, Jutta Brunnee & Ellen Hey eds., *The Oxford Handbook of International Environmental Law*, Oxford: Oxford University Press, 2007, p. 999.

❸ Sebastian Oberthür & René Lefeber, "Holding Countries to Account: The Kyoto Protocol's Compliance System Revisited after Four Years of Experience," *Climate Law*, Vol. 1, 2010, pp. 133−158.

❹ Geir Ulfstein & Jacob Werksman, "The Kyoto Compliance System: Towards Hard Enforcement," in Olav Schram Stokke, Jon Hovi & Geir Ulfstein eds., *Implementing the Climate Regime: International Compliance*, London: Earthscan, 2005, pp. 39−62.

❺ 参见 [美] 奥兰·扬著：《复合系统：人类世的全球治理》，杨剑、孙凯译，上海人民出版社2019 年版，第 53 页。

❻ 这些强制性义务在《联合国气候变化框架公约》和《京都议定书》中对发展中国家都是不实施的，而仅针对发达国家。

可核实"的遵约模式。实际上,后者早在《联合国气候变化框架公约》制定之初,就受到了国家主权强有力的挑战。❶ 这表明,既然合作、非对抗以及能力建设是遵约机制的基本理念,那么单纯的"可测量、可报告、可核实"必然是不可行的。❷ 而透明度框架的优势则在于,对这种模式进行了根本性变革。第一,它强调了要为发展中国家"内置灵活机制",充分考虑缔约方能力的不同。第二,其支助透明度框架充分体现了为发展中国家遵约提供资金、技术转让和能力建设支助的规定。第三,其技术专家审评要求注意发展中国家的各自能力和国情。毋庸讳言,透明度框架的这些设计在一定程度上考虑到了发展中国家的遵约诉求,从而使得机制能被构建起来,并最终促成《巴黎协定》的正式通过。❸ 当然,透明度框架针对发展中国家而言,是一个新鲜事物,在之前的实践中,特别是遵约方面并没有这样的规定;❹ 但从《巴黎协定》实施细则透明度框架部分来看,它却是整个实施细则中规定最多的部分,这反映出它将在未来《巴黎协定》实施过程中产生重要的核心作用。因此,在一定意义上,它将如何具体实施和履行都有待于实践的进一步检验。

(二) 应对气候变化《巴黎协定》遵约机制在演进策略上的变化:全球盘点的棘轮模式

在全球温室气体减排的进程设计方面,1997 年《京都议定书》构建起的进程安排是以"阶段"路径进行的。它的突出特点是,在一个承诺期行将结

---

❶ Jacob Werksman, "Designing A Compliance System for The UN Framework Convention on Climate Change," in James Cameron, Jacob Werksman & Peter Roderick eds., *Improving Compliance with International Environmental Law*, London: Earthscan, 1996, p. 95.

❷ Sebastien Duyck, "MRV in the 2015 Climate Agreement: Promoting Compliance through Transparency and the Participation of NGOs," *Carbon & Climate Law Review*, Vol. 8, 2014, pp. 175-187.

❸ 一些学者曾担心,如果"可测量、可报告、可核实"制度不能在气候变化协定中体现出来,可能会降低发达国家,特别是欧盟在减排方面的雄心。但事实证明,《巴黎协定》透明度框架的设计在一定程度上避免了这一负面场景的出现,同时也使得遵约的质量不会有所下降。Sandrine Maljean-Dubois & Anne-Sophie Tabau, "From the Kyoto Compliance System to MRV: What is at Stake for the European Union," in Jutta Brunnee, Meinhard Doelle & Lyvanya Rajamani eds., *Promoting Compliance in an Evolving Climate Regime*, Cambridge: Cambridge University Press, 2012, p. 337.

❹ Lisa Benjamin, Rueanna Haynes & Bryce Rudyk, "Article 15 Compliance Mechanism," in Geert van Calster & Leonie Reins eds., *The Paris Agreement on Climate Change: A Commentary*, Cheltenham, UK: Edward Elgar, 2021, p. 348.

束时，再就下一个承诺期的减排量和参加方进行重新谈判。从实践来看，这种减排进程不仅没有使更多的缔约方愿意参加进来，甚至为下一期减排承诺造成许多不利影响。❶ 实际上，《联合国气候变化框架公约》制定之初，已有学者意识到，随着气候变化治理的深入，原有遵约机制的僵化将无法保障缔约方对未来减排义务的遵守。❷

无疑，《巴黎协定》的全球盘点在演进策略上采取了与《京都议定书》不同的方式。首先，它没有承诺期的规定。相反，仅是要求每隔五年进行一次减排总结。其次，它不是仅有部分缔约方参加减排，而是所有国家都参与到减排中，在减排性质上已发生了变化。最后，也是最为重要的，全球盘点构建起一个棘轮模式，它是一个长期的减排策略，而不同于《京都议定书》的阶段路径。这实际上是将"后京都"的全球温室气体减排纳入《巴黎协定》的框架中，未来不是通过再启谈判的方式进行，而是根据前期国家自主贡献的实际情况，进行总结和采取措施，这在一定程度上既降低了缔约成本，又使减排始终处于提升和进步中。无疑，此种设计正如国际环境法专家韦斯（Edith Brown Weiss）所言，"在设计国际协定时，重要的是要考虑到缔约方是否能够利用制度特点，随着时间的推移，灵活地对新的需要和诉求作出适宜的反应"。❸ 此外，国际环境法领域的实践也一再证明，通过棘轮模式往往能实现更好水平的遵约。❹

（三）应对气候变化《巴黎协定》遵约机制的机制性设计加强

在《蒙特利尔议定书》不遵守情事程序设计之初，赋予履行委员会的权限是有限的。而更多的是将是否遵约的判断标准交给了缔约方，这一方面可以从其遵约机制启动的规定中缔约方是其中不可或缺的部分窥见一斑；另一

❶ 参见吕江：《气候变化立法的制度变迁史：世界与中国》，载《江苏大学学报（社科版）》2014 年第 4 期，第 41-49 页。

❷ Jacob Werksman， "Designing A Compliance System for The UN Framework Convention on Climate Change," in James Cameron， Jacob Werksman & Peter Roderick eds.， *Improving Compliance with International Environmental Law*， London：Earthscan，1996，p. 96.

❸ Edith Brown Weiss， "Strengthening National Compliance with International Environmental Agreement," *Environmental Policy and Law*， Vol. 27， No. 4， 1997， p. 302.

❹ Helmut Breitmeier， Oran R. Young & Michael Zürn， *Analyzing International Environmental Regimes：From Case Study to Database*， Cambridge， MA：The MIT Press， 2006， pp. 67-68.

方面，从履行委员会自身只能作出报告，而决定权交由缔约方会议也能看出这一点。因此，在一定意义上可以说，在《蒙特利尔议定书》不遵守情事程序设计之初，缔约方对遵约机制能否起到实际效果是充满疑问的，故而仍牢牢地将权力放在主权国家手中，这带来一个弊端就是其遵约机制的机制性不强。

这在气候变化领域表现得更为显著。《联合国气候变化框架公约》正是由于缔约方对遵约机制并不信任，最终没有出台自身的应对机制。而《京都议定书》遵约机制的设计则一改这种局面，设计的硬性规则要远远高于《蒙特利尔议定书》。但需要指出的是，因为承担《京都议定书》下减排义务的主要是发达国家，因此，这种高义务的机制性较容易达成。

《巴黎协定》遵约机制的机制性增强应是一个突破性的结果。之所以这样认为，是因为《巴黎协定》下所有缔约方都要进行温室气体减排。一般而言，发展中国家缔约方往往会担忧遵约机制的机制性过强会损及其国家利益。然而，从《巴黎协定》遵约机制的文本来看，履行和遵约委员会被赋予了较大权限，而缔约方更多地退出了对遵约机制的掣肘。这充分表明了遵约机制在经历了《蒙特利尔议定书》不遵守情事程序以及《京都议定书》的遵约实践后，缔约方对遵约机制已基本形成一个较好的信任基础，从而使《巴黎协定》遵约机制的机制性得以加强。

此外，与《京都议定书》遵约机制的一个显著不同是，《巴黎协定》遵约机制不只适用于减排，而是一个就应对气候变化展开的全方位遵约，包括减排、适应、资金支助、能力建设等多个方面。二者适用的义务性质也不同，《京都议定书》强调"结果义务"（obligations of result），而《巴黎协定》遵约机制更强调"行为义务"（obligations of conduct）。

（四）应对气候变化《巴黎协定》的遵约是由一个综合性的体系构成

与之前的《联合国气候变化框架公约》《京都议定书》所不同的是，《巴黎协定》构造了一个综合性的遵约体系。换言之，不仅包括《巴黎协定》第十五条，即狭义上的遵约机制，而且扩大到了透明度框架规则和全球盘点，三者结合在一起形成一个较为完整的遵约体系。特别是对透明度框架的规定，使实体与遵约机制的程序相分离，建立了一个非等级式的平行遵约模式，这将有助于缔约方在应对气候变化的法律与政治之间作出适当选择，既保证缔约方受遵约机制的约束，而不断实现《巴黎协定》项下的行为义务，又能促使遵约机制不完全破裂，通过国家间的协商实现应对气候变化的进步。

首先，鉴于《巴黎协定》建立了一个"自下而上"的减排模式，尽管2021年《联合国气候变化框架公约》第二十六次缔约方会议达成了《格拉斯哥气候协议》，为全球碳中和规定了实现日期；但仍没有一个针对各国具体减排量的强制性规定。❶ 故而，在这种情形下，缺乏一种可建立在类似于《京都议定书》项下的遵约机制；或言之，缺乏一种以执行为基础的遵约机制建立起来的可行性。是以，目前建立以促进为基础的遵约机制更能反映《巴黎协定》的基本性质。

其次，狭义上的遵约机制、透明度框架与全球盘点构成的体系遵约是《巴黎协定》的一大创造性贡献。《巴黎协定》的这种遵约体系由三部分构成，即狭义上的遵约机制、透明度框架与全球盘点。三者之间是相互联系、相互促进的，缺少任何一方，《巴黎协定》的遵约就无法真正实现其宗旨和目标。❷ 然而，在现实中，亦有学者提出，不一定需要《巴黎协定》第十五条有关遵约机制的规定，仅仅依靠透明度框架和全球盘点就能实现《巴黎协定》的遵约，因为《巴黎协定》从性质上来看，是一个"自下而上"的减排模式，没有强制力的遵约机制对这一减排模式意义不大，或是多余。❸ 但是，这种观点存在一定偏颇。第一，透明度框架和全球盘点仅是解决《巴黎协定》中部分条款的遵约问题，例如透明度框架主要涉及的是对《巴黎协定》第四条、第七条、第九至十一条的技术专家审评。第二，如若缔约方没有提交两年期报告，技术专家审评就无法应对缔约方的遵约问题，仍需要履行和遵约委员会来启动遵约机制。第三，履行和遵约委员会对系统问题的启动将是全球盘点开启后重要的参考内容。第四，从《京都议定书》的遵约实践来看，

❶ UNFCCC, Decision 1/CP. 26 Glasgow Climate Pact in *Report of the Conference of the Parties on Its Twenty-Sixth Session*, *held in Glasgow from 31 October to 13 November 2021. Addendum. Part Two：Action Taken by the Conference of the Parties at Its Twenty-Sixth Session*, FCCC/CP/2021/12/Add. 1, 8 March 2022, p. 4.

❷ 参见梁晓菲：《论〈巴黎协定〉遵约机制：透明度框架与全球盘点》，载《西安交通大学学报（社科版）》2018年第2期，第109-116页。

❸ Alexander Zahar, "A Bottom-Up Compliance Mechanism for the Paris Agreement," *Chinese Journal of Environmental Law*, Vol. 1, 2017, pp. 69-98.

其强制执行分支机构所采取的措施很大程度也是从促进、便利的角度实施的，而不是严格意义的制裁。●

三、应对气候变化《巴黎协定》遵约机制面临的国际法挑战

如上所述，《巴黎协定》遵约机制无论在遵约设计、遵约范围，还是义务性质方面都与《京都议定书》迥然不同，是一次遵约机制在气候变化领域的重大创新。对此，学者们认为，在一定意义上，它已超越了之前所有气候变化领域的遵约机制。❷ 然而，倘若如我们前面所言，应对气候变化《巴黎协定》遵约机制是一个不完全契约的制订过程，那么，《巴黎协定》实施细则在遵约机制方面的规定就不是一个制度终点。国际现实也再一次表明，国际社会情势的变化、国家意志的转移都可能对未来气候变化《巴黎协定》遵约机制形成新的国际法挑战。

（一）《巴黎协定》遵约机制本身仍存在着诸多剩余问题未能解决

尽管《巴黎协定》遵约机制的制定吸收了之前各类国际协定中有关遵约机制的成功经验和失败教训，但仍存在一些问题没有得到相应规范。不言而喻，这些剩余问题的解决，将随着《巴黎协定》遵约机制在未来的实施以及国际气候政治的发展或是消失，或是形成冲突，而不得不寻求其他方式得以解决。

1. 《巴黎协定》遵约机制与《联合国气候变化框架公约》多边协商程序之间的关系

无论是在《巴黎协定》中，还是《巴黎协定》实施细则遵约机制部分，都没有述及与《联合国气候变化框架公约》多边协商程序之间的关系。而这与《京都议定书》遵约机制不同。《京都议定书》第十六条中专门规定了该

● Meinhard Doelle, "In Deference of the Paris Agreement's Compliance System: The Case for Facilitative Compliance," in Benoit Mayer & Alexander Zahar eds., *Debating Climate Law*, Cambridge: Cambridge University Press, 2021, p. 96.

❷ Charlotte Streck, Moritz Unger & Nicole Krämer, "From Paris to Katowice: COP-24 Tackles the Paris Rulebook," *Journal for European Environmental & Planning Law*, Vol. 16, 2019, p. 168.

议定书与《联合国气候变化框架公约》多边协商程序之间的关系。其规定，"作为本议定书缔约方会议的《联合国气候变化框架公约》缔约方会议，应参照《联合国气候变化框架公约》缔约方会议可能作出的任何有关决定，在一旦实际可行时审议对本议定书适用并酌情修改《联合国气候变化框架公约》第十三条所指的多边协商程序。适用于本议定书的任何多边协商程序的运作不应损害依第十八条所设立的程序和机制"。这里的第十八条所设立的程序和机制则是指《京都议定书》下的遵约机制。可见，《京都议定书》规定了其遵约机制与《联合国气候变化框架公约》多边协商程序之间的关系。然而，尽管在《巴黎协定》制定之前，有学者就提出，直接把《联合国气候变化框架公约》的多边协商程序激活，而不必考虑建立新的遵约机制，❶ 但最终缔约方仍选择了建立新的遵约机制，由此带来的问题是，无论是《巴黎协定》，还是《巴黎协定》实施细则，都没有对《巴黎协定》遵约机制与《联合国气候变化框架公约》多边协商程序之间关系作出规定。毋庸讳言，《联合国气候变化框架公约》与《巴黎协定》之间存在着母公约与子公约的关系，这就造成未来如何解释《巴黎协定》遵约机制与《联合国气候变化框架公约》多边协商程序之间关系的可能性。❷ 当然，从实践来看，这种可能性只是存在，并不一定会出现。特别是鉴于《联合国气候变化框架公约》多边协商程序已被搁置多年，这一遵约程序即使实施也面临着缔约方在政治上的进一步谈判。

2. 《巴黎协定》遵约机制与争端解决机制之间的关系

遵约机制与争端解决机制之间关系的问题，从《蒙特利尔议定书》开始，一直到《巴黎协定》都没有被清晰地解决。所有的遵约机制中只是强调二者是并行的，但当发生冲突时如何适用，没有任何一个遵约机制给出清晰的答案。然而，随着全球应对气候变化已形成共识，特别是由于气候变化议题逐渐开始与其他领域发生交集，未来发生争端解决机制与遵约机制之间的冲突，

---

❶ Sebastian Oberthür, "Options for a Compliance Mechanism in a 2015 Climate Agreement," *Climate Law*, Vol. 4, 2014. p. 38.

❷ 值得注意的是，在《巴黎协定》遵约机制谈判时，已有许多国家提出要参考《联合国气候变化框架公约》多边协商程序，将其作为《巴黎协定》遵约机制设计的基础。Yamide Dagnet & Eliza Northrop, "Facilitating Implementation and Promoting Compliance (Article 15)," in Deniel Klein, Maria Pia Carazo, Meinhard Doelle, Jane Bulmer & Andrew Higham eds., *The Paris Agreement on Climate Change: Analysis and Commentary*, Oxford: Oxford University Press, 2017, p. 339.

几乎存在着相当大的可能性。❶ 因此，这一问题的解决势必会成为未来全球气候变化谈判中将涉及的重要内容，特别是一旦争端解决机制实施，对遵约机制的正当性是否会形成冲击，以及如何对遵约机制进行设计，才能保证遵约机制与争端解决机制之间有一个相互协同，而不是相互抵触的状态。❷ 同时，到目前为止，许多在《京都议定书》中暴露出来的问题并没有在《巴黎协定》遵约机制中得到一个妥善的解决；❸ 相反后者采取了回避的方式，但这种方式却更容易造成未来全球应对气候变化的冲突，❹ 因此，加强《巴黎协定》遵约机制在争端解决方面的"再构建"几乎是无法绕开的现实。

　　3. 《巴黎协定》遵约体系与《巴黎协定》内其他规则之间的关系

　　如上文所言，《巴黎协定》遵约体系应包括遵约机制、透明度框架和全球盘点。但这并不是说仅有这一遵约体系就能实现《巴黎协定》的基本目标。相反，这一遵约体系在很大程度上依赖于与《巴黎协定》内其他规则之间的相互补充，特别是有关国家自主贡献的规定。从《巴黎协定》及其实施细则来看，正如学者所指出的，目前有关国家自主贡献的规定仍有相当大的部分不够清晰，这就为《巴黎协定》遵约机制和透明度框架的实施，即二者在解释缔约方完成国家自主贡献方面的权威性带来不少的阻碍。❺ 故而，仍存在着

---

❶ Philippe Sands, "Non-Compliance and Dispute Settlement," in Ulrich Beyerlin, Peter-Tobias Stoll & Rüdiger Wolfrum eds., *Ensuring Compliance with Multilateral Environmental Agreements: A Dialogue between Practitioners and Academia*, Leiden: Martinus Nijhoff Publishers, 2006, pp. 353-354.

❷ Jon Hovi, "The Pros and Cons of External Enforcement," in Olav Schram Stokke, Jon Hovi & Geir Ulfstein eds., *Implementing the Climate Regime: International Compliance*, London: Earthscan, 2005, pp. 129-145.

❸ 比如，关于适当程序、遵约委员会成员的利益相关性、遵约委员会决定的可诉性等都有待于在未来《巴黎协定》缔约方会议中得到考虑和解决。See Ruth Mackenzie, "The Role of Dispute Settlement in the Climate Change," in Jutta Brunnee, Meinhard Doelle & Lyvanya Rajamani eds., *Promoting Compliance in an Evolving Climate Regime*, Cambridge: Cambridge University Press, 2012, pp. 395-417.

❹ 当然，这个问题的解决可能存在不小的阻碍。因为从本质上讲，遵约机制与争端解决机制之间的选择并不是政治安排与法律安排之间的选择，而更多的是国际法话语权的争夺。关于争端解决机制在国际法方面的本质属性不是制裁而是表达，可参见美国伊利诺伊大学法学院金斯伯格（Tom Ginsburg）和麦克亚当斯（Richard H. McAdams）的观点。See Tom Ginsburg & Richard H. McAdams, "Adjudicating in Anarchy: An Expressive Theory of International Dispute Resolution," *William and Mary Law Review*, Vol. 45, 2004, pp. 1229-1330.

❺ Meinhard Doelle, "The Heart of the Paris Rulebook: Communicating NDCs and Accounting for Their Implementation," *Climate Law*, Vol. 9, No. 2, 2019, pp. 3-20.

进一步完善《巴黎协定》内的其他规则以保证整个遵约体系能有效运转的后续工作。❶

(二) 与《巴黎协定》遵约机制相关的机制创新尚未完成

1. 可持续发展机制与遵约机制的衔接

《巴黎协定》有关第 6 条的实施细则终于在 2021 年联合国气候变化格拉斯哥会议上得以通过。而第 6 条主要是关于温室气体减排的市场与非市场方式,其中就市场方式提出建立可持续发展机制的设想。然而,需要指出的是,《京都议定书》下的灵活机制,其产生具有相当大的特殊性。而这种特殊性决定了与《京都议定书》规定的遵约有关的程序和机制设计的特殊性,特别是体现在强制执行分支机构的设立上。❷ 而《巴黎协定》项下的可持续发展机制与《京都议定书》下的灵活机制有着显著的不同,特别是清洁发展机制无法完全适用于《巴黎协定》可持续发展机制。尽管国际社会早在 2007 年开启后京都气候变化谈判时,就已开始着手有关碳市场机制的制度建设,但如何在机制设计中考虑到所有缔约方的减排,特别是将发展中国家纳入碳市场中,如何体现发达国家减排的历史责任和发展中国家减排的特殊性,都将与遵约机制有着密切的关联性。❸ 当然,这也不代表《京都议定书》下的所有灵活机制都不能适用于《巴黎协定》。例如,尽管《京都议定书》下的联合履行(Joint Implementation) 机制,由于种种原因,运行成效一般,但其制度机理

---

❶ 例如,针对有关国家自主贡献的特征将在 2023 年全球盘点之后,于 2024 年进一步提出其指导意见。UNFCCC, Decision 4/CMA. 1 Further Guidance in Relation to the Mitigation Section of Decision 1/CP. 21, in *Report of the Conference of the Parties Serving as the Meeting of the Parties to the Paris Agreement on the Third Part of Its First Session*, held in Katowice from 2 to 15 December 2018, Addendum. Part Two: *Action Taken by the Conference of the Parties Serving as the Meeting of the Parties to the Paris Agreement*, FCCC/PA/CMA/2018/3/Add. 1, 19 March 2019, p. 8.

❷ Jacob Werkman, "The Negotiation of a Kyoto Compliance System," in Olav Schram Stokke, Jon Hovi & Geir Ulfstein eds., *Implementing the Climate Regime: International Compliance*, London: Earthscan, 2005, p. 22.

❸ Francesco Sindico, "Post - 2012 Compliance and Carbon Markets," in Jutta Brunnee, Meinhard Doelle & Lyvanya Rajamani eds., *Promoting Compliance in an Evolving Climate Regime*, Cambridge: Cambridge University Press, 2012, pp. 240-261.

在一定程度上却有可能适合于未来全部缔约方参与的减排行动。❶ 因此，仍存在《巴黎协定》可持续发展机制对其进行创新性改造和适用的可能性。

2. 遵约机制在激励方面的制度设计有待完善

国际气候法专家福格特（Christina Voigt）在对《巴黎协定》遵约机制进行评价时，曾指出，"在任何条约中，将遵约安排纳入其中，也可能会对缔约方参与或提高雄心产生阻碍的效果"。❷ 因此，遵约机制的高质量设计就具有至关重要的作用。一般而言，促进缔约方遵约存在两个进路，一个是惩罚，另一个是激励。从整个多边环境协定的演变来看，尽管《蒙特利尔议定书》《京都议定书》遵约机制部分都规定了具有惩罚性质的内容，但从其发展实践来看，这两者并没有起到应有作用或存在关键节点未能解决好的问题，如 20世纪 90 年代俄罗斯对《蒙特利尔议定书》减排义务的违反，❸《京都议定书》第十八条对遵约机制的法律限制。❹ 是以，激励方面的规定更为重要。尽管包括《蒙特利尔议定书》在内的许多多边环境协定中规定了资金、技术和能力援助等方面的激励措施，但可以发现，这种激励方式是一种被动式的，在促进缔约方遵守方面是存在一定问题的。❺ 而那种促成缔约方采取主动遵约的激励措施在《京都议定书》中也进行了规定，即包括清洁发展机制在内的三种灵活机制。然而不得不指出的是，尽管《巴黎协定》中的可持续发展机制类似于《京都议定书》中的灵活机制，但由于前者没有将减排建立在发达国家与发展中国家之间的划分上，以及尚未形成全球性的碳排放交易机制，这就会造成可持续发展机制无法完全实现遵约机制主动激励的效果。故而，继续

---

❶ Christina Voigt, "Complinace in Transition Countries," in Jutta Brunnee, Meinhard Doelle & Lyvanya Rajamani eds., *Promoting Compliance in an Evolving Climate Regime*, Cambridge: Cambridge University Press, 2012, pp. 339-366.

❷ Christina Voigt, "The Compliance and Implementation Mechanism of the Paris Agreement," *Review of European Community & International Environmental Law*, Vol. 25, No. 2, 2016, p. 162.

❸ Jacob Werksman, "Compliance and Transition: Russia's Non-Compliance Test the Ozone Regime," *Heidelberg Journal of International Law*, Vol. 56, 1996, pp. 750-773.

❹ 《京都议定书》第十八条规定，作为本议定书缔约方会议的《联合国气候变化框架公约》缔约方会议，应在第一届会议上通过适当且有效的程序和机制，用以断定和处理不遵守本议定书规定的情势，包括就后果列出一个示意性清单，同时考虑到不遵守的原因、类别、程度和频度。依本条可引起具拘束性后果的任何程序和机制应以本议定书修正案的方式予以通过。

❺ Robert O. Keohane & Marc A. Levy eds., *Institutions for Environmental Aid: Pitfalls and Promise*, Cambridge, MA: MIT Press, 1996.

加强遵约机制在主动激励方面的制度建设仍是亟待创新之处。

3.《巴黎协定》履行和遵约委员会的议事规则

《巴黎协定》履行和遵约委员会采取何种议事规则将是《巴黎协定》遵约机制得以运行顺畅的关键制度安排。从以往气候变化条约来看，真正实践遵约机制的主要是《京都议定书》。但在实践中，遵约委员会议事规则并没有起到有效的审议作用，特别是遵约委员会采取的听证方式存在着相当大的弊端，它造成遵约委员会主动介入问询中，而不是采取对抗的庭审模式，由此带来的结果是，遵约委员会的专家有时并不具备相应的专业知识技能，听证过程很可能流于形式，并且不利于公平公正地解决缔约方的遵约问题。❶ 因此，目前《巴黎协定》履行和遵约委员会的议事规则只出台了一部分，尚未全部出台，未来应充分考虑《京都议定书》在此方面的实践教训，应使履行和遵约委员会成员处于一个决断的地位，而不是案件调查的主导性地位。相反，秘书处应处于一个较为积极主动的地位，这样才是更为合适的选择。❷ 而这些均有待于在《巴黎协定》履行和遵约委员会的议事规则中有所规定。

（三）《巴黎协定》遵约机制仍有待于实践的检验

从2015年气候变化大会上《巴黎协定》通过，到2018年联合国气候变化卡托维兹会议上《巴黎协定》实施细则的出台，《巴黎协定》遵约机制历经了3年之久才正式出台。而《巴黎协定》遵约机制能否积极有效地促进缔约方遵守《巴黎协定》相关规定，特别是在温室气体减排方面的规定，将直接取决于实践的检验。

从遵约机制自身的发展来看，理论上，遵约理论已基本成熟，它代表了

---

❶ Meinhard Doelle, "Experience with the Facilitative and Enforcement Branches of the Kyoto Compliance System," in Jutta Brunnee, Meinhard Doelle & Lyvanya Rajamani eds., *Promoting Compliance in an Evolving Climate Regime*, Cambridge: Cambridge University Press, 2012, pp. 109-110.

❷ 学者已指出，在《京都议定书》遵约机制的实践中，秘书处的作用没有得到更好的发挥。无疑这将对《巴黎协定》遵约机制在未来的构建形成一个重要的启示。Meinhard Doelle, "Experience with the Facilitative and Enforcement Branches of the Kyoto Compliance System," in Jutta Brunnee, Meinhard Doelle & Lyvanya Rajamani eds., *Promoting Compliance in an Evolving Climate Regime*, Cambridge: Cambridge University Press, 2012, pp. 110-111.

一种不同于争端解决机制的处理国家履行条约义务的进路。这一机制的出现以及完善与当代国际法发展的现实相契合，反映了 21 世纪各国在国际社会活动中对不同诉求加以解决的一种可行模式。从实践来看，《蒙特利尔议定书》开创了国际环境法领域遵约机制的具体制度设计，从目前运行情况来看，尽管仍存在着诸多问题，但基本实现了缔约方最初设计的初衷，有力地推动了全球对臭氧层保护的实际行动。而在国际气候变化领域，遵约机制的实践发展则经历了一系列的变化，从《联合国气候变化框架公约》意欲建立遵约机制，但未能实现其目标，到《京都议定书》遵约机制的出台，在气候变化领域建立起第一个真正意义上的遵约机制，再到《巴黎协定》遵约机制的通过，世界各国都希冀通过遵约机制保障全球应对气候变化不断深入，真正将全球温室气体减排落到实处。

不言而喻，《巴黎协定》遵约机制在诸多方面吸收和借鉴了《蒙特利尔议定书》不遵守情事程序、《京都议定书》遵约机制的经验教训，从理论上来看更为完备。不过，这并不代表《巴黎协定》遵约机制在实践中就能像前两者那样发挥功效。一方面，是因为《巴黎协定》遵约机制比前两者在遵约方面更为复杂，特别是《巴黎协定》创新性地发展了国家自主贡献的减排模式，建立在此种模式上的减排在法律认定、数据核算等方面，对于《巴黎协定》履行和遵约委员会都是一次重大考验。另一方面，《蒙特利尔议定书》和《京都议定书》在遵约方面未能解决的问题将继续困扰《巴黎协定》遵约机制。这里面有主权与碳减排的核查问题、碳减排的系统性问题，都有待于《巴黎协定》遵约机制在实际运行中，促使缔约方采取更为积极有效的措施来加以解决。此外，不同于《京都议定书》减排的主体是发达国家缔约方，《巴黎协定》下减排主体将发展中国家也纳入了其中，这就对《巴黎协定》遵约机制是一个大的考验：第一，它会不会像现在《蒙特利尔议定书》不遵守情事程序所面临的情况那样，发展中国家成了不遵约的主要对象，如何实现资金、技术与遵约之间的协调将是《巴黎协定》遵约机制面临的重大挑战；第二，它会不会像《京都议定书》遵约委员会在促进分支机构的实践那样，无法在制度设计方面起到有效的监督作用，进而促进发达国家开展减排工作；❶ 第三，它只是针对行为义务，而非内容义务启动遵约，会不会使得遵约机制所产生的问责强度过于薄弱。❷

职是之故，国际气候变化法专家张志伟（Alexander Zahar）极力反对《巴黎协定》遵约机制的实施，他认为：一方面，《巴黎协定》第十五条不仅没有解决《京都议定书》在促进方面产生的问题，而且也没有继承《京都议定书》在遵约方面的优势；另一方面，《巴黎协定》自下而上的减排模式创新及灵活性规定的出现都增加了政治性，而非法律性。这些问题在没有得到《巴黎协定》透明度框架等相关制度安排的实践成效检验之前，盲目地实施《巴黎协定》遵约机制势必不会起到真正的效果。❸ 澳大利亚昆士兰科技大学法学院的副教授哈金斯（Anna Huggins）也支持这种观点，她认为只有将促进和执行结合起来的遵约机制才更有效。❹ 此外，也有学者指出，建立在当前《巴黎协定》的架构上，除非它能激励缔约方逐步提高行动的雄心，否则仅激励后者遵守目前的条约义务是毫无意义的。❺ 因此，正如学者所言，《巴黎协定》能否起到实效仍取决于缔约方后续的实际行动。❻ 特别是，鉴于缔约方于第二

❶ Meinhard Doelle, "Experience with the Facilitative and Enforcement Branches of the Kyoto Compliance System," in Jutta Brunnee, Meinhard Doelle & Lyvanya Rajamani eds. , *Promoting Compliance in an Evolving Climate Regime*, Cambridge: Cambridge University Press, 2012, pp. 102-105. 因此，有学者提出建议，可以通过让非政府组织、个人等非国家行为者进入启动程序，这样可以有效避免缔约方因担心被报复而不愿启动遵约程序的尴尬境地。Eric Dannenmaier, "The Role of Non-State Actors in Climate Compliance," in Jutta Brunnee, Meinhard Doelle & Lyvanya Rajamani eds. , *Promoting Compliance in an Evolving Climate Regime*, Cambridge: Cambridge University Press, 2012, pp. 157-158.

❷ Christopher Campbell-Duruflé, "Accountability or Accounting? Elaboration of the Paris Agreement's Implementation and Compliance Committee at COP 23," *Climate Law*, Vol. 8, 2018, p. 37.

❸ Alexander Zahar, "A Bottom-Up Compliance Mechanism for the Paris Agreement," *Chinese Journal of Environmental Law*, Vol. 1, 2017, pp. 69-98.

❹ Anna Huggins, "The Paris Agreement's Article 15 Mechanism: An Incomplete Compliance Strategy," in Benoit Mayer & Alexander Zahar eds. , *Debating Climate Law*, Cambridge: Cambridge University Press, 2021, pp. 99-127.

❺ Meinhard Doelle, "In Deference of the Paris Agreement's Compliance System: The Case for Facilitative Compliance," in Benoit Mayer & Alexander Zahar eds. , *Debating Climate Law*, Cambridge: Cambridge University Press, 2021, p. 94.

❻ Vegard H. Tørstad, "Participation, Ambition and Compliance: Can the Paris Agreement Solve the Effectiveness Trilemma," *Environmental Politics*, Vol. 29, No. 5, 2020, pp. 761-780.

次提交国家自主贡献之后，才开始核算；❶ 故而《巴黎协定》遵约机制的实效性检验仍有一个较长的时间间隔。

（四）美国是《巴黎协定》遵约机制发挥作用的一个重大变数

毋庸讳言，美国前任总统特朗普宣布美国退出《巴黎协定》，确实给全球应对气候变化行动蒙上了一层阴霾。❷ 本来，寄希望于美国 2020 年总统选举在 11 月 4 日前完成，而此时，依据《巴黎协定》的规定，美国仍是《巴黎协定》不折不扣的缔约方。❸ 但受新冠病毒感染疫情影响，2020 年美国总统选举持续了一段相当长的时间，即 11 月 4 日之前并没有确定下来谁会是美国下一届总统，直到 2021 年 1 月，美国才最终确定新总统是民主党的拜登。而拜登则在就任新总统的当天，以行政命令的形式宣布美国重返《巴黎协定》。

然而，不得不说的是，美国与《巴黎协定》之间的这种分分合合的尴尬态度，给《巴黎协定》遵约机制的实施带来了极大的不确定性。它表现在：美国是否会一直秉持一致立场参与《巴黎协定》及其实施细则的履行方面。换言之，美国国内政治和法律特点决定了美国在《巴黎协定》上的立场始终存在不确定性，如果每隔四年，受美国总统选举影响，美国退出或重返《巴黎协定》，那么这对国际社会全力应对气候变化方面必然产生影响。对此，一方面，有学者认为无论美国对全球应对气候变化的态度如何，都不能改变全球应对气候变化的进程。比如，退一步讲，即使美国选择退出也并非坏事。❹ 少了美国的羁绊，《巴黎协定》遵约机制会更具合法性，全球应对气候变化抑或走得更远。❺ 况且，美国联邦总统的决定亦无法阻碍其本国次区域地区、城

❶　UNFCCC, Decision 4/CMA. 1. Further Guidance in Relation to the Mitigation Section of Decision 1/CP. 21, in *Report of the Conference of the Parties Serving as the Meeting of the Parties to the Paris Agreement on the Third Part of Its First Session*, held in Katowice from 2 to 15 December 2018, FCCC/PA/CMA/2018/3/Add. 1, 19 March 2019, p. 8.

❷　Aaron Saad, "Pathways of Harm: The Consequences of Trump's Withdrawal from the Paris Climate Agreement," *Environmental Justice*, Vol. 11, No. 1, 2018, pp. 47-51.

❸　参见吕江：《从国际法形式效力的视角对美国退出气候变化〈巴黎协定〉的制度反思》，载《中国软科学》2019 年第 1 期，第 10-19 页。

❹　L. Kemp, "Better out than in," *Nature Climate Change*, Vol. 7, No. 7, 2017, pp. 458-460.

❺　Mark Cooper, "Governing the Global Climate Commons: The Political Economy of State and Local Action, after The U. S. Flip-flop on the Paris Agreement," *Energy Policy*, Vol. 118, 2018, pp. 440-454.

市的减排雄心，●美国仍会沿着减排之路继续前行。❷另一种观点则认为美国不会缺席《巴黎协定》遵约机制的制度构建过程。例如，卡托维兹会议的实践亦证明了这一点。首先，美国国务院明确表态，将继续以缔约方身份参与《巴黎协定》的相关活动，以维护美国的国家利益。❸其次，美国事实上也积极地参与了《巴黎协定》实施细则的制订过程。❹

　　另一方面，美国会多大程度上影响到其他国家履行《巴黎协定》及其实施细则。根据《巴黎协定》的规定，缔约方不应减损其国家自主贡献，但这并不妨碍缔约方降低其本国减排力度的提升程度。因为《巴黎协定》采取的是一种棘轮式的减排安排，是基于相互信任下的减排，因此当美国做出不履约行为时，其他缔约方必然会从公平角度降低自己的国家自主贡献。❺此外，因其他缔约方也希望美国能改变其立场，回归到《巴黎协定》下，因此在《巴黎协定》实施细则制订过程中，亦考虑了美国在应对气候变化方面的立场。然而，此种做法在一定程度上极可能加大其他缔约方履行《巴黎协定》及其实施细则的难度。❻故而，《巴黎协定》遵约机制会不会成为一种"摆设"，而起不到应有的实际效果，这些都是值得关注的问题。

　　综上，正如国际气候法专家拉贾马尼（Lavanya Rajamani）和博丹斯基（Daniel Bodansky）在其合作的文章中所指出的，"随着《巴黎协定》在未来

---

❶ Fatima Maria Ahmad, Jennifer Huang & Bob Perciasepe, "The Paris Agreement Presents a Flexible Approach for US Climate Policy," *Carbon & Climate Law Review*, Vol. 11, No. 4, 2017, pp. 283–291. See also Vicki Arroyo, "The Global Climate Action Summit: Increasing Ambition during Turbulent Times," *Climate Policy*, Vol. 18, No. 9, 2018, pp. 1087–1093.

❷ Hadi Eshraghi, Anderson Rodrigo de Queiroz & Joseph F. DeCarolis, "US Energy-Related Greenhouse Gas Emissions in the Absence of Federal Climate Policy," *Environmental Science & Technology*, Vol. 52, 2018, pp. 9595–9604.

❸ The U. S. Department of State, *Communication Regarding Intent to Withdraw from Paris Agreement*, https://www. state. gov/r/pa/prs/ps/2017/08/273050. htm (last visited on 2022-9-17).

❹ UNFCCC, *APA 1.7: List of Co-Facilitators of the Agenda Items* 3–8, https://unfccc. int/sites/default/files/resource/APA%201-7%20facilitators. pdf (last visited on 2022-9-17).

❺ Harald Winkler, Niklas Höhne, Guy Cunliffe, Takeshi Kuramochi, Amanda April & Maria Jose de Villafranca Casas, "Countries Start to Explain How Their Climate Contributions are Fair: More Rigour Need," *International Environmental Agreement*, Vol. 18, 2018, pp. 99–115.

❻ 例如，美国在卡托维兹会议上极力强调建立严格的规则，弱化共同但有区别的责任原则，作为其未来重返《巴黎协定》的条件。但这无疑会影响发展中国家的履约能力。Climate Home News, *The US, Still in the Paris Agreement, is Trying to Decide Its Future*, https://www. climatechangenews. com/2018/12/10/us-still-paris-agreement-trying-decide-future/ (last visited on 2022-9-17).

几年的实施，各国可以选择利用《巴黎协定》实施细则中的自由裁量权，并在这一过程中制造阻力；也可以选择逐步加强其国家自主贡献，提高其在每个阶段提供的信息质量，并触发实现《巴黎协定》温度目标所需的更有雄心的行动的良性循环。［但］各国将选择哪条道路还有待观察"。❶

此外，还需要提高警惕的是，《巴黎协定》并不一定是美国唯一的选择。自 1992 年《联合国气候变化框架公约》起，美国就从来没有放弃过对气候领域主导权的争夺。特别是在《京都议定书》未能实现美国气候意图后，在气候制度领域另起炉灶一直在美国有着广泛的学术影响。❷ 因此，在强调履行和遵守《巴黎协定》方面，也应考虑到美国反其道而行之的可能性。

四、本章小结

这一章主要评述了《巴黎协定》遵约机制的国际法意义。《巴黎协定》遵约机制的构建及其运转应是国际遵约机制这一制度的创新和发展。从基本的理论来看，包括遵约机制在内的《巴黎协定》制度规则的建构本身都是一个不完全契约的建构过程，因此不可能在一次谈判或一次规则制定中实现整个遵约机制的建构目标。相反，更多是缔约方通过不断的谈判，逐渐改进遵约机制，使其实现《巴黎协定》设定的应对气候变化目标。

《巴黎协定》遵约机制的构建为国际遵约机制理论带来了重要的制度创新。它们包括：第一，遵约机制在制度设计上与《巴黎协定》国家自主贡献形成了一个自洽机制，从而保证全球气候变化始终是在一个进步的轨道上；第二，不仅是遵约机制，还形成了一个包括透明度框架和全球盘点在内的遵约体系；第三，遵约机制在规则设计上亦有一系列的重大创新。当然，正如上文所言，《巴黎协定》遵约机制仅仅是一个开始，仍有许多工作需要在未来继续构建，而这些都将是《巴黎协定》遵约机制在未来所面临的各种挑战。

---

❶ Lavanya Rajamani & Daniel Bodansky, "The Paris Rulebook: Balancing International Prescriptiveness with National Discretion," *International and Comparative Law Quarterly*, Vol. 68, 2019, p. 1040.

❷ Richard B. Stewart & Jonathan B. Wiener, *Reconstructing Climate Policy: Beyond Kyoto*, Washington DC: the AEI Press, 2003, pp. 10-17.

这既包括《巴黎协定》遵约机制自身剩余规则的建构，又包括与《巴黎协定》其他机制之间的合作产出。然而，更重要的是，《巴黎协定》遵约机制设计的实效仍有待于实践的检验。而这其中也包括美国这一重要缔约方在此方面推动的不确定性。

第十一章 气候变化《巴黎协定》遵约机制与中国

国际气候变化法专家博丹斯基（Daniel Bodansky）曾指出，遵约上的能力不足，不仅表现在实践行动中，而且更重要的是体现在国内是否有相关法律、规则和文件来应对遵约。● 因此，国内有针对性的制度安排将是遵约所不可缺少的。就中国而言，自全球应对气候变化的制度安排开启以来，就通过国内相关法律政策的出台而不间断地积极参与其中。在一定程度上，它可以说是中国在国际环境法介入最持久的一个领域分支。当前，随着全球应对气候变化制度安排的深入，以及中国国内实施环境保护力度的加强，与全球应对气候变化的互动已更多地被国内政治、社会和民众所接受。因此，如何更好地履行《巴黎协定》、如何能促使世界各国都积极投身到应对气候变化行列中，以及如何促进国内经济建设与应对气候变化的协调发展，就成为未来中国履行和遵守《巴黎协定》的关键环节。是故，本章意从中国参与全球应对气候变化的制度发展历程入手，分析中国国内应对气候变化的形势，以及履行《巴黎协定》所面临的挑战，进而从应对气候变化《巴黎协定》遵约机制的视角，提出未来中国可采取的制度策略和参与《巴黎协定》后的基本立场。

一、中国参与全球应对气候变化的制度历程演变

与全球应对气候变化的制度变迁不同，在《巴黎协定》前，中国参与全球应对气候变化的制度发展是从环境议题入手的，之后才从环境进入发展，

● Daniel Bodansky, *The Art and Craft of International Environmental Law*, Cambridge, MA: Harvard University Press, 2010, p. 230.

再到具体制度建构。其大致可从以下三方面加以认识。

（一）应对气候变化作为环境议题

如同世界上的其他国家一样，在中国，气候变化问题与环境保护是紧密联系在一起的，但它同样又是一个逐渐认识的发展过程。1972 年中国派代表团参加斯德哥尔摩人类环境会议，这成为中国环境保护工作的开端。[1] 1973年 8 月中国召开了第一次全国环境保护会议，通过了《关于保护和改善环境的若干规定》，这次会议标志着国内环境保护工作正式拉开序幕。[2] 1974 年 10月 25 日，国务院环境保护领导小组正式成立，开始制订环境保护规划与计划。[3] 1979 年《环境保护法（试行）》正式颁布实施。[4] 1982 年在城乡建设部下成立具有国务院编制的环保局，它成为 1984 年国务院成立的环境保护委员会的主要执行单位，全面负责全国环境保护工作。[5]

1988 年，政府间气候变化专门委员会（IPCC）成立之际，中国在 IPCC的牵头单位是中国气象局。[6] 同一年，国家环保局升格为国务院直属单位。从1988 年起，中国开始积极参与 IPCC 的工作。1989 年，中国组织实施了一项气候变化研究计划，包括 40 个项目，有大约 20 个部委和 500 多名专家参加。[7] 1990 年，国务院环境保护委员会在第十八次会议上通过了《我国关于

[1] 参见曲格平：《中国环境保护四十年回顾及思考（回顾篇）》，载《环境保护》2013 年第 10期，第 10-17 页。

[2] 参见翟亚柳：《中国环境保护事业的初创：兼述第一次全国环境保护会议及其历史贡献》，载《中共党史研究》2012 年第 8 期，第 63-72 页。林木：《1973 年 12 月：新中国第一部环保法规的制定》，载《党史博览》2013 年第 8 期。

[3] 参见叶汝求：《改革开放 30 年环保事业发展历程》，载《环境保护》2008 年第 21 期，第 4 页。

[4] 制定环境保护法于 1977 年进入国家立法项目，历时两年时间完成。经过十年试行之后，在此基础上，全国人大常委会于 1989 年正式通过《环境保护法》。参见王萍：《环保立法三十年风雨路》，载《中国人大》2012 年第 18 期，第 27-28 页。孙佑海：《〈环境保护法〉修改的来龙去脉》，载《环境保护》2013 年第 16 期，第 13-16 页。

[5] 参见曲格平：《中国环境保护事业发展历程提要（续）》，载《环境保护》1988 年第 4 期，第 20-21 页。

[6] 参见中国气象局官网：《中国参与的 IPCC 活动》，http://www.cma.gov.cn/2011xwzx/2011xqhbh/2011xipcczgwyh/201110/t20111027_128457.html（最后访问日期：2022 年 9 月 17 日）。

[7] 参见［美］易明著：《一江黑水：中国未来的环境挑战》，姜智芹译，江苏人民出版社 2012年版，第 167 页。

全球环境问题的原则立场》，首次阐明中国在气候变化问题上的立场。❶ 同时，
会议通过了建立气候变化协调小组的决定。同年10月，由环境、科技和社科
部门联合主办了一次为期三天的高层国际会议，会议围绕"90年代的中国与
世界"这个主题进行了研讨，这是中国围绕环境问题举办的第一个国际会议。
在此会议上，气候变化是其中重要的议题之一。1990年的此次会议还促成了
中国政府于1992年建立了中国环境与发展国际合作委员会（国合会，CCI-
CED）。❷ 这一组织由时任国务院环境保护委员会主任宋健担任首届主席，直
到今天，它都是中国重要的环境咨询机构。❸

　　1992年，中国派代表团参加了在里约热内卢召开的环境与发展大会，并
在会议上签署了《联合国气候变化框架公约》。此次会议召开一年后，中国成
为世界上第一个根据全球《21世纪议程》行动计划制定本国21世纪议程的
国家，积极促进了中国的可持续发展。❶ 1998年，国家环保局再次升格为国
家环保总局，成为国务院成员单位，进一步加强了中国在气候变化问题上的
工作与谈判。

（二）应对气候变化作为发展议题

　　1998年，中国经历了一次大的国家机构调整，其中原有的气候变化协调
小组被国家气候变化对策协调机构所代替，由17个部门单位组成，并由国家
发展计划委员会取代中国气象局作为统筹协调单位。在这期间，从2001年开
始，国家气候变化对策协调机构组织了《中华人民共和国气候变化初始国家

---

　　❶　在该文件中指明了中国的立场，即第一，气候变化对中国产生重要影响；第二，发达国家对
造成全球气候变化负主要责任；第三，积极参与全球气候变化谈判；第四，二氧化碳排放限制应建立
在保证发展中国家适度经济发展和合理的人均消耗基础上；第五，我国应在发展经济的同时，提高能
源效率、开发替代能源，尽量减少二氧化碳排放。但对削减二氧化碳排放指标不作任何具体承诺。第
六，开展植树造林活动。参见广州市人民政府办公厅：《转发国务院环境保护委员会关于印发我国关
于全球环境问题的原则立场的通知》，载《广州市政》1990年第12期，第15-23页。
　　❷　参见［美］易明著：《一江黑水：中国未来的环境挑战》，姜智芹译，江苏人民出版社2012
年版，第167页。
　　❸　参见中国环境与发展国际合作委员会官网，http://www.china.com.cn/tech/zhuanti/wyh/node_
7039797.htm（最后访问日期2022年9月17日）。
　　❶　参见中国21世纪议程管理中心官网，http://www.acca21.org.cn/（最后访问日期2022年9月
17日）。

信息通报》的编写工作，并于 2004 年年底向联合国气候变化第十次缔约方大会提交了该报告。❶ 2002 年中国正式批准了《京都议定书》，开始积极参与该议定书项下的清洁发展机制项目（CDM）活动。❷ 2007 年 1 月，中国成立了应对气候变化专门委员会，它是为国家应对气候变化、出台政府决策而提供科学咨询的专门机构。❸ 同年，为进一步加强气候变化的领导工作，由国家应对气候变化领导小组取代了国家气候变化对策协调机构，由国务院总理担任组长，全面负责国家应对气候变化的重大战略、方针和对策，协调解决应对气候变化工作中的重大问题。应对气候变化工作的办事机构设在国家发展和改革委员会的办公场所。❹

无疑，正如胡锦涛同志在联合国气候变化峰会上所言，"气候变化既是环境问题，更是发展问题"❺，中国应对气候变化组织机构的变化正反映了中国对气候变化问题认识的进一步加深。它不仅是对气候变化科学的认识，更是对中国现阶段国情的深入把握。改革开放为中国带来了经济的迅速发展，但同时我们的能源消费也与日俱增。1993 年中国成为石油净进口国。仅十年之后，中国就成为全球第二大石油进口国。到 2007 年，中国能源消费已稳稳占据了全球第二的位置。❻ 严峻的能源形势使中国的能源安全面临极大的考验，构建合理的能源对外依存无疑将是中国在未来一段时间内的紧迫任务。❼

然而，能源的大量开发和利用是造成环境污染和气候变化的主要原因之一。世界各国的发展历史和趋势表明，人均二氧化碳排放量、商品能源消费

---

❶ 参见国家发展和改革委员会编：《中国应对气候变化国家方案》，2007 年，第 11-12 页。

❷ 清洁发展机制项目是《京都议定书》规定的一种国际合作减排机制，它是发达国家与发展中国家进行碳减排合作的主要机制。这一机制具有双重目的，一是帮助发展中国家实现可持续发展，并对《联合国气候变化框架公约》的最终目标作出贡献；二是帮助发达国家以较低的成本实现部分温室气体减排、限排义务。参见曾少军著：《碳减排：中国经验：基于清洁发展机制的考察》，社会科学文献出版社 2010 年版，第 29 页。

❸ 参见游雪晴：《中国气候变化专家委员会成立》，载《科技日报》2007 年 1 月 15 日第 3 版。

❹ 参见中华人民共和国国务院新闻办公室：《中国应对气候变化的政策与行动》，2008 年，第八部分：应对气候变化的体制机制建设。

❺ 参见胡锦涛：《携手应对气候变化挑战：在联合国气候变化峰会开幕式上的讲话》，2009 年 9 月 22 日。

❻ 参见中华人民共和国新闻办公室：《中国的能源状况与政策白皮书》，2007 年 12 月 26 日。

❼ 参见杨泽伟：《中国能源安全问题：挑战与应对》，载《世界经济与政治》2008 年第 8 期，第 52-60 页。

量与经济发达水平有明显相关关系。因此，未来随着中国经济的发展，能源消费和二氧化碳排放量必然会持续增长，减缓温室气体排放将对中国现有发展模式提出重大挑战。更为困难的是，中国是世界上少数几个以煤为主要能源的国家，能源结构的调整受到资源结构的制约，这就造成中国以煤为主的能源资源和消费结构在未来相当长的一段时间将不会发生根本性的改变，使得中国在降低单位能源的二氧化碳排放强度方面比其他国家面临更大的困难。❶

是以，既要发展经济、消除贫困、改善民生，又要积极应对气候变化，这将是当今中国面临的一项巨大挑战。毋庸讳言，如何能在应对气候变化与发展之间寻找到平衡点，将是实现未来中国应对气候变化的关键所在。

（三）应对气候变化作为制度安排议题

随着联合国气候变化谈判的深入，特别是德班平台的启动，构建一个未来新的且富有活力的全球应对气候变化机制，成为当前全球应对气候变化的工作重点。而与此同时，随着中国应对气候变化进入一个新的发展阶段，制度安排议题也无疑成为应对气候变化的重点领域。

2009 年 8 月，全国人大常委会作出《关于积极应对气候变化的决议》。在该决议中指出，要把加强应对气候变化的相关立法作为形成和完善中国特色社会主义法律体系的一项重要任务，纳入立法工作议程。适时修改完善与应对气候变化、环境保护相关的法律，及时出台配套法规，并根据实际情况制定新的法律法规，为应对气候变化提供更加有力的法制保障。❷

事实上，自 2008 年以来，一系列与应对气候变化有关的相关立法就在不断地出台。例如，《循环经济促进法》、修订后的《节约能源法》都在 2008 年开始实施。同一年，国家发展和改革委员会设立了应对气候变化司，主要从事综合分析气候变化对经济社会发展的影响，组织拟订应对气候变化重大战略、规划和重大政策；牵头承担国家履行《联合国气候变化框架公约》相关工作，会同有关方面牵头组织参加气候变化国际谈判工作；协调开展应对气

---

❶　参见国家发展和改革委员会：《中国应对气候变化国家方案》，2007 年 6 月，第 19-20 页。

❷　参见国家发展和改革委员会：《中国应对气候变化的政策与行动：2009 年度报告》，2009 年 11 月。

候变化国际合作和能力建设；组织实施清洁发展机制工作；承担国家应对气候变化领导小组的有关具体工作。毫无疑问，这一应对气候变化具体机构的设立，在一定程度上加强了中国在气候变化问题上的体制组织建设，有力地促进了中国应对气候变化的制度安排。

2009 年 12 月在哥本哈根气候变化大会刚刚结束之际，中国修订后的《可再生能源法》开始实施。2010 年国家把能源法和大气污染防治法修订纳入制度立法工作计划。与此同时，青海省人民政府颁布了中国第一个有关气候变化的地方性规章《青海省应对气候变化办法》。同年，在国家应对气候变化领导小组框架内设立了协调联络办公室，加强了部门间协调配合。2011 年山西省人民政府出台《山西省应对气候变化办法》。

自 2009 年全国人大提出应对气候变化立法以来，中国从不同层面开始了气候变化立法设计工作。2010 年中国社会科学院和瑞士联邦国际合作与发展署启动了双边合作项目《中华人民共和国气候变化应对法》（中国社会科学院建议稿）；2012 年 4 月，该建议稿全文正式公布。2011 年国家发展和改革委员会委托中国政法大学组织开展中国应对气候变化立法研究，2012 年该项目顺利结题。同年 9 月，受国家发展和改革委员会气候变化司委托，中国政法大学和江苏省信息中心承担的"省级气候变化立法研究——以江苏省为例"项目正式启动。2013 年 6 月，由中国清洁发展基金赠款项目支持的"湖北省气候变化立法研究"也在武汉大学法学院进行了项目会议。与此同时，四川省也在开展气候变化立法工作。

（四）应对气候变化的制度深化议题

在党的十八大报告中强调到，要坚持共同但有区别的责任原则、公平原则、各自能力原则，同国际社会一道积极应对全球气候变化。2012 年 12 月，工业和信息化部、国家发展和改革委员会、科技部和财政部共同发布《工业领域应对气候变化行动方案（2012—2020 年）》。

2013 年 11 月中国首部《国家适应气候变化战略》出台，正式提出了中国适应气候变化的各项原则和指导方针。2014 年 9 月，国家发展和改革委员会与有关部门在共同组织编制的《国家应对气候变化规划（2014—2020 年）》中提出，中国 2020 年前应对气候变化的主要目标和重点任务。在该规划中指出，"当前，我国仍处在工业化、城镇化进程中，加快推进绿色低碳发展，有效控制温室气体排放，已成为我国转变经济发展方式，大力推进生态文明建设的内在要求"。

2014 年 11 月，国家主席习近平与时任美国总统奥巴马在北京共同发布了《中美气候变化联合声明》，在这一联合声明中，我国首次提出"计划 2030 年左右二氧化碳排放达到峰值且将努力早日达峰，并计划到 2030 年非化石能源占一次能源消费比重提高到 20% 左右"。❶ 2014 年 12 月，国家发展和改革委员会发布了《碳排放权交易管理暂行办法》。

2015 年 6 月，中国政府正式向《联合国气候变化框架公约》秘书处提交了应对气候变化国家自主贡献文件《强化应对气候变化行动——中国国家自主贡献》，明确提出于 2030 年左右二氧化碳排放达到峰值，到 2030 年非化石能源占一次能源消费比重提高到 20% 左右，2030 年单位国内生产总值二氧化碳排放比 2005 年下降 60%~65%，森林蓄积量比 2005 年增加 45 亿立方米左右，全面提高适应气候变化能力等强化行动目标。❷ 9 月，中美两国共同发布了《中美元首气候变化联合声明》。11 月底，国家主席习近平亲赴法国巴黎，参加《联合国气候变化框架公约》第二十一次缔约方会议。在气候变化巴黎大会开幕式上，习近平主席发表了题为《携手构建合作共赢、公平合理的气候变化治理机制》的主旨讲话。在该讲话中，习近平指出，"巴黎协议不是终点，而是新的起点"。❸ 此次会议上，在中国与美国的共同努力下，最终通过了具有法律拘束力的《巴黎协定》。2016 年 9 月，全国人大常委会正式批准《巴黎协定》，习近平主席亲自将中国的批准书交给联合国秘书长。❹ 无疑，中国对《巴黎协定》的正式批准积极推动了《巴黎协定》的生效进程。❺

---

❶ 参见《中美气候变化联合声明》，载《人民日报》2014 年 11 月 13 日第 2 版。

❷ UNFCCC, *Enhanced Actions on Climate Change: China's Intended Nationally Determined Contributions*, https://www4.unfccc.int/sites/submissions/INDC/Published%20Documents/China/1/China's%20INDC%20-%20on%2030%20June%202015.pdf(last visited on 2022-9-17).

❸ 参见习近平：《携手构建合作共赢、公平合理的气候变化治理机制：在气候变化巴黎大会开幕式上的讲话》，载《人民日报》2015 年 12 月 1 日第 2 版。

❹ 参见刘文学：《全国人大常委会批准〈巴黎协定〉》，载《中国人大》2016 年第 18 期，第 45~46 页。

❺ 参见国家发展和改革委员会：《中国应对气候变化的政策与行动：2016 年度报告》，2016 年，第 49 页。

2017 年 10 月，中国共产党第十九届代表大会在北京召开。尽管时任美国总统特朗普在 6 月宣布美国退出《巴黎协定》，为人类应对气候变化蒙上了一层阴影；但十九大报告仍指出，我们呼吁各国要坚持环境友好，合作应对气候变化，保护好人类赖以生存的地球家园。[1] 特别是习近平新时代中国特色社会主义思想的确立为中国应对气候变化提供了新的指导思想。12 月，国家发展和改革委员会发布了《全国碳排放权交易市场建设方案（发电行业）》。2018 年，中国进行了机构改革，应对气候变化的主管机构由国家发展和改革委员会转到了生态环境部。[2] 一些西方学者认为，由于美国退出《巴黎协定》，中国在应对气候变化方面的国际压力减弱，故中国在应对气候变化方面的行动开始不积极了，主管机构的变化就是一个明显例子。[3] 其实恰恰相反，2018 年机构改革后，中国在应对气候变化的制度建设上进入一个新高潮。

2020 年 9 月，在第七十五届联合国大会一般性辩论上，习近平主席再次强调了全球应对气候变化的重要性，并深刻指出，"人类不能再忽视大自然一次又一次的警告，沿着只讲索取不讲投入、只讲发展不讲保护、只讲利用不讲修复的老路走下去。应对气候变化《巴黎协定》代表了全球绿色低碳转型的大方向，是保护地球家园需要采取的最低限度行动，各国必须迈出决定性步伐"。他代表中国郑重承诺"中国将提高国家自主贡献力度，采取更加有力的政策和措施，二氧化碳排放力争于 2030 年前达到峰值，努力争取 2060 年前实现碳中和"。[4] 这是中国首次对外承诺碳中和目标。12 月，在气候雄心峰会上，习近平主席再次承诺，到 2030 年，中国单位国内生产总值二氧化碳排放将比 2005 年下降 65% 以上，非化石能源占一次能源消费比重将达到 25% 左右，森林蓄积量将比 2005 年增加 60 亿立方米，风电、太阳能发电总装机容量将达到 12 亿千瓦以上。[5] 与此同时，生态环境部正式公布了《碳排放权交

---

[1] 参见习近平：《决胜全面建成小康社会，夺取新时代中国特色社会主义伟大胜利：在中国共产党第十九次全国代表大会上的报告》，载《人民日报》2017 年 10 月 28 日第 1 版。

[2] 参见生态环境部：《中国应对气候变化的政策与行动：2018 年度报告》，2018 年，第 36 页。

[3] Kevin Jianjun Tu, *Covid-19 Pandemic's Impacts on China's Energy Sector: A Preliminary Analysis*, New York: Center on Global Energy Policy at Columbia University, 2020, p.19.

[4] 参见习近平：《在第七十五届联合国大会一般性辩论上的讲话》，载《人民日报》2020 年 9 月 23 日第 3 版。

[5] 参见习近平：《继往开来，开启全球应对气候变化新征程：在气候雄心峰会上的讲话》，载《人民日报》2020 年 12 月 13 日第 2 版。

易管理办法（试行）》。

2021 年是中国的一个气候建构丰年。3 月，在中央财经委员会第九次会议上，习近平主席强调指出，实现碳达峰、碳中和是一场广泛而深刻的经济社会系统性变革，要把碳达峰、碳中和纳入生态文明建设整体布局。❶ 4 月，中国气候变化事务特使解振华与美国总统气候问题特使约翰·克里在上海联合发布了《中美应对气候危机联合声明》，在该声明中提出中美气候合作的八个重要领域。❷ 4 月下旬，受美国总统拜登邀请，习近平主席参加了"领导人气候峰会"，在讲话中指出，中国将生态文明理念和生态文明建设写入《中华人民共和国宪法》，纳入中国特色社会主义总体布局。将碳达峰、碳中和纳入生态文明建设整体布局，中国将严控煤电项目，"十四五"时期严控煤炭消费增长、"十五五"时期逐步减少。❸ 9 月 22 日，《中共中央　国务院关于完整准确全面贯彻新发展理念做好碳达峰碳中和工作的意见》正式发布，其中指出，要全面清理现行法律法规中与碳达峰、碳中和工作不相适应的内容，加快法律法规间的衔接协调，研究制定碳中和专项法律，完善投资政策、发展绿色金融、完善财税价格政策和推进市场化机制建设。❹

2021 年 9 月 23 日，习近平主席在参加第七十六届联合国大会时再次发表重要讲话，强调指出中国将大力支持发展中国家能源绿色低碳发展，不再新建境外煤电项目。❺ 10 月，国务院印发《2030 年前碳达峰行动方案的通知》，并在政策保障和组织实施方面指出，要建立统一规范的碳排放统计核算体系，健全法律法规标准，完善经济政策，建立健全市场化机制。加强党中央对碳达峰、碳中和工作的集中统一领导，碳达峰碳中和工作领导小组对碳达峰相

---

❶ 参见习近平：《推动平台经济规范健康持续发展，把碳达峰碳中和纳入生态文明建设整体布局》，载《人民日报》2021 年 3 月 16 日第 1 版。

❷ 参见《中美应对气候危机联合声明》，载《人民日报》2021 年 4 月 19 日第 3 版。

❸ 参见习近平：《共同构建人与自然生命共同体：在"领导人气候峰会"上的讲话》，载《人民日报》2021 年 4 月 23 日第 2 版。

❹ 参见《中共中央　国务院关于完整准确全面贯彻新发展理念做好碳达峰碳中和工作的意见》，载《人民日报》2021 年 10 月 25 日第 1、6 版。

❺ 参见习近平：《坚定信心，共克时艰，共建更加美好的世界：在第七十六届联合国大会一般性辩论上的讲话》，载《人民日报》2021 年 9 月 22 日第 2 版。

关工作进行整体部署和系统推进，统筹研究重要事项、制定重大政策。●

2021 年 10 月 27 日，中国发布了《中国应对气候变化的政策与行动》白皮书。该白皮书指出，中国将加快构建碳达峰碳中和"1+N"政策体系，以降碳为生态建设的重点战略方向。● 11 月 10 日，中美在联合国气候变化格拉斯哥会议上达成《中美关于在 21 世纪 20 年代强化气候行动的格拉斯哥联合宣言》。该宣言表示，双方计划建立"21 世纪 20 年代强化气候行动工作组"，推动两国气候变化合作和多边进程。●

2022 年 1 月，习近平主席在中共中央政治局第三十六次集体学习时强调，深入分析推进碳达峰碳中和工作面临的形势任务，扎扎实实把党中央决策部署落到实处。● 5 月，生态环境部等 17 个部门联合印发了《国家适应气候变化战略 2035》，对 2035 年前适应气候变化工作作出统筹谋划部署。●

二、中国对《巴黎协定》履约的现状分析

如上所述，中国应对气候变化的发展进程是一个逐步深入的过程。尽管国际形势仍会不断变化，但积极应对气候变化，努力实现全方位的温室气体减排，无疑中国是不会停止的。但也必须承认，这一过程不是一件一蹴而就的事情，相反，只有建立在科学、合理的减排策略上，才能真正实现应对气候变化方面的中国贡献。就微观而言，目前中国的减排义务主要集中在根据《巴黎协定》中国提交的国家自主贡献上。

（一）中国提交第一次国家自主贡献

2015 年 6 月，中国提交了本国的预期国家自主贡献（Intended Nationally

● 参见《国务院关于印发 2030 年前碳达峰行动方案的通知》，载《人民日报》2021 年 10 月 27 日第 11 版。

● 参见国务院新闻办公室：《中国应对气候变化的政策与行动》，载《人民日报》2021 年 10 月 28 日第 14-15 版。

● 参见《中美达成强化气候行动联合宣言》，载《人民日报》2021 年 11 月 12 日第 16 版。

● 参见习近平：《深入分析推进碳达峰碳中和工作面临的形势任务，扎扎实实把党中央决策部署落到实处》，载《人民日报》2022 年 1 月 26 日第 1、3 版。

● 参见中国政府网：《〈国家适应气候变化战略 2035〉印发》，http://www.gov.cn/xinwen/2022-06/14/content_5695549.htm（访问日期：2022 年 9 月 17 日）。

Determined Contribution，INDC）。在 2016 年《巴黎协定》生效后，这也成为中国提交的第一次国家自主贡献。其中文名称为《强化应对气候变化行动——中国国家自主贡献》。其内容主要由三部分构成。第一部分，中国强化应对气候变化行动目标。在这一部分，回顾了 2009 年中国向国际社会宣布：到 2020 年单位国内生产总值二氧化碳排放比 2005 年下降 40%~45%，非化石能源占一次能源消费比重达到 15% 左右。到提交第一次国家自主贡献时，即 2015 年，中国单位国内生产总值二氧化碳排放比 2005 年下降 33.8%，非化石能源占一次能源消费比重达到 11.2%。在这一部分的最后，中国确定了 2030 年自主行动目标，即二氧化碳排放 2030 年左右达到峰值并争取尽早达峰；单位国内生产总值二氧化碳排放比 2005 年下降 60%~65%，非化石能源占一次能源消费比重达到 20% 左右。

第二部分，中国强化应对气候变化行动政策和措施。在这一部分，中国提出了涉及 15 个领域的举措。它们包括：（1）实施积极应对气候变化国家战略；（2）完善应对气候变化区域战略；（3）构建低碳能源体系；（4）形成节能低碳的产业体系；（5）控制建筑和交通领域排放；（6）努力增加碳汇；（7）倡导低碳生活方式；（8）全面提高适应气候变化能力；（9）创新低碳发展模式；（10）强化科技支撑；（11）加大资金和政策支持；（12）推进碳排放权交易市场建设；（13）健全温室气体排放统计核算体系；（14）完善社会参与机制；（15）积极推进国际合作。

第三部分，中国关于 2015 年协议谈判的意见。在这一部分，中国提出了 8 个方面的建议。它们包括：（1）总体意见；（2）减缓；（3）适应；（4）资金；（5）技术开发与转让；（6）能力建设；（7）行动和支持的透明度；（8）法律形式。

就目前中国在应对气候变化方面的实践来看，总体而言，我们已完成部分应对气候变化的行动目标。例如，中国提出 2020 年单位国内生产总值二氧化碳排放比 2005 年下降 40%~45%，非化石能源占一次能源消费比重达到 15% 左右的目标，在 2017 年时已基本实现。2017 年中国单位国内生产总值二氧化碳排放比 2005 年下降约 46%；❶ 2019 年时，比 2005 年下降约 47.9%，非

---

❶ 参见生态环境部：《中国应对气候变化的政策与行动：2018 年度报告》，2018 年，第 1 页。

化石能源占一次能源消费总量比重达 15.3%，提前完成 2020 年目标。❶

（二）中国提交升级后的国家自主贡献

2021 年 10 月 28 日，中国向《联合国气候变化框架公约》秘书处提交了升级后的国家自主贡献文件，即《中国落实国家自主贡献成效和新目标新举措》。这是对 2015 年中国递交的国家自主贡献的更新。这份国家自主贡献共由四个部分构成。第一部分，中国应对气候变化的理念和目标。在这一部分，中国提出了更新后的国家自主贡献目标，即二氧化碳排放力争于 2030 年前达到峰值，努力争取 2060 年前实现碳中和。到 2030 年，中国单位国内生产总值二氧化碳排放将比 2005 年下降 65% 以上，非化石能源占一次能源消费比重将达到 25% 左右，森林蓄积量将比 2005 年增加 60 亿立方米，风电、太阳能发电总装机容量将达到 12 亿千瓦以上。

第二部分，落实国家自主贡献取得积极成效。这一部分主要阐述了四个方面的内容，即：（1）应对气候变化制度体系不断完善；（2）控制温室气体排放工作进展显著；（3）主动适应气候变化；（4）支撑保障体系建设初见成效。

第三部分，落实国家自主贡献新目标的新举措。这一部分包括三个方面：（1）统筹有序推进碳达峰、碳中和；（2）主动适应气候变化；（3）强化支撑保障体系。

第四部分，积极推动应对气候变化国际合作。这一部分包括三个方面：（1）构建公平合理、合作共赢的全球气候治理体系；（2）应对气候变化国际合作取得积极成效；（3）进一步拓展国际合作。在该文件的最后部分还附加了香港特别行政区和澳门特别行政区应对气候变化的目标和进展。此外，在提交升级后的国家自主贡献文件的同时，中国也提交了《中国本世纪中叶长期温室气体低排放发展战略》（21 世纪）。

中国国家自主贡献升级版文件设定了新的应对气候变化行动目标，这将是中国在未来一段时间内主要开展的应对气候变化工作。这一任务既艰巨又富有挑战性，中国势必将在此方面付出更多努力，才能如期实现这一目标。

---

❶ 参见生态环境部：《中国应对气候变化的政策与行动：2020 年度报告》，2020 年，第 1 页。

三、中国对《巴黎协定》履约的法律挑战

2018 年，在联合国气候变化卡托维兹会议上，正式通过了包括遵约机制在内的《巴黎协定》实施细则。[1] 尽管《巴黎协定》遵约机制的实施估计要在缔约方提交第二次国家自主贡献及其他相关信息后，才能进入实施阶段；但缔约方前期的履约情况将直接关系到《巴黎协定》遵约机制的启动。就中国而言，未来如何完成在《巴黎协定》项下的义务将是一次重要的法律挑战。具体而言，它包括以下五个方面。

（一）履约对中国的经济发展和能源安全带来严峻挑战

对于中国而言，随着《巴黎协定》的批准，特别是 2020 年，中国承诺力争于 2030 年实现碳达峰，2060 年实现碳中和，这就使得我们的经济发展在一定程度上必须考虑碳达峰、碳中和目标的实现。纵观《联合国气候变化框架公约》，特别是《京都议定书》的履约历史，欧盟国家之所以能实现其减排目标，其本质并不完全是通过像欧盟碳排放交易机制等区域性的制度安排完成的，而在很大程度上与 2008 年金融危机后，欧盟整体经济衰退有着不可分割的关联性。因此，经济衰退是可实现履约的一个重要外部物质因素。[2]

然而，不同于欧洲国家，当前中国正处于经济发展上升期，尽管受 2019 年年底新冠病毒感染疫情、2022 年乌克兰危机以及中美贸易摩擦等负面因素的影响，但 GDP 仍处于一个较为稳定的增长期。一般而言，消费水平的提高会刺激经济增长，但却对碳排放目标的实现形成阻碍。[3] 是以，中国既要不断扩大消费水平，实现 GDP 不间断的增长，又要完成碳达峰碳中和目标，这对

---

[1]　除了关于《巴黎协定》第六条第 4 款，建立一个市场机制用于减排的实施细则，由于谈判中巴西的反对，没有出台以外，其余各项《巴黎协定》实施细则均在卡托维兹会议上出台。。

[2]　Kal Raustiala, "Compliance & Effectiveness in International Regulatory Cooperation," *Case Western Reserve Journal of International Law*, Vol. 32, p. 393. See also Lisa Benjamin, Rueanna Haynes & Bryce Rudyk, "Article 15 Compliance Mechanism," in Geert van Calster & Leonie Reins eds., *The Paris Agreement on Climate Change: A Commentary*, Cheltenham, UK: Edward Elgar, 2021, p. 349.

[3]　Paul G. Harris & Taedong Lee, "Compliance with Climate Change Agreements: The Constraints of Consumption," *International Environmental Agreements: Politics, Law & Economics*, Vol. 17, No. 6, 2017, pp. 779-794.

中国来说无疑是一项艰巨挑战。正如习近平主席所言，"中国将力争 2030 年前实现碳达峰、2060 年前实现碳中和，这需要付出艰苦努力"。❶

（二）欧美或形成气候联盟，对遵约机制进行再设计

2021 年，民主党候选人拜登成为美国新总统后，在第一天就职时就签署行政命令，宣布美国将重返应对气候变化《巴黎协定》。众所周知，由于前总统特朗普反对《巴黎协定》，美国作为缔约方在参与《巴黎协定》实施细则谈判时，处于一个较为被动的地位。而这带来的结果是，《巴黎协定》遵约机制并没有完全按西方设想的模式制定出来，比如，该机制没有像《京都议定书》那样规定执行问题，而这与西方的一贯主张相悖。但是，鉴于美国页岩革命后，自身温室气体减排空间获得极大的提升，美国与欧盟形成新的气候联盟成为可能，而加强《巴黎协定》履约，限制中国等新兴经济体，也极可能被提到日程上来。特别是，根据 2018 年《联合国气候变化框架公约》卡托维兹会议通过的关于遵约机制的决定，2024 年将对该遵约机制进行第一次审查。❷ 那么，欧盟和美国极有可能会提出对遵约机制进行修改，将执行部分纳入其中（比如规定制裁等措施）。❸ 很显然，《巴黎协定》遵约机制中，一旦规定执行机制，那么履约问题会严重束缚中国按自己的方式进行温室气体减排。更有甚者，《巴黎协定》遵约机制可能会成为一个西方打压中国的新的法律工具。

---

❶ 参见习近平：《坚定信心，共克时艰，共建更加美好的世界：在第七十六届联合国大会一般辩论上的讲话》，载《人民日报》2021 年 9 月 22 日第 2 版。

❷ UNFCCC, Modalities and Procedures for the Effective Operation of the Committee to Facilitate Implementation and Promote Compliance Referred to in Article 15, Paragraph 2, of the Paris Agreement, in *Report of the Conference of the Parties Serving as the Meeting of the Parties to the Paris Agreement on the Third Part of Its First Session*, Held in Katowice from 2 to 15 December 2018, Addendum, Part Two: *Action Taken by the Conference of the Parties Serving as the Meeting of the Parties to the Paris Agreement*, 20/CMA. 1, FCCC/PA/CMA/2018/3/Add. 2, 19 March 2019, p. 59.

❸ 值得注意的是，西方学者普遍认为《京都议定书》在遵约机制设计上更为合理，就是因为这种以制裁为导向的遵约机制设计是最为完美的，可以在制裁规则的辅助下，使遵约机制的管理理论发挥实效。See Jutta Brunnée, "Enforcement Mechanisms in International Law and International Environmental Law," in Ulrich Beyerlin, Peter-Tobias Stoll & Rüdiger Wolfrum eds., *Ensuring Compliance with Multilateral Environmental Agreements: A Dialogue between Practitioners and Academia*, Leiden: Martinus Nijhoff Publishers, 2006, p. 15, p. 20.

(三) 要防范欧美学者将遵约机制转变为对世义务的气候变化法律责任

自《蒙特利尔议定书》不遵守情事程序以来，出现的最大变化就是对坚守国际法的根基——国家主权原则的松动。不言而喻，自 1648 年威斯特伐里亚公会肯定了主权国家原则，国际法才开始真正发挥其作用。国家主权原则成为各国处理对外事务的最根本性原则，或言之，没有国家的同意或授权，任何针对该国家的行动都不应具有合法性。冷战结束后，除了那些违反和平等的重大国际罪行外，这一原则无一例外地适用于国际社会。然而，遵约机制的出现，特别是有关遵约机制的程序性安排使国家主权原则的边界开始变得模糊。例如，《蒙特利尔议定书》不遵守情事程序开启了遵约机制的启动无须缔约方同意的先例。❶ 尽管《联合国气候变化框架公约》多边协商程序没有真正实施，但其文本仍赋予了缔约方会议这项权力。❷ 到《京都议定书》时，其遵约程序和机制中规定委员会可以通过直接接收专家审评组的报告，来考虑缔约方的遵约问题。❸

而《巴黎协定》履行与遵约程序在遵约机制启动方面尽管没有完全否认缔约方拥有这项权利，但仍将部分启动权交给了履行和遵约委员会。是以，在一定意义上，遵约机制所迈出的改革步伐甚至超过了传统的争端解决机制，因为即使是争端解决机制的实施也仍须国家同意才可适用。一言以蔽之，遵约机制的这种程序规则设计，极可能将有关气候变化的法律责任转变为一种对世义务。换言之，它通过一种程序上的对世义务消解了国家主权下应对气候变化的自主权。那么，发达国家则完全可能会利用遵约机制，无须经发展中国家同意，即可要求发展中国家承担应对气候变化的对世义务的法律责任。很显然，欧美学者将应对气候变化法律责任转变为对世义务后，就会通过碳减排的法律义务，限制发展中国家的发展权，特别是对于中国而言，作为全

---

❶　参见《蒙特利尔议定书》不遵守情事程序第 1~3 条。
❷　参见《联合国气候变化框架公约》多边协商程序第 5 (d) 条。
❸　参见《与〈京都议定书〉规定的遵约有关的程序和机制》第 6 项的规定。

球最大的温室气体排放国，极可能面临不公的气候诉讼和气候法律责任。❶

(四) 遵约机制启动的影响多为负面，而且会带来更多不确定性

如果仅从文本来看，不仅应对气候变化《巴黎协定》遵约机制，而且包括《蒙特利尔议定书》不遵守情事程序等所有遵约机制，它们的启动都不会直接对不遵约的缔约方造成直接影响。例如，《巴黎协定》实施细则遵约机制部分就规定，它"不得作为执法和争端解决机制，也不得实施处罚或制裁"，❷ 但不可否认的是，无论缔约方是否遵约，遵约机制启动本身对于缔约方而言，就意味着存在不遵约的质疑点，这会对国家声誉产生隐性负面影响。而且更重要的是，尽管遵约机制启动后，发展中国家可能会从履行和遵约委员会的决定中得到技术和资金方面的支持，但对于中国这种新兴国家而言，往往会产生连锁效应，会带来更多的不确定性，进而不仅影响到在应对气候变化方面的合作，而且也可能会波及其他领域，使中国面对的国际形势更加复杂化。

(五)《巴黎协定》遵约机制的形式或可促成贸易制裁成为新的制度安排

《巴黎协定》遵约机制在很大程度上抛弃了《京都议定书》下的强制遵约模式。但令人担忧的是，由于国家自主贡献模式的出现，无法采取统一的减排标准，可能会造成国家寻求单边的贸易制裁措施。比如最近提出的气候俱乐部问题就存在这种嫌疑。❸ 未来会不会向这个方向发展，在很大程度上仍取决于应对气候变化国际形势的发展和变化。

---

❶ 值得关注的是，2012 年小岛屿发展中国家帕劳曾提议联合国大会向国际法院提出气候变化责任的咨询意见。尽管这一行为，最终因美国威胁取消给予帕劳援助而终止，但不排除随着国际形势的变化，提起气候诉讼或承担气候责任问题的再次涌现。Stuart Beck & Elizabeth Burleson, "Inside the System, Outside the Box: Palau's Pursuit of Climate Justice and Security at the United Nations," *Transnational Environmental Law*, Vol. 3, No. 1, 2014, pp. 17-29.

❷ 参见《巴黎协定》实施细则遵约机制部分第 4 段。

❸ Gianluca Grimalda, Alexis Belianin, Heike Hennig-Schmidt, Till Requate & Marina V. Ryzhkova, "Sanctions and International Interaction Improve Cooperation to Avert Climate Change," *Proceedings of The Royal Society B*, Vol. 289, 2022. Article ID: 20212174.

四、中国运用《巴黎协定》遵约机制的行动策略

如前所述，全球应对气候变化本身是一个具有不完全契约性质的谈判过程。因此，在未来后《巴黎协定》建构过程中，中国应积极投入这一过程，以维护在应对气候变化方面的国家核心利益。特别是在遵约领域，后期谈判往往会产生实质性效果。[1] 因此，中国更应审慎考虑相关行动策略，以期掌握后《巴黎协定》相关制度设计的剩余权力。

（一）提出《巴黎协定》遵约机制的中国方案

尽管《巴黎协定》遵约机制已经出台，但根据 2018 年联合国气候变化卡托维兹会议上通过的决议，2024 年将对《巴黎协定》实施细则遵约机制部分进行第一次审查。是以，这就意味着中国应充分利用审查机会提出对《巴黎协定》遵约机制实施的改进建议。从目前来看，中国至少可在两个方面作出建议，其中一个建议是中国应积极寻求机会推荐专家进入履行和遵约委员会。[2] 相比之前其他条约遵约机构，《巴黎协定》履行和遵约委员会成员的选出更为复杂，比如对其委员会组成人员多样性的要求，当大多数国家推荐的是科学、技术领域专家时，那么推荐社会经济、法律领域的专家则更可能被选择，而选出的候补成员的专业性对于其进入委员会也具有一定影响。尽管根据《巴黎协定》第十五条和《巴黎协定》实施细则遵约机制部分第 10 段，履行和遵约委员会的成员是以"个人专家身份"任职的，但理论上并不能排除具有缔约方国籍的专家可能会作出有利于缔约方的决定。[3] 因此，为保证履行和遵约委员会决定的公正性，根据《巴黎协定》遵约机制实施的语境，可

---

❶ Christer Jonsson & Jonas Tallberg, "Compliance and Post-Agreement Bargaining," *European Journal of International Relations*, Vol. 4, No. 4, 1998, pp. 371-408.

❷ 在 2019 年选出的第一届履行和遵约委员会成员中，代表亚太集团的委员是来自中国的尚宝玺（音译，作者未找到该委员的准确中文姓名，其英文姓名为 Shang Baoxi）。UNFCCC, *Annual Report of the Paris Agreement Implementation and Compliance Committee to the Conference of the Parties Serving as the Meeting of the Paris to the Paris Agreement*, FCCC/PA/CMA/2020/1, 1 December 2020, p. 7.

❸ Cathrine Hagem & Hege Westskog, "Effective Enforcement and Double-edged Deterrents: How the Impacts of Sanctions also Affect Complying Parties," in Olav Schram Stokke, Jon Hovi & Geir Ulfstein eds., *Implementing the Climate Regime: International Compliance*, London: Earthscan, 2005, pp. 107-125.

有针对性地推荐中国专家。此外，作为全球最大的温室气体排放国，中国的减排将直接影响全球减排成效，这种影响力决定了中国应积极寻求在履行和遵约委员会内有自己的一席地位。❶ 为此，也可在后续规则审议时，建议全球排放前三或前五的国家应在履行和遵约委员会中有相应专家参与。❷

另一个建议则是，当根据《巴黎协定》实施细则遵约机制第22（b）段启动遵约程序后，如若履行和遵约委员会针对某一缔约方未能遵守《巴黎协定》法律义务，而提出相关建议后，只要该缔约方采取了这些建议措施，即使未能马上实现《巴黎协定》项下的法律义务，也应认定其在遵守《巴黎协定》。作出这条建议的理由是，遵约机制旨在促进缔约方履行和遵守《巴黎协定》，因此，只要缔约方不断努力促进遵约，就应认定其是在遵守条约义务，而不应直接将其定性为不遵约，这样才能最大限度地实现全球温室气体减排。

（二）中国对履行和遵约委员会议事规则的建议

到2022年8月为止，《巴黎协定》履行和遵约委员会议事规则的谈判仍在进行中，只完成并由《巴黎协定》缔约方会议通过了第一部分。其余四个部分没有具体规则出台。

对此，根据《巴黎协定》第3次缔约方会议的决定，剩余未完成的议事规则拟在2022年11月第4次缔约方会议上审议和通过。从履行和遵约委员会公布的第7次会议情况来看，剩余议事规则仍在讨论中。是以，尽管根据《巴黎协定》遵约机制的规定，委员会的成员应以"个人专家"身份工作，但这并不排除来自中国的成员可根据中国在应对气候变化遵约领域的实践，提出具有中国特色的建议。

---

❶ 从《巴黎协定》实施细则遵约机制部分的第5段可以看出，履行和遵约委员会的组成中有小岛屿发展中国家和最不发达国家，这就表明了其在全球应对气候变化方面有着一种特殊性权力。因此，中国完全有理由提出自己在履行和遵约委员会中占有一席位置的主张。

❷ 对遵约委员会组成人员提出改革建议，历来是遵约机制中的重点方面。早在《蒙特利尔议定书》不遵守情事程序、《联合国气候变化框架公约》多边协商程序议定时，美国等发达国家就曾从自身立场提出过变革要求，故而，关于履行和遵约委员会组成人员的建议并不是中国首创，而是根据全球应对气候变化开展的维护国家核心利益的基本考量。

（三）中国提交第二次国家自主贡献应采取的策略方式

根据《巴黎协定》第 3 次缔约方会议通过的第 6/CMA.3 号决定，缔约方应在 2025 年通报一次到 2035 年的国家自主贡献。尽管该决定在措辞上用的是"鼓励"，但如果没有意外的话，中国将在 2025 年提交其第二次国家自主贡献。对此，可考虑从以下两方面开展策略安排。

一方面，中国在第二次国家自主贡献中可写明我们的承诺，但要防止一些国家利用气候变化机制，使中国的减排贡献成为沉没资本，中国应建立相关前提条件，例如：（1）倘若发达国家没有按《巴黎协定》要求，向发展中国家提供相关气候资金，那么，中国将暂停其下一阶段的减排承诺；❶（2）倘若一些国家，特别是发达国家没有完成其项下的减排义务时，而可能存在利用气候机制对其他国家造成不公平减排义务时，中国将暂停其下一阶段的减排承诺。比如，美国反复退出又加入气候变化协议中；又如，就前期《京都议定书》第一阶段履行中没有完成相关减排义务的国家，未能在加入新一轮减排时完成其减排义务，则暂停中国在下一阶段的减排国家自主贡献。❷为何要这样规定，是因为当前条约法不能很好地实现缔约方遵守条约。

另一方面，随着《巴黎协定》实施细则的全面出台，国家自主贡献的统一标准性正趋于完善。因此，在第二次国家自主贡献方面，应按《巴黎协定》实施细则中的有关标准，将中国在温室气体减排方面的具体情况写明。当然，这并不排除在其第二次国家自主贡献中，将那些没有要求但国内做出创新性减排的事项列入其中。这样会使第二次国家自主贡献更为全面和完善。

---

❶ 国际气候变化法专家拉贾马尼（Lavanya Rajamani）就直言不讳地指出，发达国家在资金和技术方面的援助，将直接影响到发展中国家的遵约，二者之间存在着"紧"相关性。Lavanya Rajamani, "Developing Countries and Compliance in the Climate Change," in Jutta Brunnée, Meinhard Doelle & Lavanya Rajamani eds., *Promoting Compliance in an Evolving Climate Regime*, Cambridge: Cambridge University Press, 2012, pp. 367-394.

❷ 之所以如此强调这一规则，是因为之前的应对气候变化的各国实践凸显出一些国家并没有按相关条约去实施温室气体减排，而相应的条约法在此方面的规定又难以促成缔约方真正履行其条约义务。故而，采取传统国际法中的互惠方式将有助于推动缔约方履约。Michael Mehling, "Enforcing Compliance in an Evolving Climate Regime," in Jutta Brunnée, Meinhard Doelle & Lavanya Rajamani eds., *Promoting Compliance in an Evolving Climate Regime*, Cambridge: Cambridge University Press, 2012, p.207.

（四）中国防范遵约机制启动的策略

尽管善意履行应对气候变化《巴黎协定》项下的国际义务，是避免针对中国启动遵约机制最直接的行动，然而，我们也须谨防西方发达国家滥用遵约机制的可能性，故而，在积极防范遵约机制启动方面，中国应提前做好相应对策。就具体措施而言，可分为两个大的方面：一是针对遵约机制启动本身的考量；二是利用遵约机制以外手段来阻止遵约机制的启动。

1. 针对遵约机制启动本身进行的策略考量

针对遵约机制启动本身进行的策略考量仍可从两个方面入手：一个是针对启动规则进行对策研究；另一个则是利用遵约机制本身对缔约方的不同要求开展对策研究。具体而言：

第一，关注行为义务，防范遵约机制启动。根据《巴黎协定》实施细则遵约机制部分的规定，遵约机制的启动有三种类型。就第一种类型缔约方自行启动来看，它是一种主动启动机制。当出现缔约方不愿或不能完成《巴黎协定》项下的义务时，缔约方可期许从这类启动中获得遵约支助。然而，对于中国而言，这类启动并不完全适合。这是因为，一方面，从气候变化领域的遵约实践来看，尚没有任何缔约方主动采用这种启动类型，其启动的效果如何，存在较大的不确定性；另一方面，即便这种启动会给缔约方带来各种遵约方面的便利，但对于中国而言，只要按这种类型启动，就会存在不遵约的嫌疑。即使最终表明，中国并不存在不遵约的情况，亦会对中国应对气候变化的声誉造成影响，并极有可能波及其他方面。

就第二种启动类型而言，主要是履行和遵约委员会来启动。对于中国而言仍需要防范这类启动，因为这是一种"自动"启动，即不需要缔约方同意，履行和遵约委员会就可启动遵约机制。为此，中方所要关注的是，是否已按《巴黎协定》及其实施细则的规定，将所有"行为义务"履行完毕，以防范技术专家审评时存在遗漏的遵约细节。

第二，关注实质义务，积极利用有关缔约方同意的规定。《巴黎协定》遵约机制的第三类启动事关实质义务部分，相对于前两类启动，履行和遵约委员会在此有一定的裁量权。对此，中国应尽可能地不涉及这一类启动。如若履行和遵约委员会意欲启动这一程序，中方应充分利用该条中有关"须经缔约方同意"的规定，阻断这一启动。

第三，利用发展中国家的身份，规避遵约机制启动。尽管《巴黎协定》在共同但有区别的责任原则方面有所变化，如更强调发展中国家在减排方面的灵活性。❶ 但共同但有区别的责任原则仍是国际气候条约体系中的核心原则，这对于《巴黎协定》亦不是例外。因此，在有关《巴黎协定》遵约方面，中国应充分运用共同但有区别的责任原则，为有效规避遵约机制启动提供有效阻断措施。在未来应根据《巴黎协定》，特别是《巴黎协定》实施细则、履行和遵约委员会议事规则中对灵活性规则的解释，来有效规避遵约机制的启动。

第四，利用系统性问题，规避遵约机制启动。在《巴黎协定》实施细则遵约机制部分和议事规则中都规定了系统性问题。一旦被认定为系统性问题，履行和遵约委员会将不会按遵约问题来处理。有关系统性问题的启动有两个途径，一个是履行和遵约委员会来启动，另一个则是缔约方会议来启动。对此，当发现存在或可能存在系统性问题时，可利用这一机制规避掉遵约机制启动。但由于系统性问题的启动涉及不止一个缔约方，需要在一定的遵约大环境下才能利用这一机制，因此，更多情况下，需要具体情况具体分析。

2. 遵约机制以外方法的策略考量

遵约机制以外方法的策略考量亦可从两个方面加以开展，一个是充分利用争端解决机制规避遵约机制，另一个则是退出应对气候变化《巴黎协定》。具体而言：

第一，充分利用争端解决机制制衡遵约机制的启动。如前文所言，关于争端解决机制与遵约机制之间的关系，一直未能从理论上得到彻底解决。但大多学者认可，二者是一种平行关系。尽管如此，当一种机制启动后，另一

---

❶ 有关共同但有区别的责任原则的争论始终没有停息。早在 2002 年《京都议定书》未生效之前，就有学者提出应建立起统一的减排标准，但在减排贡献上可有所区别，而淡化区别责任。这在 2015 年通过的《巴黎协定》的国家自主贡献模式上基本体现了这一设想。Michael Weisslitz, "Rethinking the Equitable Principle of Common but Differentiated Responsibility: Differential Versus Absolute Norms of Compliance and Contribution in the Global Climate Change Context," *Colorado Journal of International Environmental Law*, Vol. 13, 2002, pp. 473-509.

种机制必然会受其影响。❶ 因此，可以通过争端解决机制，先期就有关应对气候变化《巴黎协定》项下义务进行谈判、协商、斡旋。❷ 这样，遵约机制的启动将会受到前期争端解决机制的影响，应对气候变化《巴黎协定》项下的履行和遵约委员势必会考虑到争端解决机制在此方面的处理结果。但需要指出的是，这种利用争端解决机制的方式，并不能完全规避遵约机制的启动，❸ 而只能寄希望于通过争端解决机制去"影响"遵约机制的过程。

第二，退出气候变化《巴黎协定》。这种策略考量是最严重的一种情况。只有作为缔约方的中国，国内出现了国家主权、经济发展或其他基本方面与应对气候变化《巴黎协定》项下义务发生严重冲突时，为维护国家主权、尊严和经济发展，而不得不采取的一种举措。当然，尽管这种措施产生的负面影响是巨大的，但国际社会中仍有国家采取，即便是发达国家也有选择这种方式的情形。例如，美国就曾选择退出《巴黎协定》，后又重返。而加拿大也曾选择退出应对气候变化《京都议定书》。因此，关于退出应对气候变化《巴黎协定》这一选项并不是不可选择的，而是要针对中国的具体语境展开分析，甚至在一定程度上，可从国际政治博弈角度考量。

第三，通过有意的不遵约行为，发起规则再谈判。中国应很好地利用自己在全球应对气候变化方面的影响力。作为全球最大的温室气体排放国，中国的遵约对于全球实现碳减排具有举足轻重的作用。因此，当中国发现遵约机制，甚至整个气候条约体系中存在对中国国家核心利益不利的现实时，可有意通过不遵约行为发起规则的再谈判。从联合国气候变化谈判的现实来看，西方国家，特别是美国惯于使用这一谈判策略维护其国家利益。而气候治理实践中澳大利亚、加拿大等国在履约方面也曾出现过这种情况。从理论上来

---

❶ M. A. Fitzmaurice & C. Redgwell, "Environmental Non-Compliance Procedures and International Law," *Netherlands Yearbook of International Law*, Vol. 31, 2000, p. 49.

❷ 《巴黎协定》第二十四条规定，《联合国气候变化框架公约》关于争端的解决的第十四条规定应比照适用于本协定。而《联合国气候变化框架公约》第十四条规定了谈判、国际法庭、国际仲裁、调解等相关争端解决措施。

❸ Martti Koskenniemi, "Breach of Treaty or Non-Compliance? Reflections on the Enforcement of the Montreal Protocol," *Yearbook of International Environmental Law*, Vol. 3, No. 1, 1993, pp. 158-159.

讲，这也是规避遵约程序的一种有效谈判或威慑策略。❶

此外，就遵约机制以外方法的策略考量而言，应始终坚持系统性分析。这种系统性不仅是指对遵约机制本身，应从遵约体系入手，即将国家自主贡献、透明度框架、全球盘点和遵约机制放在体系内考量。同时，亦是指应建立在一个更为宏观的国际视角下，来谋划遵约机制的策略考量，如气候变化谈判的具体语境、国际法话语权的掌控以及各国政治的特殊性。无疑，脱离任何一个方面都难以真正实现遵约机制策略考量的最优化。

当前，特别是随着应对气候变化的深入，国际法话语权问题愈发凸显。对于中国而言，我们在一般国际法话语权上并不占据优势，因此，应充分利用在气候变化制度建构方面的中国影响力，开展相关国际法的制度创新，通过特殊法优于一般法的变革方式，❷ 逐渐实现对国际法话语权的掌控，改革一直以来由西方主导的那些不合时宜的国际法制度规则。

五、本章小结

本章主要评介了应对气候变化《巴黎协定》遵约机制与中国之间的关系。2015 年《巴黎协定》通过后，国际社会已开始着手《巴黎协定》的生效和实施问题。随着 2016 年 11 月《巴黎协定》的迅速生效，《巴黎协定》的实施成为目前国际社会应对气候变化最重要的行动。作为全球最大的温室气体排放国，中国的履约对世界应对气候变化具有不可替代的影响。

在这一章，首先，梳理了中国参与全球应对气候变化的制度历程。对于中国而言，大致经历了四个阶段：一是将应对气候变化问题作为环境议题来考虑；二是过渡到将应对气候变化问题看作发展问题；三是开始积极参与到全球应对气候变化的制度建构中；四是当前进一步深化国内国际应对气候变

---

❶ Jürgen Neyer & Dieter Wolf, "The Analysis of Compliance with International Rules: Definitions, Variables, and Methodology," in Michael Zürn & Christian Joerges eds., *Law and Governance in Postnational Europe: Compliance beyond the Nation-State*, Cambridge: Cambridge University Press, 2005, p. 46.

❷ 有关通过气候谈判中的决定改变一般国际法的批判，可参见国际气候法学者迈耶的文章。Benoit Mayer, "Construing International Climate Change Law as a Compliance Regime," *Transnational Environmental Law*, Vol. 7, No. 1, 2018, pp. 125-126.

化的制度建构，特别是碳达峰、碳中和目标的提出。其次，本章考察了自《巴黎协定》以来中国的履约行动。到目前为止，我国已提交了第一次国家自主贡献，2021 年又提交了国家自主贡献的升级版。这两次国家自主贡献中的内容有所变化，第一次国家自主贡献中应对气候变化的减排目标，我们已实现。而国家自主贡献的升级版，则加入了 2030 年碳达峰、2060 年碳中和的减排目标。再次，本章指出中国当前在遵约方面所面临的挑战；包括履约对中国经济发展和能源安全带来的挑战；欧美与中国博弈过程中，强化遵约机制设计硬约束的可能性，特别是考虑对世义务的责任问题。此外还有机制启动的负面影响及对中国不利的贸易制裁等措施。最后，本章指出中国在未来应采取的遵约策略。一是要提出《巴黎协定》遵约机制的中国方案；二是加强对履行和遵约委员会议事规则的制度建设；三是关注第二次国家自主贡献文本的设计；四是从遵约机制和更宏观的视角考虑中国的现实应对问题。

结　论

习近平曾指出，"巴黎协议不是终点，而是新的起点"。[1] 自 2015 年《巴黎协定》通过之后，到目前为止，围绕其开展的后续制度建设始终是一项仍在进行的事业。这其中也包括遵约机制的建构。而 2021 年联合国气候变化格拉斯哥会议则又将全球碳减排推向一个更高的目标——碳中和。毋庸讳言，全球碳中和时代现已开启。

对于国内而言，正如习近平所指出的，"实现碳达峰碳中和，是贯彻新发展理念、构建新发展格局、推动高质量发展的内在要求，是党中央统筹国内国际两个大局作出的重大战略决策。我们必须深入分析推进碳达峰碳中和工作面临的形势和任务，充分认识实现'双碳'目标的紧迫性和艰巨性，研究需要做好的重点工作，统一思想和认识，扎扎实实把党中央决策部署落到实处"。[2]

职是之故，无论是中国，还是世界，能否如期实现这一碳中和目标，不仅仅是一个决心和责任问题，更是一个如何实施的严峻挑战。可以肯定的是，在迈向碳中和目标的道路上，设计出一项科学的、能被缔约方全体所接受的制度必将发挥至关重要的作用。同样，遵约机制的制度设计亦是如此。

自 20 世纪 70 年代因美苏冷战，这一机制设想被提出，再到今天《巴黎协定》遵约机制的出台，尽管有关遵约的理论和实践呈现出不同的模态和表现形式，但其主要的目标是克服传统国际法尚无法解决的国家主权与国家间

---

[1] 参见习近平：《携手构建合作共赢、公平合理的气候变化治理机制：在气候变化巴黎大会开幕式上的讲话》，载《人民日报》2015 年 12 月 1 日第 2 版。

[2] 参见习近平：《深入分析推进碳达峰碳中和工作面临的形势任务，扎扎实实把党中央决策部署落到实处》，载《人民日报》2022 年 1 月 26 日第 1 版。

合作之间的悖论。换言之，遵约机制不再将惩罚性、制裁性作为其实施和执行国际法的主要手段，而是主张通过促进性、便利性等措施促使主权国家遵守国际法。

对此，作为遵约机制构建方面的最新发展，《巴黎协定》及其实施细则吸收了前期国际社会在遵约机制建构过程中的失败教训和成功经验，并结合自身语境，创造性地发展了一套新的遵约制度和规则。这些制度规则中包括对遵约性质的明确、对遵约委员会的体系安排、遵约机制的委员会启动、遵约措施的多样性和灵活性等方面的规则创新。虽然《巴黎协定》履行和遵约委员会议事规则仍在制定过程中，虽然《巴黎协定》遵约规则尚未有成案出现，其实效性仍有待于检验，但其对未来《巴黎协定》的履约、对全球实现碳中和目标将产生实质性影响，是毋庸置疑的。

为此，深入领会《巴黎协定》遵约机制的各项原则，熟知《巴黎协定》履行和遵约委员会的模式和程序，不仅可为中国切实履行《巴黎协定》项下的国家自主贡献义务提供明确的指针，而且亦可在这一建构过程中，阐述中国立场、运用中国智慧、提出中国方案、作出中国贡献，从而发挥在全球应对气候变化，特别是在碳中和领域的中国影响力，为世界走向人与自然的和谐共存、形成地球生命共同体奠定坚实的制度基础。

参考文献

一、中文部分

(一) 官方文献

[1] 国务院. 国家应对气候变化规划（2014—2020 年）［R］. 北京，2014.

[2] 国家发展和改革委员会. 碳排放权交易管理暂行办法［R］. 北京，2014.

[3] 国家发展和改革委员会. 强化应对气候变化行动：中国国家自主贡献［R］. 北京，2015.

[4] 生态环境部. 中国应对气候变化的政策与行动：2018 年度报告［R］. 北京，2018.

[5] 生态环境部. 中国应对气候变化的政策与行动：2019 年度报告［R］. 北京，2019.

[6] 生态环境部. 中国应对气候变化的政策与行动：2020 年度报告［R］. 北京，2020.

[7] 生态环境部. 中国本世纪中叶长期温室气体低排放发展战略［R］. 北京，2021.

[8] 生态环境部. 中国落实国家自主贡献成效和新目标新举措［R］. 北京，2021.

[9] 生态环境部. 碳排放权交易管理办法［R］. 北京，2020.

[10] 生态环境部. 国家适应气候变化战略 2035［R］. 北京，2022.

[11] 外交部. 中美气候变化联合声明［R］. 北京，2014.

[12] 外交部. 中美元首气候变化联合声明［R］. 北京，2015.

[13] 国务院新闻办公室. 中国应对气候变化的政策与行动［R］. 北京，2008.

[14] 国务院新闻办公室. 中国应对气候变化的政策与行动［R］. 北京，2021.

[15] 中共中央，国务院. 关于完整准确全面贯彻新发展理念做好碳达峰碳中和工作的意见［R］. 北京，2021.

[16] 国务院. 2030 年前碳达峰行动方案［R］. 北京，2021.

（二）著作类

[1] 篠原初枝. 国际联盟的世界和平之梦与挫折 [M]. 牟伦海，译. 北京：社会科学文献出版社，2020.

[2] 泰勒. 人们为什么遵守法律 [M]. 黄永，译. 北京：中国法制出版社，2015.

[3] 哈特. 法律的概念 [M]. 许家馨，李冠宜，译. 北京：法律出版社，2006.

[4] 维特根斯坦. 哲学研究 [M]. 陈嘉映，译. 上海：上海人民出版社，2001.

[5] 莉萨·马丁，贝思·西蒙斯. 国际制度 [M]. 黄仁伟，等，译. 上海：上海人民出版社，2018.

[6] 温树斌. 国际法强制执行问题研究 [M]. 武汉：武汉大学出版社，2010.

[7] 詹姆斯·N.罗西瑙. 没有政府的治理 [M]. 张胜军，刘小林，等，译. 南昌：江西人民出版社，2001.

[8] 费里莫. 国际社会中的国家利益 [M]. 袁正清，译. 杭州：浙江人民出版社，2001.

[9] 帕森斯. 社会行动的结构 [M]. 张明德，夏翼南，彭刚，译. 南京：译林出版社，2003.

[10] 王玫黎. 中国船舶油污损害赔偿法律制度研究 [M]. 北京：中国法制出版社，2008.

[11] 亚历山大·基斯. 国际环境法 [M]. 张若思，编译. 北京：法律出版社，2000.

[12] 贺其治. 国家责任法及案例浅析 [M]. 北京：法律出版社，2003.

[13] 林灿铃. 国际法上的跨界损害之国家责任 [M]. 北京：华文出版社，2000.

[14] 李寿平. 现代国际责任法律制度 [M]. 武汉：武汉大学出版社，2003.

[15] 伍亚荣. 国际环境保护领域内的国家责任及其实现 [M]. 北京：法律出版社，2011.

[16] 奥兰·扬. 世界事务中的治理 [M]. 陈玉刚，薄燕，译. 上海：上海人民出版社，2007.

[17] 哈特. 企业、合同与财务结构 [M]. 费方域，译. 上海：上海人民出版社，2006.

[18] 坎南. 亚当·斯密关于法律、警察、岁入及军备的演讲 [M]. 陈福生，陈振骅，译. 北京：商务印书馆，1962.

[19] 阿狄亚. 合同法导论 [M]. 赵旭东，何帅领，邓晓霞，译. 北京：法律出版

社，2002.

[20] 梅因·克茨. 欧洲合同法：上卷［M］. 周忠海，李居迁，宫立云，译. 北京：法律出版社，2001.

[21] 莫顿·J. 霍维茨. 美国法的变迁：1780—1860［M］. 谢鸿飞，译. 北京：中国政法大学出版社，2005.

[22] 斯坦利·L. 布鲁等. 经济思想史：第7版［M］. 邸晓燕，等，译. 北京：北京大学出版社，2008.

[23] 莱昂·瓦尔拉斯. 纯粹经济学要义［M］. 蔡受百，译. 北京：商务印书馆，1997.

[24] 约瑟夫·熊彼特. 经济分析史：第三卷［M］. 朱泱，等，译. 北京：商务印书馆，1996.

[25] 朱富强. 经济学说史：思想发展与流派渊源［M］. 北京：清华大学出版社，2013.

[26] 德布鲁. 价值理论及数理经济学的20篇论文［M］. 杨大勇，等，译. 北京：首都经济贸易大学出版社，2002.

[27] 麦克尼尔. 新社会契约论［M］. 雷喜宁，潘勤，译. 北京：中国政法大学出版社，1994.

[28] 波斯纳. 超越法律［M］. 苏力，译. 北京：中国政法大学出版社，2001.

[29] 威廉姆森. 资本主义经济制度［M］. 段毅才，王伟，译. 北京：商务印书馆，2002.

[30] 赫伯特·西蒙. 管理行为［M］. 杨砾，等，译. 北京：北京经济学院出版社，1988.

[31] 罗纳德·哈里·科斯. 企业、市场与法律［M］. 盛洪，等，译. 上海：三联书店上海分店，1990.

[32] 奥利弗·哈特，等. 现代合约理论［M］. 易宪容，等，译. 北京：中国社会科学出版社，2011.

[33] 汉斯·凯尔森. 国际法原理［M］. 王铁崖，译. 北京：华夏出版社，1989.

[34] 奥兰·扬. 复合系统：人类世的全球治理［M］. 杨剑，孙凯，译. 上海：上海人民出版社，2019.

[35] 易明. 一江黑水：中国未来的环境挑战［M］. 姜智芹，译. 南京：江苏人民出版社，2012.

[36] 曾少军. 碳减排：中国经验：基于清洁发展机制的考察 [M]. 北京：社会科学文献出版社，2010.

[37] 赖利·E. 邓拉普，罗伯特·J. 布鲁尔. 穿顶之下的战役：气候与社会 [M]. 洪大用，等，译. 北京：中国人民大学出版社，2019.

[38] 利普舒茨. 全球环境政治：权力、观点和实践 [M]. 郭志俊，等，译. 济南：山东大学出版社，2012.

[39] 福斯特. 生态革命：与地球和平相处 [M]. 刘仁胜，等，译. 北京：人民出版社，2015.

[40] 唐纳德·休斯. 世界环境史：人类在地球生命中的角色转变 [M]. 赵长凤，译. 北京：电子工业出版社，2014.

[41] 魏一鸣，等. 碳金融与碳市场：方法与实证 [M]. 北京：科学出版社，2010.

[42] 中共中央文献研究室. 习近平关于社会主义生态文明建设论述摘编 [M]. 北京：中央文献出版社，2017.

[43] 麦克尼尔. 阳光下的新事物：20 世纪世界环境史 [M]. 韩莉，等，译. 北京：商务印书馆，2013.

[44] 格瑞希拉·齐切尔尼斯基，克里斯坦·希尔瑞恩. 拯救《京都议定书》[M]. 李秀敏，等，译. 北京：经济科学出版社，2016.

[45] 马立博. 中国环境史：从史前到现代 [M]. 关永强，等，译. 北京：中国人民大学出版社，2015.

[46] 约瑟夫·A. 凯米莱里，吉米·福尔克. 主权的终结？日趋"缩小"和"碎片化"的世界政治 [M]. 李东燕，译. 杭州：浙江人民出版社，2001.

[47] 奥康纳. 自然的理由：生态学马克思主义研究 [M]. 唐正东，译. 南京：南京大学出版社，2003.

[48] 拉德卡. 自然与权力：世界环境史 [M]. 王国豫，等，译. 保定：河北大学出版社，2004.

[49] 理查德·皮尔森. 濒临灭绝：气候变化与生物多样性 [M]. 刘炎林，等，译. 重庆：重庆大学出版社，2019.

[50] 王晓丽. 多边环境协定的遵守与实施机制研究 [M]. 武汉：武汉大学出版社，2013.

[51] 约翰·R. 麦克尼尔，彼得·恩格尔克. 大加速：1945 年以来人类世的环境史 [M]. 施雾，译. 北京：中信出版社，2021.

[52] 尼古拉斯·斯特恩. 地球安全愿景：治理气候变化，创造繁荣进步新时代 ［M］. 武锡申，译. 北京：社会科学文献出版社，2011.

[53] 娜奥米·克莱恩. 改变一切：气候危机、资本主义与我们的终极命运 ［M］. 李海默，等，译. 上海：上海三联书店，2017.

[54] 吕江. 气候变化与能源转型：一种法律的语境范式 ［M］. 北京：法律出版社，2013.

[55] 龚向前. 气候变化背景下能源法的变革 ［M］. 北京：中国民主法制出版社，2008.

[56] 希尔曼，史密斯. 气候变化的挑战与民主的失灵 ［M］. 武锡申，李楠，译. 北京：社会科学文献出版社，2009.

[57] 埃里克·波斯纳，戴维·韦斯巴赫. 气候变化的正义 ［M］. 李智，张健，译. 北京：社会科学文献出版社，2011.

[58] 吉登斯. 气候变化的政治 ［M］. 曹荣湘，译. 北京：社会科学文献出版社，2009.

（三）期刊类

[1] 曲格平. 中国环境保护四十年回顾及思考：回顾篇 ［J］. 环境保护，2013 (10).

[2] 曲格平. 中国环境保护事业发展历程提要：续 ［J］. 环境保护，1988 (4).

[3] 吕江. 《哥本哈根协议》：软法在国际气候制度中的作用 ［J］. 西部法学评论，2010 (4).

[4] 吕江. 卡托维兹一揽子计划：美国之后的气候安排、法律挑战与中国应对 ［J］. 东北亚论坛，2019 (5).

[5] 吕江. 气候变化立法的制度变迁史：世界与中国 ［J］. 江苏大学学报：社科版，2014 (4).

[6] 吕江. 从国际法形式效力的视角对美国退出《巴黎协定》的制度反思 ［J］. 中国软科学，2019 (1).

[7] 吕江. 《巴黎协定》：新的制度安排、不确定性及中国选择 ［J］. 国际观察，2016 (3).

[8] 梁晓菲. 论《巴黎协定》遵约机制：透明度框架与全球盘点 ［J］. 西安交通大学学报：社科版，2018 (2).

[9] 林木. 1973 年 12 月：新中国第一部环保法规的制定 ［J］. 党史博览，2013 (8).

[10] 叶汝求. 改革开放 30 年环保事业发展历程 [J]. 环境保护，2008 (21).

[11] 王萍. 环保立法三十年风雨路 [J]. 中国人大，2012 (18).

[12] 孙佑海.《环境保护法》修改的来龙去脉 [J]. 环境保护，2013 (16).

[13] 翟亚柳. 中国环境保护事业的初创：兼述第一次全国环境保护会议及其历史贡献 [J]. 中共党史研究，2012 (8).

[14] 杨泽伟. 中国能源安全问题：挑战与应对 [J]. 世界经济与政治，2008 (8).

[15] 刘文学. 全国人大常委会批准《巴黎协定》[J]. 中国人大，2016 (18).

[16] 冯帅. 多边气候条约中遵约机制的转型：基于"京都—巴黎"进程的分析 [J]. 太平洋学报，2022 (4).

[17] 魏庆坡. 美国宣布退出对《巴黎协定》遵约机制的启示及完善 [J]. 国际商务，2020 (6).

[18] 易卫中. 论后巴黎时代气候变化遵约机制的建构路径及我国的策略 [J]. 湘潭大学学报：哲社版，2020 (2).

[19] 卓振伟. 国际遵约中的身份困境：解释南非对国际刑事法院的政策演变 [J]. 国际关系研究，2018 (6).

[20] 杨博文.《巴黎协定》减排承诺下不遵约情事程序研究 [J]. 北京理工大学学报：社科版，2020 (2).

[21] 兰花. 欧盟关于《巴黎协定》遵约机制的提案分析 [J]. 欧洲法律评论，2018 (3).

[22] 秦天宝，侯芳. 论国际环境公约遵约机制的演变 [J]. 区域与全球发展，2017 (2).

[23] 陈文彬. 国际环境条约不遵约机制的强制性问题研究 [J]. 东南学术，2017 (6).

[24] 陈文彬.《卡塔赫纳生物安全议定书》不遵约机制研究 [J]. 福建师大福清分校学报，2016 (4).

[25] 张笑天. 遵约研究走上了错误轨道吗？[J]. 世界经济与政治，2012 (6).

[26] 黄婧.《京都议定书》遵约机制探析 [J]. 西部法学评论，2012 (1).

[27] 王明国. 遵约与国际制度的有效性：情投意合还是一厢情愿 [J]. 当代亚太，2011 (2).

[28] 王晓丽. 论《气候变化框架公约》遵约机制的构建 [J]. 武汉理工大学学报：社科版，2010 (6).

［29］朱鹏飞. 国际环境条约遵约机制研究［J］. 法学杂志, 2010 (10).

［30］高晓露. 国际环境条约遵约机制研究：以《卡塔赫纳生物安全议定书》为例［J］. 当代法学, 2008 (2).

［31］张海滨. 全球气候治理的历程与可持续发展的路径［J］. 当代世界, 2022 (6).

［32］张海滨, 黄晓璞, 陈婧嫣. 中国参与国际气候变化谈判 30 年：历史进程及角色变迁［J］. 阅江学刊, 2021 (6).

［33］李志斐, 董亮, 张海滨. 中国参与国际气候治理 30 年回顾［J］. 中国人口·资源与环境, 2021 (9).

［34］胡王云, 张海滨. 国外学术界关于气候俱乐部的研究述评［J］. 中国地质大学学报：社科版, 2018 (3).

［35］于宏源. 多利益攸关方参与全球气候治理：进程、动因与路径选择［J］. 社会科学文摘, 2021 (3).

［36］赵斌. 全球气候政治的现状与未来［J］. 人民论坛, 2022 (14).

二、外文部分

（一）著作类

［1］RICHARD K GARDINER. International Law［M］. London：Pearson, 2003.

［2］EYAL BENVENISTI, MOSHE HIRSCH. The Impact of International Law on International Cooperation：Theoretical Perspectives［M］. Cambridge：Cambridge University Press, 2004.

［3］MICHAEL ZÜRN, CHRISTIAN JOERGES. Law and Governance inPostnational Europe：Compliance beyond the Nation-State［M］. Cambridge：Cambridge University Press, 2005.

［4］DAVID J BEDERMAN. The Spirit of International Law［M］. Athens, Georgia：The University of Georgia Press, 2002.

［5］BERT BOLIN. A History of the Science and Politics of Climate Change：The Role of the Intergovernmental Panel on Climate Change［M］. Cambridge：Cambridge University Press, 2007.

［6］JUTTA BRUNNEE, MEINHARD DOELLE, JAVANYA RAJAMANI. Promoting Compli-ance in an Evolving Climate Regime［M］. Cambridge：Cambridge University Press, 2012.

[7] LOUIS HENKIN. How Nations Behave: Law and Foreign Policy [M]. New York: Council on Foreign Relations, 1979.

[8] MARKUS BURGSTALLER. Theories of Compliance with International Law [M]. Leiden: Martinus Nijhoff Publishers, 2005.

[9] JEFFREY L DUNOFF, MARK A POLLACK. Interdisciplinary Perspectives on International Law and International Relations: The State of the Art [M]. Cambridge: Cambridge University Press, 2013.

[10] ERIK CLAES, WOUTER DEVROE, BERT KEIRSBILCK. Facing the Limits of the Law [M]. Heidelberg: Springer, 2009.

[11] W E BUTLER. Control over Compliance with International Law [M]. London: Martinus Jijhoff Publishers, 1991.

[12] WALTER CARLSNAES, THOMAS RISSE, BETH A SIMMONS. Handbook of International Relations [M]. London: Sage, 2002.

[13] MARKUS BURGSTALLER. Theories of Compliance with International Law [M]. Leiden: Martinus Nijhoff Publishers, 2005.

[14] EYAL BENVENISTI, MOSHE HIRSCH. The Impact of International Law on International Cooperation: Theoretical Perspectives [M]. Cambridge: Cambridge University Press, 2004.

[15] ORAN R YOUNG. Compliance and Public Authority: A Theory with International Applications [M]. Baltimore: The John Hopkins University Press, 1979.

[16] ORAN R YOUNG. The Effectiveness of International Environmental Regimes: Causal Connections and Behavioral Mechanisms [M]. Cambridge, MA: the MIT Press, 1999.

[17] MATS ROLEN, HELEN SJOBERG, UNO SVEDIN. International Governance on Environmental Issues [M]. Netherlands: Springer, 1997.

[18] ROGER FISHER. Improving Compliance with International Law [M]. Charlottesville: University Press of Virginia, 1981.

[19] ABRAM CHAYES, ANTONIA HANDLER CHAYES. The New Sovereignty: Compliance with International Regulatory Agreement [M]. Cambridge, MA: Harvard University Press, 1995.

[20] WINFRIED LANG. Sustainable Development and International Law [M]. London: Graham & Trotman, 1995.

[21] MICHAEL BYERS, GEORG NOLTE. United States Hegemony and the Foundations of International Law [M]. Cambridge: Cambridge University Press, 2003.

[22] DAVID ARMSTRONG. Routledge Handbook of International Law [M]. London: Routledge, 2009.

[23] JUTTA BRUNNÉE, STEPHEN J TOOPE. Legitimacy and Legality in International Law: An Interactional Account [M]. Cambridge: Cambridge University Press, 2010.

[24] GERD WINTER. Multilevel Governance of Global Environmental Change: Perspectives from Science [M]. Sociology and the Law, Cambridge: Cambridge University Press, 2006.

[25] HELMUT BREITMEIER, ORAN R YOUNG, MICHAEL ZÜRN. Analyzing International Environmental Regimes: From Case Study to Database [M]. Cambridge, MA: The MIT Press, 2006.

[26] ROBERT O KEOHANE. Power and Governance in A Partially Globalized World [M]. London: Routledge, 2002.

[27] MARY ELLEN O'CONNELL. The Power and Purpose of International Law: Insights from the Theory and Practice of Enforcement [M]. Oxford: Oxford University Press, 2008.

[28] HELMUT BREITMEIER. The Legitimacy of International Regimes, Surrey [M]. England: Ashgate Publishing, 2008.

[29] ERIK CLAES, WOUTER DEVROE, BERT KEIRSBILCK. Facing the Limits of the Law [M]. Heidelberg: Springer, 2009.

[30] GRANT GILMORE. The Death of Contract [M]. Columbus: Ohio State University Press, 1974.

[31] ANDREW T GUZMAN. How International Law Works: A Rational Choice Theory [M]. Oxford: Oxford University Press, 2008.

[32] MEINHARD DOELLE. From Hot Air to Action? Climate Change, Compliance and the Future of International Environmental Law [M]. Toronto: Thomson, 2005.

[33] ALEXANDER ZAHAR. International Climate Change Law and State Compliance [M]. London: Routledge, 2015.

[34] ROBERT O KEOHANE, MARC A LEVY. Institutions for Environmental Aid: Pitfalls and Promise [M]. Cambridge, MA: MIT Press, 1996.

［35］OLAV SCHRAM STOKKE, JONHOVI, GEIR ULFSTEIN. Implementing the Climate Regime: International Compliance ［M］. London: Earthscan, 2005.

［36］ULRICH BEYERLIN, PETER-TOBIAS STOLL, RÜDIGER WOLFRUM. Compliance with Multilateral Environmental Agreements: A Dialogue between Practitioners and Academia ［M］. Leiden: Martinus Nijhoff Publishers, 2006.

［37］DANIEL BODANSKY, JUTTABRUNNEE, ELLEN HEY. The Oxford Handbook of International Environmental Law ［M］. Oxford: Oxford University Press, 2007.

［38］PHILIPPE SANDS. Principles of International Environmental Law, Second Edition ［M］. Cambridge: Cambridge University Press, 2003.

［39］DANIEL BODANSKY. The Art and Craft of International Environmental Law ［M］. Cambridge, MA: Harvard University Press, 2010.

［40］PETER DAUVERGNE. Handbook of Global Environmental Politics ［M］. Cheltenham, UK: Edward Elgar, 2005.

［41］EDITH BROWN WEISS, HAROLD K JACOBSON. Engaging Countries: Strengthening Compliance with International Environmental Accords ［M］. Cambridge, MA: The MIT Press, 1998.

［42］RONALD B MITCHELL. Intentional Oil Pollution at Sea Environmental Policy and Treaty Compliance ［M］. Cambridge, MA: The MIT Press, 1994.

［43］PETER M HAAS, ROBERT O KEOHANE, MARC A LEVY. Institutions for the Earth: Sources of Effective International Environmental Protection ［M］. Cambridge, MA: The MIT Press, 1994.

［44］PHILIPPE SANDS, JACQUELINE PEEL. Principles of International Environmental Law ［M］. Cambridge: Cambridge University Press, 2018.

［45］DUNCAN FRENCH, MATTHEW SAUL, NIGEL D WHITE. International Law and Dispute Settlement: New Problems and Techniques ［M］. Oxford: Hart Publishing, 2010.

［46］MICHAEL R M'GONIGLE, MARK W ZACHER. Pollution, Politics and International Law: Tankers at Sea, Berkeley ［M］. CA: University of California Press, 1979.

［47］J WARDLEY-SMITH. The Prevention of Oil Pollution ［M］. London: Graham and Trotman, 1979.

［48］STEPHEN O ANDERSEN, K MADHAVA SARMA. Protecting the Ozone Layer: The

United Nations History [M]. London: Earthscan, 2002.

[49] RICHARD ELLIOT BENEDICK. Ozone Diplomacy: New Directions in Safeguarding the Planet [M]. Cambridge, MA: Harvard University Press, 1998.

[50] DAVID G VICTOR, KAL RAUSTIALA, EUGENE B SKOLNIKOFF. The Implementation and Effectiveness of International Environmental Commitments: Theory and Practice [M]. Cambridge, Mass.: The MIT Press, 1998.

[51] ELLI KOUKA. International Environmental Law: Fairness, Effectiveness, and World Order [M]. Cambridge: Cambridge University Press, 2006.

[52] FARHANA YAMIN, JOANNA DEPLEDGE. The International Climate Change Regime: A Guide to Rules, Institutions and Procedures [M]. Cambridge: Cambridge University Press, 2004.

[53] SEBASTIAN OBERTHÜR, HERMANN E OTT. The Kyoto Protocol: International Climate Policy for the 21st Century [M]. Heidelberg: Springer, 1999.

[54] KEVIN R GRAY, RICHARD TARASOFSKY, CINNAMON CARLARNE. The Oxford Handbook of International Climate Change Law [M]. Oxford: Oxford University Press, 2016.

[55] TULLIO TREVES, LAURA PINESCHI, ATTILA TANZI, ET AL. Non-Compliance Procedures and Mechanisms and the Effectiveness of International Environmental Agreements [M]. The Hague: T. M. C. Asser Press, 2009.

[56] KAREN E MAKUCH, RICARDO PEREIRA. Environmental and Energy Law [M]. West Sussex, UK: Wiley-Blackwell, 2012.

[57] SCOTT BARRETT. Environment and Statecraft: The Strategy of Environmental Treaty-making [M]. Oxford: Oxford University Press, 2003.

[58] ERKKI J HOLLO, KATI KULOVESI, MICHAEL MEHLING. Climate Change and the Law [M]. Dordrecht: Springer, 2013.

[59] GEERT VAN CALSTER, LEONIE REINS. The Paris Agreement on Climate Change: A Commentary, Cheltenham [M]. UK: Edward Elgar, 2021.

[60] JAMES CRAWFORD. The International Law Commission's Articles on State Responsibility: Introduction Text and Commentaries [M]. Cambridge: Cambridge University Press, 2002.

[61] ALEXANDER GILLESPIE. Protected Areas and International Environmental Law [M].

Leiden: Martinus Nijhoff Publishers, 2007.

[62] URS LUTERBACHER, DETLEF F SPRINZ. International Relations and Global Climate Change [M]. Cambridge, MA: The MIT Press, 2001.

[63] PATRICIA BIRNIE, ALAN BOYLE, CATHERINE REDGWELL. International Law and the Environment [M]. Oxford: Oxford University Press, 2009.

[64] BENOIT MAYER, ALEXANDER ZAHAR. Debating Climate Law [M]. Cambridge: Cambridge University Press, 2021.

[65] RICHARD B STEWART, JONATHAN B WIENER. Reconstructing Climate Policy: Beyond Kyoto [M]. Washington DC: the AEI Press, 2003.

[66] DINAH SHELTONED. Commitment and Compliance: the Role of Non-Binding Norms in the International Legal System [M]. Oxford: Oxford University Press, 2000.

(二) 期刊类

[1] LAVANYA RAJAMANI. The Cancun Climate Agreement: Reading the Text, Subtext and Tea Leaves [J]. International & Comparative Law Quarterly, 2011 (60).

[2] DANIEL BODANSKY. The United Nations Framework Convention on Climate Change: A Commentary [J]. Yale Journal of International Law, 1993 (18).

[3] GREG KAHN. The Fate of the Kyoto Protocol under the Bush Administration [J]. Berkeley Journal of International Law, 2003 (21).

[4] ANDREW T GUZMAN. Reputation and International Law [J]. Georgia Journal of International and Comparative Law, 2006 (34).

[5] FREDERIC GILLES SOURGENS. Climate Common Law: The Transformative Force of the Paris Agreement [J]. New York University Journal of International Law and Politics, 2018 (50).

[6] JOHANNES URPELAINEN, THIJS VAN DE GRAAF. United States Non-Cooperation and the Paris Agreement [J]. Climate Policy, 2018 (18).

[7] JOHN H MCNEILL. U. S. -USSR Nuclear Arms Negotiations: The Process and the Lawyers [J]. American Journal of International Law, 1985 (79).

[8] WILLIAM C BRADFORD. International Legal Compliance: an Annotated Bibliography [J]. North Carolina Journal of International Law and Commercial Regulation, 2004 (30).

[9] ANDREW T GUZMAN. A Compliance-Based Theory of International Law [J]. California Law Review, 2002 (90).

[10] BETH A SIMMONS. Compliance with International Agreement [J]. Annual Review of Political Science, 1998 (1).

[11] M A FITZMAURICE, C REDGWELL. Environmental Non-Compliance Procedures and International Law [J]. Netherlands Yearbook of International Law, 2000 (31).

[12] ABRAM CHAYES, ANTONIA HANDLER CHAYES. Compliance without Enforcement: State Behavior under Regulatory Treaties [J]. Negotiation Journal, 1991 (7).

[13] RYAN GOODMAN, DEREK JINKS. International Law and State Socialization: Conceptual, Empirical, and Normative Challenges [J]. Duke Law Journal, 2005 (54).

[14] BARBARA KOREMENOS. Contracting around International Uncertainty [J]. American Political Review, 2005 (99).

[15] HAROLD H KOH. Why do Nations Obey International Law [J]. Yale Law Journal, 1997 (106).

[16] ROBERT O KEOHANE. Compliance with International Commitments: Politics within a Framework of Law [J]. American Society of International Law, 1992 (86).

[17] EDITH BROWN WEISS. Strengthening National Compliance with International Environmental Agreement [J]. Environmental Policy and Law, 1997 (27).

[18] ALEXANDER WENDT. Anarchy is What States Make of It: The Social Construction of Power Politics [J]. International Organization, 1992 (46).

[19] ARILD UNDERDAL. Explaining Compliance and Defection: Three Models [J]. European Journal of International Relations, 1998 (4).

[20] JEFFREY T CHECKEL. Why Comply? Social Learning and European Identity Change [J]. International Organization, 2001 (55).

[21] RODA MUSHKAT. Dissecting International Legal Compliance: An Unfinished Odyssey [J]. Denver Journal of International Law and Policy, 2009 (38).

[22] MARY ELLEN O'CONNELL. Enforcement and the Success of International Environmental Law [J]. Indiana Journal of Global Legal Studies, 1995–1996 (3).

[23] ANTHONY D'AMATO. Is International Law Really "Law"? [J]. Northwest University Law Review, 1984 (79).

[24] JOHN LANCHBERY. Verifying Compliance with the Kyoto Protocol [J]. Review of Euro-

pean Community and International Environmental Law, 1998 (7).

[25] ADAM CHILTON, KATERINA LINOS. Preferences and Compliance with International Law [J]. Theoretical Inquiries in Law, 2021 (22).

[26] THOMAS W MILBURN, DANIEL J CHRISTIE. Rewarding in International Politics [J]. Political Psychology, 1989 (10).

[27] RACHEL BREWSTER. Unpacking the State's Reputation [J]. Harvard International Law Journal, 2009 (50).

[28] MARKUS BURGSTALLER. Amenities and Pitfalls of a Reputational Theory of Compliance with International Law [J]. Nordic Journal of International Law, 2007 (76).

[29] ANNE VAN AAKEN, BETUL SIMSEK. Rewarding in International Law [J]. American Journal of International Law, 2021 (115).

[30] ANNE-MARIE SLAUGHTER BURLEY. International Law and International Relations Theory: A Dual Agenda [J]. American Journal of International Law, 1993 (87).

[31] JOSEPH F C DIMENTO. Process, Norms, Compliance, and International Environmental Law [J]. Journal of Environmental Law & Litigation, 2003 (18).

[32] RACHEL BREWSTER. The Limits of Reputation on Compliance [J]. International Theory, 2009 (1).

[33] GEORGE W DOWNS, MICHAEL A JONES. Reputation, Compliance, and International Law [J]. Journal of Legal Studies, 2002 (31).

[34] ROBERT HOWSE, RUTI TEITEL. Beyond Compliance: Rethinking Why International Law really Matters [J]. Global Policy, 2010 (1).

[35] KAL RAUSTIALA. Compliance & Effectiveness in International Regulatory Cooperation [J]. Case Western Reserve Journal of International Law, 2000 (32).

[36] ANDREAS KOKKVOLL TVEIT. Can the Management School Explain Noncompliance with International Environmental Agreement [J]. International Environmental Agreements: Politics, Law and Economics, 2018 (18).

[37] GEORGE W DOWNS. Enforcement and the Evolution of Cooperation [J]. Michigan Journal of International Law, 1998 (19).

[38] KYLE DANISH. Management vs. Enforcement: The New Debate on Promoting Treaty Compliance [J]. Virginia Journal of International Law, 1997 (37).

[39] BETH SIMMONS. Treaty Compliance and Violation [J]. Annual Review of Political

Science, 2010 (13).

[40] ASHER ALKOBY. Theories of Compliance with International Law and the Challenge of Cultural Difference [J]. Journal of International Law & International Relations, 2008 (4).

[41] BENEDICT KINGSBURY. The Concept of Compliance as a Function of Competing Conceptions of International Law [J]. Michigan Journal of International Law, 1998 (19).

[42] ALAN E BOYLE. Saving the World? Implementation and Enforcement of International Environmental Law through International Institutions [J]. Journal of Environmental Law, 1991 (3).

[43] MALGOSIA FITZMAURICE. The Kyoto Protocol Compliance Regime and Treaty Law [J]. Singapore Yearbook of International Law, 2004 (8).

[44] GUNTHER HANDL. Compliance Control Mechanism and International Environmental Obligations [J]. Tulane Journal of International Comparative Law, 1997 (5).

[45] MARIO J MOLINA, F S ROWLAND. Stratospheric Sink for Chlorofluoromethanes: Chlorine Atom-Catalysed Destruction of Ozone [J]. Nature, 1974 (249).

[46] DIANE M DOOLITTLE. Underestimating Ozone Depletion: The Meandering Road to the Montreal Protocol and Beyond [J]. Ecology Law Quarterly, 1989 (16).

[47] WINFRIED LANG. Compliance-control in Respect of the Montreal Protocol [J]. Proceedings of the ASIL Annual Meeting, 1995 (89).

[48] MARKUS EHRMANN. Procedures of Compliance Control in International Environmental Treaties [J]. Colorado Journal of International Environmental Law and Policy, 2002 (13).

[49] MARTTI KOSKENNIEMI. Breach of Treaty or Non-Compliance? Reflections on the Enforcement of the Montreal Protocol [J]. Yearbook of International Environmental Law, 1992 (3).

[50] THILO MARAUHN. Towards a Procedural Law of Compliance Control in International Environmental Relations [J]. Heidelberg Journal of International Law, 1996 (56).

[51] PATRICK SZELL. Compliance Regimes for Multilateral Environmental Agreement: A Progress Report [J]. Environmental Policy and Law, 1997 (4).

[52] NINA E BAFUNDO. Compliance with The Ozone Treaty: Weak States and the Principle

of Common but Differentiated Responsibility [J]. American University International Law Review, 2006 (21).

[53] XUEMAN WANG, GLENN WISER. The Implementation and Compliance Regimes under the Climate Change Convention and Its Kyoto Protocol [J]. Review of European Community and International Environmental Law, 2002 (11).

[54] MALGOSIA FITZMAURICE. The Kyoto Protocol Compliance Regime and Treaty Law [J]. Singapore Yearbook of International Law, 2004 (8).

[55] RENE LEFEBER. From The Hague to Bonn to Marrakesh and Beyond: A Negotiation History of the Compliance Regime under the Kyoto Protocol [J]. Hague Yearbook of International Law, 2001 (14).

[56] JUTTA BRUNNEE. A Fine Balance: Facilitation and Enforcement in the Design of a Compliance Regime for the Kyoto Protocol [J]. Tulane Environmental Law Journal, 2000 (13).

[57] CAMILLA BAUSCH, MICHAEL MEHLING. "Alive and Kicking": The First Meeting of the Parties to the Kyoto Protocol [J]. Review of European Community and International Environmental Law, 2006 (15).

[58] CHRISTOPH BOHRINGER, ANDREAS LOSCHEL. Assessing the Costs of Compliance: The Kyoto Protocol [J]. European Environment, 2002 (12).

[59] CHRISTOPHER CARR, FLAVIA ROSEMBUJ. Flexible Mechanisms for Climate Change Compliance: Emission Offset Purchases under the Clean Development Mechanism [J]. New York University Environmental Law Journal, 2008 (16).

[60] SEBASTIAN OBERTHUR, RENE LEFEBER. Holding Countries to Account: The Kyoto Protocol's Compliance System Revisited after Four Years of Experience [J]. Climate Law, 2010 (1).

[61] MEINHARD DOELLE. Early Experience with the Kyoto Compliance System: Possible Lessons for MEA Compliance System Design [J]. Climate Law, 2010 (1).

[62] JUTTA BRUNNEE. The Kyoto Protocol: Testing Ground for Compliance Theories [J]. Heidelberg Journal of International Law, 2003 (63).

[63] CATHRINE GAGEN, STEFFEN KALLBEKKENS, OTTAR MASTAD, HEGE WESTSKO. Enforcing the Kyoto Protocol: Sanctions and Strategic Behavior [J]. Energy Policy, 2005 (33).

［64］ANITA HALVORSSEN, JON HOVI. The Nature, Origin and Impact of Legally Binding Consequences: The Case of the Climate Change ［J］. International Environmental Agreements: Politics, Law & Economics, 2006 (6).

［65］JACOB WERKSMAN. Compliance and the Kyoto Protocol: Building a Backbone into a 'Flexible' Regime ［J］. Yearbook of International Environmental Law, 1999 (9).

［66］ALAN E BOYLE. State Responsibility and International Liability for Injurious Consequences of Acts not Prohibited by International Law: A Necessary Distinction? ［J］. International and Comparative Law Quarterly, 1990 (39).

［67］JAN KLABBERS. The Substance of Form: The Case Concerning the Gabčíkovo-Nagymaros Project, Environmental Law, and The Law of Treaties ［J］. Yearbook of International Environmental Law, 1997 (8).

［68］MALGOSIA FITZMAURICE. Case Analysis: The Gab číkovo-Nagymaros Case: The Law of Treaties ［J］. Leiden Journal of International Law, 1998 (11).

［69］TTHOMAS GEHRING. International Environmental Regimes: Dynamic Sectoral Legal Systems. Yearbook of International Environmental Law, 1991 (1).

［70］PRTER H SAND. Whither Cites? The Evolution of a Treaty Regime in the Borderland of Trade and Environment ［J］. European Journal of International Law, 1997 (1).

［71］SCOTT BARRETT. Climate Treaties and the Imperative of Enforcement ［J］. Oxford Review of Economic Policy, 2008 (24).

［72］ALBERT MUMMA, DAVID HODAS. Designing a Global Post-Kyoto Climate Change Protocol that Advances Human Development ［J］. Georgetown International Environmental Law Review, 2008 (20).

［73］RUDIGER WOLFRUM. Means of Ensuring Compliance with and Enforcement of International Environmental Law ［J］. Recueil des cours, 1998 (272).

［74］DIANE M DOOLITTLE. The Meandering Road to the Montreal Protocol and beyond ［J］. Ecology Law Quarterly, 1989 (16).

［75］CHRISTOPHER CAMPBELL-DURUFLE. Accountability or Accounting? Elaboration of the Paris Agreement's Implementation and Compliance Committee at COP 23 ［J］. Climate Law, 2018 (8).

［76］GU ZIHUA, CHRISTINA VOIGT, JACOB WERKSMAN. Facilitating Implementation and Promoting Compliance with the Paris Agreement Under Article 15: Conceptual Challenges and Pragmatic Choices [J]. Climate Law, 2019 (9).

[77] ANNE-SOPHIE TABAU, SANDRINE MALJEAN-DUBOIS. Non-Compliance Mecha-nisms: Interaction between The Kyoto Protocol System and the European Union [J]. European Journal of International Law, 2010 (21).

[78] CHRISTOPH BOHRINGER, THOMAS F RUTHERFORD. The Cost of Compliance: A CGE Assessment of Canada's Policy Options under the Kyoto Protocol [J]. The World Economy, 2010 (33).

[79] SEBASTIAN OBERTHUR. Options for a Compliance Mechanism in a 2015 Climate Agreement [J]. Climate Law, 2014 (4).

[80] SEBASTIAN OBERTHUR, ELIZA NORTHROP. Towards an Effective Mechanism to Facilitate Implementation and Promote Compliance under the Paris Agreement [J]. Climate Law, 2018 (8).

[81] CHRISTINA VOIGT. The Compliance and Implementation Mechanism of the Paris Agreement [J]. Review of European Community & International Environmental Law, 2016 (25).

[82] O YOSHIDA Soft. Enforcement of Treaties: The Montreal Protocol's Noncompliance Procedure and the Functions of Internal International Institutions [J]. Colorado Journal of International Environmental Law, 1999 (10).

[83] TEALL CROSSEN. Multilateral Environmental Agreements and the Compliance Continu-um [J]. Georgetown International Environmental Law Review, 2004 (16).

[84] BENOIT MAYER. Construing International Climate Change Law as a Compliance Regime [J]. Transnational Environmental Law, 2018 (7).

[85] AZUSA UJI. Institutional Diffusion for the Minamata Convention [J]. International En-vironmental Agreements: Politics, Law and Economics, 2019 (19).

[86] CHRISTINA VOIGT, FELIPE FERREIRA. Dynamic differentiation: The Principles of CBDR-RC, Progression and Highest Possible Ambition in the Paris Agreement [J]. Transnational Environmental Law, 2016 (5).